数学建模及其应用

主　编　许建强　李俊玲

副主编　蒋闰良　陈浦胤　李　石　陈　炼

U0295363

上海交通大学出版社
SHANGHAI JIAO TONG UNIVERSITY PRESS

内容提要

本书分 9 章。内容涵盖了数学建模课程中的一些基本方法和基本模型,包括插值与拟合、线性规划、整数规划与非线性规划、常微分方程与差分方程模型、概率统计模型、图论与网络优化、综合评价与决策模型、神经网络与遗传算法等。书中所用例题均配有相应的 MATLAB 或 Lingo 源程序。

本书可作为数学与应用数学、信息与计算科学和理工、经管等各相关专业的教材。

图书在版编目(CIP)数据

数学建模及其应用/ 许建强,李俊玲主编. 一上海:
上海交通大学出版社,2018 (2019重印)
ISBN 978 - 7 - 313 - 19341 - 4

Ⅰ. ①数… Ⅱ. ①许… ②李… Ⅲ. ①数学模型—高
等学校—教材 Ⅳ. ①O141.4

中国版本图书馆 CIP 数据核字(2018)第 094904 号

数学建模及其应用

主　　编:许建强　李俊玲				
出版发行:上海交通大学出版社		地　　址:上海市番禺路 951 号		
邮政编码:200030		电　　话:021 - 64071208		
印　　制:上海万卷印刷股份有限公司		经　　销:全国新华书店		
开　　本:787 mm×1092 mm　1/16		印　　张:14.25		
字　　数:332 千字				
版　　次:2018 年 8 月第 1 版		印　　次:2019 年 12 月第 2 次印刷		
书　　号:ISBN 978 - 7 - 313 - 19341 - 4				
定　　价:45.00 元				

前言
Foreword

随着科学技术的发展和社会的进步,数学的应用不仅在它的传统领域发挥着越来越重要的作用,而且不断地向诸如生物、医学、金融、交通、人口、地质等新的领域渗透。然而,一个实际问题往往不是自然地以现成的数学问题形式出现的,要用数学方法解决它,首要和关键的一步是用数学的语言和符号表述所研究的对象,即建立数学模型,简称数学建模。在此基础上才有可能利用数学的理论和方法进行深入的研究,从而为解决现实问题提供定量的结果或有价值的指导。

从1994年开始,我国开始了一年一度的全国大学生数学建模竞赛,现在全国每年数以万计的大学生积极参与这项竞赛活动。这项赛事不仅极大地激励了大学生学习数学的积极性,提高了学生建立数学模型和运用计算机技术解决实际问题的综合能力,而且也大大推动了大学数学教学体系、教学内容和方法的改革。目前数学建模教学和数学建模竞赛已成为各个理工科院校的数学教学和学生科技活动一个极其重要的平台。

为了进一步搞好数学建模教学,推动数学建模竞赛活动的开展,让大学生比较系统地学习数学建模的理论知识,掌握运用数学软件求解数学问题的方法,我们根据长期从事数学建模课程教学的经验,结合多年指导学生参加数学建模竞赛工作过程中遇到的问题,组织编写了这本教材。本书系统介绍了数学建模的理论知识和求解方法,结合典型实例全面阐述了数学建模解决实际问题的基本过程,绝大多数例题都附有完整的数学软件求解程序,以便大家能快速上手相关问题的计算与编程。本书各章按照模型建立、模型求解、模型应用的框架结构编写,求解部分都给出了运用数学软件求解的相关指令,体现了理论知识、实际问题与数学软件及算法的有机融合,使方法好用易实现,深入浅出,通俗易懂。

全书分9章,由许建强和李俊玲共同编写,陈浦胤和欧特克软件(中国)有限公司的李石经理负责编写、校对了各章的代码和附录部分,李俊玲、许建强、蒋闰良和陈炼负责全书的校对。本书的出版得到了上海应用技术大学理学院和上海交通大学出版社的大力支持,在此表示衷心的感谢。

限于编者水平,书中存在的不足和错误,恳请读者批评指正。

目录
Contents

第1章
插值与拟合

在科学与工程计算中,经常会遇到如野外地质勘探、地下水位监测、地形地貌绘制、医学断层图像扫描等问题。这些问题的基本特点:研究的对象是一个曲线或曲面,但表达式未知,迫于成本过高或观测手段限制,仅能得到部分离散的,甚至是稀疏的观测点位的函数值。解决这一问题的方法之一就是利用原函数在一些点处的函数值,寻求一个便于计算的函数表达式来逼近实际问题,即**插值**方法。

另一方面,在大部分实际观测或实验中,由于采样点位设置、采样方式、样本储运、测试方法、仪器精度等因素,观测数据不可避免地会存在不同程度的观测误差或实验误差,甚至得到的数据是错误的。如考虑误差因素,要求求出的近似函数如插值方法一样通过所有观测点,显然是不必要的,通常只要所作的拟合曲线"尽可能"靠近所有观测点即可,即**数据拟合方法**。

1.1 插值

1.1.1 插值方法引例

例 1.1 某部门为了观测某河段中的水质,每隔 1 km 设一个观测断面,观测结果如表 1-1 所示。试估计 $x=1.5, 2.6$ km 或观测区间[1,6]中其他任意非观测点处的高锰酸盐浓度值。

表 1-1 高锰酸盐观测结果

观测站点 x_i/km	1	2	3	4	5	6
观测浓度 y_i/(mg·L^{-1})	16	18	21	17	15	12

解:待估计的点 $x=1.5, 2.6$ km 为非观测点,但在观测区间[1,6]之内。要计算该区间内任意非观测点的函数值,需给出高锰酸盐在该区间内的函数表达式,设为 $f(x)$。但现仅已知 $f(x)$ 在观测点 x_i 处的函数值,为此考虑寻求一个近似函数 $\varphi(x)$,使之满足

$$\varphi(x_i) = f(x_i) = y_i, \quad i = 1, 2, \cdots, 6$$

对任意的非观测点 $\hat{x}$,要估计该点的函数值 $f(\hat{x})$,就可以用 $\varphi(\hat{x})$ 的值近似替代。

　　插值就是在离散数据的基础上补插连续函数,使得这条连续曲线通过全部给定的离散数据点。它是离散函数逼近的重要方法,利用它可通过函数在有限个点处的取值状况,估算出函数在其他点处的近似值。早在 6 世纪,中国的刘焯已将等距二次插值用于天文计算。17 世纪之后,牛顿、拉格朗日分别讨论了插值节点为等距和非等距的一般插值公式。在近代,插值法仍然是数据处理和编制函数表的常用工具,也是数值积分、数值微分、非线性方程求根和微分方程数值解法的重要基础,许多求解计算公式都是以插值为基础导出的。插值方法可在一维空间也可在多维空间中使用。

1.1.2　插值问题的求解

1) 一维插值

　　设函数 $y = f(x)$ 在区间 $[a, b]$ 上连续,已知区间 $[a, b]$ 上的 $n+1$ 个互异节点 x_0, x_1, $\cdots$, x_n 处的函数值为 y_0, y_1, $\cdots$, y_n。 如果函数 $\varphi(x)$ 在节点 x_i 处满足

$$\varphi(x_i) = y_i \quad (i = 0, 1, \cdots, n) \tag{1.1}$$

则称 $\varphi(x)$ 是函数 $y = f(x)$ 的插值函数,x_0, x_1, $\cdots$, x_n 是插值节点,式(1.1)称为插值条件。若此时 $\varphi(x)$ 是代数多项式 $P(x)$,则称 $P(x)$ 为插值多项式。下面介绍几种常用的一维插值。

　　(1) 拉格朗日插值。首先构造**拉格朗日插值基函数**,即 n 次多项式 $l_i(x)(i=0, 1, \cdots, n)$,满足插值条件

$$l_i(x_j) = \begin{cases} 1, & i = j \\ 0, & i \neq j \end{cases}, \quad i = 0, 1, \cdots, n, j = 0, 1, \cdots, n$$

可求得 $l_i(x) = \prod\limits_{\substack{j=0 \\ j \neq i}}^{n} \dfrac{(x - x_j)}{(x_i - x_j)}(i = 0, 1, \cdots, n)$。 进一步由插值条件式(1.1)可知,次数不超过 n 的拉格朗日插值多项式可表示为 $L_n(x) = \sum\limits_{i=0}^{n} l_i(x) \cdot y_i$。

　　值得注意的是:并不是插值的次数越高,其逼近程度就越好,相反存在这样的例子,随着插值的次数增高,插值函数在端点处会出现大幅波动的现象,这种现象称为 **Runge 现象**。

　　(2) 分段线性插值。为了避免高次插值可能出现的大幅波动现象,在实际应用中通常采用分段低次插值来提高近似程度,如可用分段线性插值来逼近已知函数。

　　构造分段一次线性多项式 $P(x)$,使之满足

　　① $P(x)$ 在 $[a, b]$ 上连续;

　　② $P(x_i) = y_i(i = 0, 1, \cdots, n)$;

　　③ $P(x)$ 在 $[x_i, x_{i+1}](i = 0, 1, \cdots, n-1)$ 上是线性函数。

通过计算满足上述条件的分段一次线性多项式 $P(x)$ 具有下述形式:

$$P(x) = \sum\limits_{j=0}^{n} y_j l_j(x) \tag{1.2}$$

其中 $l_j(x) = \begin{cases} \dfrac{x - x_{j-1}}{x_j - x_{j-1}}, & x_{j-1} \leqslant x \leqslant x_j \\[2mm] \dfrac{x - x_{j+1}}{x_j - x_{j+1}}, & x_j \leqslant x \leqslant x_{j+1} \\[2mm] 0, & \text{其他} \end{cases}$。

（3）三次样条插值。为了克服分段线性插值总体光滑性较差这一缺点，采用全局化的分段插值方法——三次样条插值是一个比较理想的插值函数。它在插值区间的端点比拉格朗日插值多两个边界条件，但却在内节点处二阶导数连续。下面用数学语言来描述三次样条插值函数的概念。

设在区间 $[a, b]$ 上取 $n+1$ 个互异节点 $a = x_0 < x_1 < \cdots < x_n = b$，给定这些点处的函数值 $f(x_i) = y_i (i = 0, 1, \cdots, n)$。若 $S(x)$ 满足

① $S(x)$ 在 $[a, b]$ 上有连续的二阶导数；

② $S(x_i) = y_i (i = 0, 1, \cdots, n)$；

③ 在每个子区间 $[x_i, x_{i+1}](i = 0, 1, \cdots, n-1)$ 上 $S(x)$ 是三次多项式。

则称 $S(x)$ 为 $f(x)$ 在 $[a, b]$ 上的**三次样条插值多项式**。易见，三次样条插值比分段线性插值更光滑。三次样条的具体求解可参考相关文献。

2）二维插值

设给定 n 个互异节点 (x_i, y_i) 及节点处的函数值 $z_i = f(x_i, y_i)(i = 1, 2, \cdots, n)$，要求构造一个二元函数 $z = \varphi(x, y)$ 通过全部已知节点，即 $\varphi(x_i, y_i) = z_i (i = 1, 2, \cdots, n)$，这就是二维插值问题。

二维插值的方法主要有最邻近插值法、分片线性插值法和双线性插值法。最邻近插值采用与被插值点最邻近的节点的函数值作为插值点的近似值，但最邻近插值一般不连续。具有连续性的最简单的插值是分片线性插值，这里不做具体介绍，详细求解可参考相关文献。

3）利用 MATLAB 求解插值问题

（1）一维插值的 MATLAB 函数。MATLAB 中的一维插值函数为 interp1()，其调用格式为

$$yi = \mathrm{interp1}(x, y, xi, \text{'method'})$$

式中，x，y 为已知观测数据点；xi 为插值（自变量）向量；yi 为 xi 的插值结果（函数值）；'method' 表示采用的插值方法。MATLAB 提供的插值方法有几种：'nearest' 为最邻近插值，'linear' 为线性插值，'spline' 为三次样条插值，'cubic' 为立方插值，缺省时表示线性插值。

注：所有的插值方法都要求 x 是单调的，并且 xi 不能超过 x 的范围。

例 1.2　在一天 24 小时内，从零点开始每间隔 2 小时测得的环境温度为（摄氏度）

$$12 \quad 9 \quad 9 \quad 10 \quad 18 \quad 24 \quad 28 \quad 27 \quad 25 \quad 20 \quad 18 \quad 15 \quad 13$$

推测在每一秒时的温度，并利用不同的插值方法描绘温度曲线。

解：MATLAB 程序如下：

```
x=0:2:24；
y=[12 9 9 10 18 24 28 27 25 20 18 15 13]；
xi=0:1/3600:24；
yi=interp1(x, y, xi, 'nearest')；
hold on
plot(xi, yi, '—')；
yi=interp1(x, y, xi, 'linear')；
plot(xi, yi, '——')；
yi=interp1(x, y, xi, 'spline')；
plot(xi, yi, ':')；
yi=interp1(x, y, xi, 'cubic')；
plot(xi, yi, '—.')；
```

输出结果如图 1-1 所示。

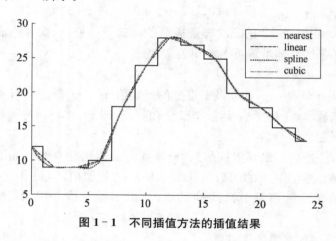

图 1-1　不同插值方法的插值结果

（2）二维插值的 MATLAB 函数。**二维网格点插值**的调用格式为

$$zi=interp2(x, y, z, Xi, Yi, 'method')$$

式中，x，y 为两个向量，表示已知观测数据的横纵坐标上的坐标点；z 是矩阵，是由 x 和 y 确定的网格点上的二元函数值。$\{(x, y, z)\}$ 构成空间网格插值节点。引入两个向量 xi，yi 分别表示横纵坐标上的插值点，细分的网格插值点 Xi，Yi 由 $[Xi, Yi]=meshgrid(xi, yi)$ 给出。zi 为新的或者是加细了的网格点上的插值结果（函数值）。'method' 表示采用的插值方法：'nearest' 为最邻近插值，'linear' 为线性插值，'cubic' 为双三次插值，缺省时表示线性插值。

注：所有的插值方法都要求 x 和 y 是单调的网格，x 和 y 可以是等距的也可以是不等距的。

例 1.3　气旋变化情况的可视化。表 1-2 是气象学家测量得到的气象资料，它们分别表示在南半球地区按不同纬度、不同月份的平均气旋数字。根据这些数据，绘制出南半球气旋分布曲面图形。

表 1-2 南半球地区按不同纬度不同月份的平均气旋数据

	0~10	10~20	20~30	30~40	40~50	50~60	60~70	70~80	80~90
1 月	2.4	18.7	20.8	22.1	37.3	48.2	25.6	5.3	0.3
2 月	1.6	21.4	18.5	20.1	28.8	36.6	24.2	5.3	0
3 月	2.4	16.2	18.2	20.5	27.8	35.5	25.5	5.4	0
4 月	3.2	9.2	16.5	25.1	37.2	40	24.6	4.9	0.3
5 月	1.0	2.8	12.9	29.2	40.3	37.6	21.1	4.9	0
6 月	0.5	1.7	10.1	32.6	41.7	35.4	22.2	7.1	0
7 月	0.4	1.4	8.3	33.0	46.2	35	20.2	5.3	0.1
8 月	0.2	2.4	11.2	31.0	39.9	34.7	21.2	7.3	0.2
9 月	0.5	5.8	12.5	28.6	35.9	35.7	22.6	7	0.3
10 月	0.8	9.2	21.1	32.0	40.3	39.5	28.5	8.6	0
11 月	2.4	10.3	23.9	28.1	38.2	40	25.3	6.3	0.1
12 月	3.6	16	25.5	25.6	43.4	41.9	24.3	6.6	0.3

解： MATLAB 程序如下：

```
x=1:12;
y=5:10:85;
z1=[2.4 1.6 2.4 3.2 1.0 0.5 0.4 0.2 0.5 0.8 2.4 3.6];
z2=[18.7 21.4 16.2 9.2 2.8 1.7 1.4 2.4 5.8 9.2 10.3 16];
z3=[20.8 18.5 18.2 16.5 12.9 10.1 8.3 11.2 12.5 21.1 23.9 25.5];
z4=[22.1 20.1 20.5 25.1 29.2 32.6 33.0 31.0 28.6 32.0 28.1 25.6];
z5=[37.3 28.8 27.8 37.2 40.3 41.7 46.2 39.9 35.9 40.3 38.2 43.4];
z6=[48.2 36.6 35.5 40 37.6 35.4 35 34.7 35.7 39.5 40 41.9];
z7=[25.6 24.2 25.5 24.6 21.1 22.2 20.2 21.2 22.6 28.5 25.3 24.3];
z8=[5.3 5.3 5.4 4.9 4.9 7.1 5.3 7.3 7 8.6 6.3 6.6];
z9=[0.3 0 0 0.3 0 0 0.1 0.2 0.3 0 0.1 0.3];
z=[z1;z2;z3;z4;z5;z6;z7;z8;z9];
[xi,yi]=meshgrid(1:12,5:1:85);
zi=interp2(x,y,z,xi,yi,'cudic');
mesh(xi,yi,zi)
xlabel('月份'),ylabel('纬度'),zlabel('气旋'),
axis([0 12 0 90 0 50])
title('南半球气旋可视化图形')
```

输出结果如图 1-2 所示。

（3）二维散乱点数据插值的 MATLAB 函数。MATLAB 中的散点数据的插值函数为

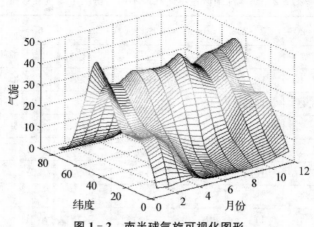

图 1-2 南半球气旋可视化图形

griddata（），其调用格式为

$$cz = griddata(x, y, z, cx, cy, 'method')$$

式中，x，y，z 为维数相同的向量，表示已知的观测点；cx，cy 为插值节点的横纵坐标上的坐标点，要求 cx 取行向量，cy 取列向量；cz 为插值结果；'method'表示采用的插值方法。MATLAB 提供的插值方法有几种：'nearest'为最邻近插值，'linear'为双线性插值，'cubic'为双三次插值，'v4'为 MATLAB 提供的插值方法，缺省时表示双线性插值。

例 1.4 在某海域测得一些点(x，y)处的水深 z 由表 1-3 给出，设某条船的吃水深度为 5 英尺，试确定在矩形区域(75，200)×(−50，150)中的哪些地方该船要避免进入。

表 1-3 某海域点(x，y)处的水深

x	129	140	103.5	88	185.5	195	105
y	7.5	141.5	23	147	22.5	137.5	85.5
z	4	8	6	8	6	8	8
x	157.5	107.5	77	81	162	162	117.5
y	−6.5	−81	3	56.5	−66.5	84	−33.5
z	9	9	8	8	9	4	9

解： MATLAB 程序如下：

```
x=[129 140 103.5 88 185.5 195 105.5 157.5 107.5 77 81 162 162 117.5];
y=[7.5 141.5 23 147 22.5 137.5 85.5 −6.5 −81 3 56.5 −66.5 84 −33.5];
z=[−4 −8 −6 −8 −6 −8 −8 −9 −9 −8 −8 −9 −4 −9];
cx=75:0.5:200;
cy=−70:0.5:150;
cz=griddata(x, y, z, cx, cy', 'cubic');
meshz(cx, cy, cz), rotate3d
```

xlabel('X'), ylabel('Y'), zlabel('Z')

%pause

figure(2), contour(cx, cy, cz, [−5 −5]); grid

hold on

plot(x, y, '+')

xlabel('X'), ylabel('Y')

输出结果如图 1 - 3 所示。

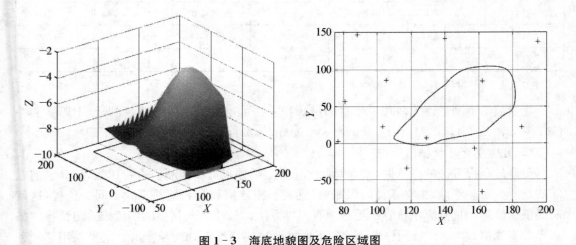

图 1 - 3　海底地貌图及危险区域图

此外,对高维插值,MATLAB 中可调用 N 维插值函数:interpN(),其中 N 可以为 2, 3, …。

1.1.3　插值模型的应用

例 1.5　雨量预报对农业生产、城市工作和生活有重要作用,但准确、及时地对雨量作出预报是一个十分困难的问题,广受世界各国关注。我国某地气象台和气象研究所正在研究 6 小时雨量预报方法,即每天晚上 20 点预报从 21 点开始的 4 个时段(21 点至次日 3 点,次日 3 点至 9 点,9 点至 15 点,15 点至 21 点)在某些位置的雨量,这些位置位于东经 120 度、北纬 32 度附近的 53×47 的等距网格点上。同时设立 91 个观测站点实测这些时段的实际雨量,由于受各种条件的限制,站点的设置是不均匀的。

气象部门希望建立一种科学评价预报方法好坏的数学模型与方法。气象部门提供了 41 天的用两种不同方法的预报数据和相应的实测数据。预报数据在文件夹 FORECAST 中,实测数据在文件夹 MEASURING 中,其中的文件都可以用 Windows 系统的"写字板"程序打开阅读。FORECAST 中的文件 lon. dat 和 lat. dat 分别包含网格点的经纬度,其余文件名为<f 日期 i>_dis1 和<f 日期 i>_dis2,例如 f6181_dis1 包含 2002 年 6 月 18 日晚上 20 点采用第一种方法预报的第一时段数据(其 2 491 个数据为该时段各网格点的雨量),而 f6183_dis2 中包含 2002 年 6 月 18 日晚上 20 点采用第二种方法预报的第三时段数据。MEASURING 中包含了 41 个名为<日期>. SIX 的文件,如 020618. SIX 表示 2002 年 6 月

18 日晚上 21 点开始的连续 4 个时段各站点的实测数据（雨量），这些文件的数据格式如表 1 - 4 所示。

表 1 - 4　不同站点不同时段的实测雨量

站　号	纬　度	经　度	第 1 段	第 2 段	第 3 段	第 4 段
58138	32. 983 3	118. 516 7	0. 000 0	0. 200 0	10. 100 0	3. 100 0
58139	33. 300 0	118. 850 0	0. 000 0	0. 000 0	4. 600 0	7. 400 0
58141	33. 666 7	119. 266 7	0. 000 0	0. 000 0	1. 100 0	1. 400 0
58143	33. 800 0	119. 800 0	0. 000 0	0. 000 0	0. 000 0	1. 800 0
58146	33. 483 3	119. 816 7	0. 000 0	0. 000 0	1. 500 0	1. 900 0

雨量用毫米做单位，小于 0.1 毫米视为无雨。

建立数学模型来评价两种 6 小时雨量预报方法的准确性（注：本题数据位于压缩文件 C2005Data. rar 中，可从 http://mcm. edu. cn/mcm05/problems2005c. asp 下载）。

1）问题分析与数据预处理

要评价预报方法的准确性，必须对同一位置上的预报值和实测值进行比较，计算它们之间的误差大小。然而，由于条件的限制，得到的预报数据和实测值并不处于同一位置，这就需要根据已知信息推算出位置的信息。有两种方法：① 由实测站点的实值推算出预报网格点上的实测值；② 由预报网格点上的预报值推算出实测站点处的预报值。这里采用第一种方案，由于观测站点的分布是散乱的，故采用散乱数据插值方法。

2）模型建立与求解

在误差理论中，通常用误差平方和的大小刻画数据偏离真实值程度的大小，因此可以用对应位置处预测值和实测值的误差平方和来评价两种预报方法的好坏。

设 x_i，$i = 1, 2, \cdots, 91$ 为某天某个时段第 i 个观测站点的实测值；y_{ij}，$i = 1, 2, \cdots, 91$，$j = 1, 2$ 为该天该时段第 j 种方法第 i 个观测站点的预报值。定义两种预报方法在该天该时段的误差平方和为

$$d_j^2 = \sum_{i=1}^{91} (x_i - y_{ij})^2, \quad j = 1, 2 \tag{1.3}$$

考虑不同实测雨量的预报误差对公众的感受是不同的，故采用相对平方误差和的概念，即

$$Ed_j^2 = \sum_{i=1}^{91} \frac{(x_i - y_{ij})^2}{x_i^2}, \quad j = 1, 2 \tag{1.4}$$

当 $x_i = 0$，即第 i 个观测站点处无雨时，式（1.4）的分母为零，必须对这一情形作相应的处理。一种处理方式是定义：

$$Ed_j^2 = \sum_{i=1}^{91} \frac{(x_i - y_{ij})^2}{1 + x_i^2}, \quad j = 1, 2 \tag{1.5}$$

也可以采用其他的处理方法，如

$$Ed_j^2 = \begin{cases} \sum\limits_{i=1}^{91} \dfrac{(x_i - y_{ij})^2}{x_i^2}, & j=1, 2 \quad \text{当 } x_i \neq 0 \text{ 时} \\ 1, & \text{当 } x_i = 0,\ y_{ij} \neq 0 \text{ 时} \\ 0, & \text{当 } x_i = y_{ij} = 0 \text{ 时} \end{cases} \tag{1.6}$$

在此基础上定义相对均方误差：

$$MEd_j^2 = \frac{1}{91} Ed_j^2, \quad j=1, 2 \tag{1.7}$$

即对各天、各时段的相对平方误差求平均值,然后比较两种预报方法相对均方误差的大小,较小者为较好,否则为较差。

利用 MATLAB 中的插值函数 griddata 提供的四种插值方法进行计算,求得两种预报方法 91 个观测站点上 41 天、每天 4 个时段的预报值在每种情况下的相对均方误差的平均值。

```
clear, clc;
x=load('lat. dat');
y=load('lon. dat');          % x,y 表示预测数据网格点的纬度和经度

for k=1:2                    % k 代表两种方案
    mysum=0;
    for i=618:628            % i 前 11 天
        A=load(['020', num2str(i), '. six']);% A 为某天的实测数据
        for j=1:4            % j 表每天四个段
            z=load(['f', num2str(i), num2str(j), '_dis', num2str(k)]);
            x0=A(:, 2);      %实测点的纬度
            y0=A(:, 3);      %实测点的经度
            z0=A(:, j+3);    % x0,y0,z0 为某天某段的实测数据
            z1=griddata(x, y, z, x0, y0, 'cubic');% z1 为插值得到的雨量,这里插值
方法分别选 cubic, linear, nearest, v4, 即可得四种插值方法的插值结果
            RMSE=sum((z0-z1). ^2. /(1+z0. ^2))/91;
            mysum=mysum+RMSE;
        end
    end
    for i=701:730           % i 后 30 天
        A=load(['020', num2str(i), '. six']);
        for j=1:4
            z=load(['f', num2str(i), num2str(j), '_dis', num2str(k)]);
            x0=A(:, 2);
            y0=A(:, 3);
```

```
          z0＝A(：，j＋3)；
          z1＝griddata(x，y，z，x0，y0，'cubic')；
       RMSE＝sum((z0－z1).^2./(1+z0.^2))/91；
          mysum＝mysum+RMSE；
        end
     end
  mysum ％第 k 种方法的相对均方误差
end
```

结果如表 1-5 所示。

表 1-5　两种预报方法在不同插值方法下预报值与实测值的相对均方误差

	v4	nearest	linear	cubic
预报方法 1	33.391 8	48.610 9	52.739 4	37.389 8
预报方法 2	36.528 4	56.628 7	54.736 7	39.402 6

通过比较,从相对均方误差的角度考虑,第一种预报方法较好。

1.2　拟合

1.2.1　拟合方法引例

例 1.6　表 1-6 给出了 13 名成年女性身高与腿长的测量数据,试研究身高与腿长的关系。

表 1-6　身高与腿长的测量数据(单位：cm)

身　高	145	146	148	150	152	154	156	157	158	159	161	162	165
腿　长	85	87	90	91	92	94	98	98	96	99	100	101	103

解：这里要求给出身高 x 与腿长 y 的函数关系,该函数在某种准则下能尽量反映数据的整体变化趋势,而不一定经过所有数据点。记已知数据点为 (x_i, y_i), $i=1, 2, \cdots, 13$,首先绘制散点图,由图 1-4 可以看出身高和腿长大致满足线性关系。所以考虑线性拟合,即用直线 $f(x)=a_0+a_1 x$ 来拟合这组数据,一般可考虑 2 范数意义下与这组数据的距离最小,即

$$\min_{a_0, a_1} \sum_{i=1}^{13} [f(x_i)-y_i]^2 = \min_{a_0, a_1} \sum_{i=1}^{13} [a_0+a_1 x_i - y_i]^2$$

这就是拟合问题的数学模型。

在实际生活中,往往需要从一组实验数据 $(x_i, y_i)(i=1, 2, \cdots, n)$ 中找出变量 x, y 之间的函数关系。由于观测数据不可避免存在误差,因此并不需要拟合函数 $y=f(x)$ 一定

要经过所有的点,而只要求该函数在某种准则下能尽量反映数据的整体变化趋势,这就是**数据拟合问题**。求解数据拟合问题首先要求给出拟合函数的函数类型,然后利用测量数据按照一定的方法求出参数,其中最常用的解法就是最小二乘法。

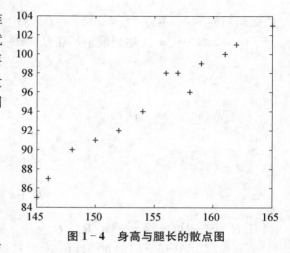

图 1 - 4　身高与腿长的散点图

1.2.2　拟合问题的求解方法

1) 数据拟合的最小二乘原理

对给定的一组测量数据 $(x_i, y_i)(i=1, 2, \cdots, n)$,设拟合函数为 $f(x, a_1, a_2, \cdots, a_m)$,其中 $a_1, a_2, \cdots, a_m$ 为待定系数。为使函数在整体上尽可能与给定数据点接近,通常采用 n 个已知点 (x_i, y_i) 与曲线的距离(偏差) $\delta_i = y_i - f(x_i)$ 的平方和最小,即

$$\min_{a_1, a_2, \cdots, a_m} J(a_1, a_2, \cdots, a_m) = \sum_{i=1}^{n} \delta_i^2 = \sum_{i=1}^{n} [f(x_i) - y_i]^2$$

来保证每个偏差的绝对值 $|\delta_i|$ 都很小,这一原则称为**最小二乘原则**。根据最小二乘原则确定拟合函数的方法称为**最小二乘法**,满足上述要求的参数取值称为该问题的最小二乘解。

拟合分为线性最小二乘拟合和非线性最小二乘拟合。如果拟合函数的待定系数全部以线性形式出现,称之为线性最小二乘拟合,否则为非线性最小二乘拟合。

最小二乘法中,确定拟合函数类型是很关键的,常用的有以下两种方式:

(1) 通过机理分析建立数学模型来确定 $f(x)$,如人口增长的 Logistic 模型就是通过机理分析法推导出来的,但参数的确定需要用统计数据进行拟合。

(2) 如果无现成的规则或事物机理不清楚,可以通过散点图,结合曲线的形状变化趋势进行分析,建立经验模型。

2) 线性最小二乘拟合

线性最小二乘拟合是曲线拟合问题中最常用的解法,具体步骤如下:

第一步:先选定一组基函数 $r_1(x), r_2(x), \cdots, r_m(x), m < n$,令

$$f(x) = a_1 r_1(x) + a_2 r_2(x) + \cdots + a_m r_m(x) \tag{1.8}$$

其中 $a_1, a_2, \cdots, a_m$ 为待定系数。

第二步:确定 $a_1, a_2, \cdots, a_m$ 的准则(最小二乘准则):使 n 个点 (x_i, y_i) 与曲线 $y = f(x)$ 距离 δ_i 的平方和最小。即

$$J(a_1, a_2, \cdots, a_m) = \sum_{i=1}^{n} \delta_i^2 = \sum_{i=1}^{n} [f(x_i) - y_i]^2$$

$$= \sum_{i=1}^{n} \left[\sum_{k=1}^{m} a_k r_k(x_i) - y_i \right]^2 \tag{1.9}$$

问题归结为求 a_1, a_2, $\cdots$, a_m 使 $J(a_1, a_2, \cdots, a_m)$ 最小。由多元函数极值的必要条件,要使 $J(a_1, a_2, \cdots, a_m)$ 达到最小,须满足条件:

$$\frac{\partial J}{\partial a_k} = 0 \quad (k = 1, 2, \cdots, m) \tag{1.10}$$

令 $\boldsymbol{R} = \begin{bmatrix} r_1(x_1) & \cdots & r_m(x_1) \\ \cdots \\ r_1(x_n) & \cdots & r_m(x_n) \end{bmatrix}$, $\boldsymbol{a} = \begin{bmatrix} a_1 \\ \vdots \\ a_m \end{bmatrix}$, $\boldsymbol{y} = \begin{bmatrix} y_1 \\ \vdots \\ y_n \end{bmatrix}$,可得正则方程组

$$\boldsymbol{R}^{\mathrm{T}}\boldsymbol{R}\boldsymbol{x} = \boldsymbol{R}^{\mathrm{T}}\boldsymbol{y}$$

当 $\boldsymbol{R}^{\mathrm{T}}\boldsymbol{R}$ 可逆时可求得 $\boldsymbol{a} = (\boldsymbol{R}^{\mathrm{T}}\boldsymbol{R})^{-1}\boldsymbol{R}^{\mathrm{T}}\boldsymbol{y}$。

另外,有些变量之间的非线性模型,可通过变量变换化为线性模型(见表 1-7),此称为外在线性。而有些变量之间的非线性模型,通过变量变换不能化为线性模型,通常称为内在非线性。对于外在线性的非线性模型,仍可采用最小二乘法拟合。

表 1-7 可线性化的模型

模型形式	变换后形式	变量和参数的变化			
		y	x	a_1	a_2
$y = \dfrac{ax}{1+bx}$	$\dfrac{1}{y} = \dfrac{1}{ax} + \dfrac{b}{a}$	$\dfrac{1}{y}$	$\dfrac{1}{x}$	$\dfrac{1}{a}$	$\dfrac{b}{a}$
$y = \dfrac{a}{x-b}$	$\dfrac{1}{y} = \dfrac{x}{a} - \dfrac{b}{a}$	$\dfrac{1}{y}$	x	$\dfrac{1}{a}$	$-\dfrac{b}{a}$
$y = \dfrac{ax}{b^2-x^2}$	$\dfrac{x}{y} = \dfrac{b^2}{a} - \dfrac{x^2}{a}$	$\dfrac{y}{x}$	x^2	$-\dfrac{1}{a}$	$\dfrac{b^2}{a}$
$y = ax^b$	$\ln y = b\ln x + \ln a$	$\ln y$	$\ln x$	b	$\ln a$
$y = ae^{bx}$	$\ln y = bx + \ln a$	$\ln y$	x	b	$\ln a$
$y = ae^{-x^2/b^2}$	$\ln y = -\dfrac{x^2}{b^2} + \ln a$	$\ln y$	x^2	$-\dfrac{1}{b^2}$	$\ln a$
$\dfrac{x^2}{a^2} + \dfrac{y^2}{b^2} = 1$	$y^2 = b^2 - \dfrac{b^2}{a^2}x^2$	y^2	x^2	$-\dfrac{b^2}{a^2}$	b^2

另外,线性最小二乘拟合还可用于超定线性方程组的求解。设线性方程组

$$\boldsymbol{Ax} = \boldsymbol{b}$$

式中,$\boldsymbol{A}$ 为 $m \times n$ 阶矩阵;$\boldsymbol{x}$、$\boldsymbol{b}$ 均为列向量,且 $m > n$。由于该超定方程组方程的个数多于未知量的个数,当增广矩阵的秩大于系数矩阵的秩时无解。现在求其最小二乘解,它就是使余向量 $\boldsymbol{r}_x = \boldsymbol{b} - \boldsymbol{Ax}$ 的 2 范数 $\|\boldsymbol{r}_x\|_2 = (\boldsymbol{r}_x^{\mathrm{T}}\boldsymbol{r}_x)^{1/2}$ 取值最小的 n 维向量 $\boldsymbol{x}$。具体解法可以通过下述定理获得。

定理 1.1 当 $\boldsymbol{A}^{\mathrm{T}}\boldsymbol{A}$ 可逆时,超定方程组 $\boldsymbol{Ax} = \boldsymbol{b}$ 存在最小二乘解,且为方程组

$$\boldsymbol{A}^{\mathrm{T}}\boldsymbol{Ax} = \boldsymbol{A}^{\mathrm{T}}\boldsymbol{b} \tag{1.11}$$

的解 $x = (A^T A)^{-1} A^T b$。

3）利用 MATLAB 求解拟合问题

（1）多项式拟合的 MATLAB 函数。

MATLAB 中多项式拟合函数为 ployfit()，其调用格式为

$$a = \text{ployfit}(x, y, m)$$

式中，输出 a 为向量，是降幂排列的拟合多项式系数；x，y 为拟合数据点；m 为拟合多项式次数。多项式在 x 处的值 y 可用以下命令计算：

$$y = \text{polyval}(a, x)$$

例 1.7　对表 1-8 的数据进行二次多项式拟合。

表 1-8　待拟合数据

x_i	0	0.1	0.2	0.3	0.4	0.5	0.6	0.7	0.8	0.9	1.0
y_i	−0.447	1.978	3.28	6.16	7.08	7.34	7.66	9.56	9.48	9.30	11.2

解：MATLAB 程序如下：

x＝0：0.1：1；

y＝[−0.447 1.978 3.28 6.16 7.08 7.34 7.66 9.56 9.48 9.30 11.2]；

A＝polyfit(x, y, 2)

z＝polyval(A, x)；

plot(x, y, 'k+', x, z, 'r')

拟合结果如图 1-5 所示。

（2）非线性最小二乘拟合的 MATLAB 函数。

MATLAB 提供了两个求非线性最小二乘拟合的函数：lsqcurvefit 和 lsqnonlin。两个命令都要先建立 M 文件定义拟合函数 f(x)，但两者定义 f(x) 的方式有所不同。

lsqcurvefit() 的调用格式：

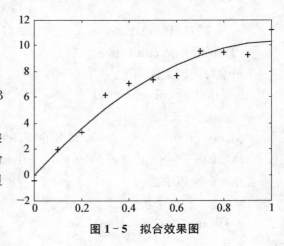

图 1-5　拟合效果图

$$x = \text{lsqcurvefit}('fun', x0, xdata,$$
$$ydata, options)$$

其中 xdata＝(xdata1, xdata2, …, xdatan)，ydata＝(ydata1, ydata2, …, ydatan) 是拟合数据点，fun 是一个事先建立的定义函数 F(x, xdata) 的 M 文件，自变量为拟合参数 x 和 xdata，f(x, xdata)＝(f(x, xdata1), …, f(x, xdatan))^T，x0 是拟合参数的迭代初值，options 是控制参数选项。

lsqnonlin() 的调用格式：

$$x = \text{lsqnonlin}('\,\text{fun}',\ x0,\ \text{options})$$

与命令 lsqcurvefit() 不同的是：fun 是一个事先建立的定义函数 $F(x, xdata, ydata)$ 的 M 文件，$F(x, xdata, ydata) = (f(x, xdata1) - ydata1, \cdots, f(x, xdatan) - ydatan)^T$。

例 1.8 用表 1-9 中数据拟合函数 $v(t) = 10 - (10 - a)e^{-\frac{t}{b}}$ 中的参数 a，b。

表 1-9 已知数据

t	0.5	1	2	3	4	5	7	9
$v(t)$	6.36	6.48	7.26	8.22	8.66	8.99	9.43	9.63

解：（1）利用 lsqcurvefit() 函数求解：

先编写函数文件如下：

function f＝curvefun1(x,tdata)

f＝10－(10－x(1)) * exp(－tdata/x(2));

在命令窗口中输入

tdata＝[0.5 1 2 3 4 5 7 9];

cdata＝[6.36 6.48 7.26 8.22 8.66 8.99 9.43 9.63];

x0＝[0.1 0.05];

x＝lsqcurvefit('curvefun1', x0, tdata, cdata)

x ＝

    5.557681991179866   3.500223292757526

（2）利用 lsqnonlin() 函数求解：

先编写函数文件如下：

function f＝curvefun2(x)

tdata＝[0.5 1 2 3 4 5 7 9];

cdata＝[6.36 6.48 7.26 8.22 8.66 8.99 9.43 9.63];

f＝cdata－10＋(10－x(1)) * exp(－tdata/x(2));

在命令窗口中输入

x0＝[0.1 0.05];

x＝lsqnonlin ('curvefun2', x0);

x ＝

    5.557681991179866   3.500223292757526

即 $a = 5.56$，$b = 3.5$。

1.2.3 拟合模型应用实例

例 1.9 试根据美国人口从 1790 年到 2000 年间的人口数据表（见表 1-10）确定人口指数增长模型和 Logistic 模型中的待定参数，并估计出美国 2010 年的人口，同时画出拟合效果图。

表 1-10　美国人口统计数据（单位：百万）

年	1790	1800	1810	1820	1830	1840	1850	1860
人　口	3.9	5.3	7.2	9.6	12.9	17.1	23.2	31.4
年	1870	1880	1890	1900	1910	1920	1930	1940
人　口	38.6	50.2	62.9	76.0	92.0	106.5	123.2	131.7
年	1950	1960	1970	1980	1990	2000		
人　口	150.7	179.3	204.0	226.5	251.4	281.4		

模型一　指数增长模型（马尔萨斯模型）

两百多年前英国人口学家马尔萨斯调查了英国一百多年的人口统计资料，得出了人口增长率不变的假设，并据此建立了著名的人口指数增长模型。

记时刻 t 的人口为 $x(t)$，当考察一个国家或一个较大地区的人口时，$x(t)$ 是一个很大的整数，可将 $x(t)$ 视为连续、可微函数，记初始时刻（$t=0$）的人口为 $x(0)$。假设人口增长率为常数 r，即单位时间内 $x(t)$ 的增量等于 r 乘以 $x(t)$。考虑 t 到 $t+\Delta t$ 时间内人口的增量，显然有

$$x(t+\Delta t)-x(t)=rx(t)\Delta t \tag{1.12}$$

令 $\Delta t \to 0$，得 $x(t)$ 满足的微分方程：

$$\frac{\mathrm{d}x}{\mathrm{d}t}=rx, \quad x(0)=x_0$$

解得

$$x(t)=x_0 e^{rt} \tag{1.13}$$

由式(1.13)可知，当 $r>0$ 时表示人口将按指数规律随时间无限增长，故称为指数增长模型。对式(1.13)两边取对数，可得

$$y(t)=rt+a, \, y(t)=\ln(x), \, a=\ln(x_0) \tag{1.14}$$

根据美国人口从 1790 年到 2000 年间的人口数据表，对模型(1.14)参数进行拟合。下面给出 MATLAB 程序：

```
t=1790:10:2000;
x=[3.9 5.3 7.2 9.6 12.9 17.1 23.2 31.4 38.6 50.2 62.9 76.0 92.0 106.5 123.2
131.7 150.7 179.3 204.0 226.5 251.4 281.4];
y=log(x);
a=polyfit(t, y, 1);
r=a(1), x0=exp(a(2))
x1=x0. * exp(r. * t);
plot(t, x, 'o', t, x1)
```

结果：
r =
    0.0202
x0 =
    1.1565e−015

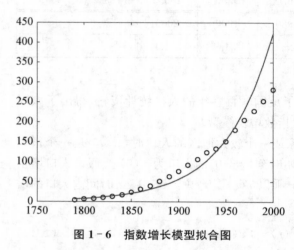

图 1−6 指数增长模型拟合图

所得图像如图 1−6 所示。

由此得到美国人口关于时间的函数为 $x(t) = x_0 e^{0.0202t}$，其中 $x_0 = 1.1565 \times 10^{-15}$。

在 MATLAB 命令窗口中输入：

t=2010;

x0 = 1.1565e−015;

x2010=x0 * exp(0.0202 * t)

得 x2010= 497.0158，即在此模型下到 2010 年人口大约为 4.97 亿。

从图 1−6 可以看出，指数增长模型前期数据比较吻合，但到后期差距就比较大了，可见利用马尔萨斯模型进行预测会有较大的误差。注意到马尔萨斯模型假设人口增长率保持不变，我们利用表 1−10 中的数据和下式计算实际人口增长率

$$r = \frac{x(t+1) - x(t)}{x(t)}$$

MATLAB 程序：

x=[3.9, 5.3, 7.2, 9.6, 12.9, 17.1, 23.2, 31.4, 38.6, 50.2, 62.9, 76, 92, 106.5, 123.2, 131.7, 150.7, 179.3, 204, 226.5, 251.4, 281.4]';

n=length(x);

r=ones(n−1, 1);

for i=1:n−1

    r(i)=(x(i+1)−x(i))/x(i);

end

t=1:n−1;

plot(t,r,'*')

由图 1−7 可以看出，实际的人口增长率并不是常数，而是随人口数量的增加减少。为此有下面的阻滞增长模型。

模型二 阻滞增长模型（或 Logistic 模型）

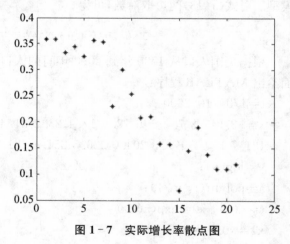

图 1−7 实际增长率散点图

考虑到资源、环境等因素对人口增长的阻滞作用，当人口增长到一定数量后，增长率就

会下降。假设人口的增长率为人口数 x 的减函数，如可设 $r(x)=r(1-x/x_m)$，其中 r 为固有增长率（x 很小时），x_m 为人口容量（资源、环境能容纳的最大数量），于是得到如下微分方程：

$$\begin{cases} \dfrac{\mathrm{d}x}{\mathrm{d}t} = rx\left(1-\dfrac{x}{x_m}\right) \\ x(0) = x_0 \end{cases} \tag{1.15}$$

求式(1.15)的解可得

$$x(t) = \dfrac{x_m}{1+\left(\dfrac{x_m}{x_0}-1\right)\mathrm{e}^{-rt}} \tag{1.16}$$

利用已知数据，对模型(1.16)中的参数进行拟合，MATLAB 程序如下：

(1) 先建立函数文件 curvefit_fun2.m

```
function f=curvefit_fun2(a, t)
f=a(1)./(1+(a(1)/3.9-1)*exp(-a(2)*(t-1790)));
```

(2) 在命令窗口中输入

```
x=1790:10:2000;
y=[3.9 5.3 7.2 9.6 12.9 17.1 23.2 31.4 38.6 50.2 62.9 76 …
    92 106.5 123.2 131.7 150.7 179.3 204 226.5 251.4 281.4];
plot(x, y, '*');
hold on;
a0=[0.001,1]; % 初值
a=lsqcurvefit('curvefit_fun2', a0, x, y); %非线性拟合
disp(['a=' num2str(a)]); % 显示结果
% 画图检验结果
xi=1790:5:2000;
yi=curvefit_fun2(a, xi);
plot(xi, yi, 'r');
% 预测 2010 年的数据
x1=2010;
y1=curvefit_fun2(a, x1)
hold off
```

运行结果：

```
a=342.437      0.02735292

y1 =
  282.6779
```

其中 a(1)、a(2) 分别表示阻滞增长模型 (1.16) 中人口容量 x_m 和固有增长率 r 的估计值，y1 为对美国 2010 年的人口预测值。y1＝282.6779，即在此模型下到 2010 年人口大约为 2.83 亿。

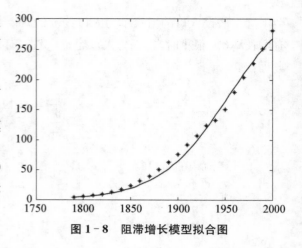

图 1-8　阻滞增长模型拟合图

由图 1-6 和图 1-8 可见，阻滞增长模型后期的拟合效果要好于指数增长模型。事实上，美国 2010 年的人口数实际为 3.09 亿，可见利用阻滞增长模型进行预测的实际误差也较小。

1.3 拟合与插值的区别

对于给定一批数据点，需确定满足特定要求的曲线或曲面。若要求所求曲线（面）通过所给所有数据点，就是插值问题；若不要求曲线（面）通过所有数据点，而是要求它反映对象整体的变化趋势，这就是数据拟合，又称曲线拟合或曲面拟合。函数插值与曲线拟合都是要根据一组数据构造一个函数作为近似，由于近似的要求不同，二者在数学方法上是完全不同的，在实际应用中要注意区分。

习 题 1

某集团下设两个子公司：子公司 A、子公司 B。各子公司财务分别独立核算。每个子公司都实施了对雇员的医疗保障计划，由各子公司自行承担雇员的全部医疗费用。过去的统计数据表明，每个子公司的雇员人数以及每一年龄段的雇员比例，在各年度都保持相对稳定。各子公司各年度的医疗费用支出如表 1-11 所示。

表 1-11　公司 A、公司 B 的医疗费用支出（单位：万元）

年　度	公司 A	公司 B
1980	8.28	8.81
1981	8.76	9.31
1982	9.29	10.41
1983	10.73	11.61
1984	10.88	11.39
1985	11.34	12.53
1986	11.97	13.58
1987	12.02	13.70

(续　表)

年　　度	公　司　A	公　司　B
1988	12.16	13.32
1989	12.83	14.32
1990	13.90	15.84
1991	14.71	14.67
1992	16.11	14.99
1993	16.40	14.56
1994	17.07	14.55
1995	16.96	14.80
1996	16.88	15.41
1997	17.20	15.76
1998	19.87	16.76
1999	20.19	17.68
2000	20.00	17.33
2001	19.81	17.03
2002	19.40	16.95
2003	20.48	16.66

　　试利用多项式数据拟合,给出每个公司医疗费用的变化函数,并绘出标出原始数据的拟合函数曲线。需给出三种不同阶数的多项式数据拟合,并分析拟合曲线与原始数据的拟合程度。

第2章 线性规划模型

线性规划是数学规划的一个重要组成部分,它起源于工业生产组织管理的决策问题,数学上它用来确定多变量线性函数在变量满足线性约束条件下的最优值。电子计算机的发展及数学软件包的出现,使得线性规划的求解变得相当简便。因此,线性规划在工农业、军事、交通运输、科学试验等领域的应用日趋广泛。

2.1 线性规划模型的建立

例 2.1 某工厂 A 有生产甲、乙两种产品的能力,且生产一吨甲产品需要 3 个工日和 0.35 吨小麦,生产一吨乙产品需要 4 个工日和 0.25 吨小麦。该厂仅有工人 12 人,一个月只能出 300 个工日,小麦一个月只能进 21 吨。已知生产一吨甲产品可盈利 80(百元),生产一吨乙产品可盈利 90(百元)。那么,工厂 A 在一个月中应如何安排这两种产品的生产,使之获得最大的利润?

以上条件如表 2-1 所示。

表 2-1 资源消耗和产品产量(单位:吨)

资源\产品	甲	乙	总　和
工　日	3	4	300
小　麦	0.35	0.25	21
盈　利	80	90	

解:设 x_1,x_2 分别表示一月中生产甲、乙两种产品的产量(单位:吨),所得利润为 z(单位:百元),则

$$z = 80x_1 + 90x_2$$

我们的目标是求利润 z 的最大值,且 x_1,x_2 受到工时、原料的约束如下:

工日的约束为 $3x_1 + 4x_2 \leqslant 300$

原料小麦的约束为 $0.35x_1 + 0.25x_2 \leqslant 21$

可建立问题的数学模型为

$$\begin{aligned}
\max \quad & z = 80x_1 + 90x_2 \\
\text{s. t.} \quad & 3x_1 + 4x_2 \leqslant 300 \\
& 0.35x_1 + 0.25x_2 \leqslant 21 \\
& x_1, x_2 \geqslant 0
\end{aligned} \tag{2.1}$$

式中，$z = 80x_1 + 90x_2$ 称为"**目标函数**"；待确定的变量 x_1 和 x_2 称为"**决策变量**"；需满足的所有条件称为"**约束条件**"。由于在式(2.1)中目标函数 z 是 x_1 和 x_2 的线性函数，约束条件也是 x_1 和 x_2 的线性不等式，因此称式(2.1)为**线性规划模型**。

2.1.1 线性规划模型的一般形式

$$\begin{aligned}
\max(\min) \quad & z = \sum_{i=1}^{n} c_i x_i \\
\text{s. t.} \quad & \sum_{j=1}^{n} a_{ij} x_j \leqslant (\geqslant, =) b_i \quad i = 1, 2, \cdots, m \\
& x_j \geqslant 0 \quad j = 1, 2, \cdots, n
\end{aligned} \tag{2.2}$$

写成矩阵形式为

$$\begin{aligned}
\max(\min) \quad & z = \boldsymbol{c}^{\mathrm{T}} \boldsymbol{x} \\
\text{s. t.} \quad & \boldsymbol{A}\boldsymbol{x} \leqslant (\geqslant, =) \boldsymbol{b} \\
& \boldsymbol{x} \geqslant 0
\end{aligned} \tag{2.3}$$

式中，$\boldsymbol{x} = (x_1, x_2, \cdots, x_n)^{\mathrm{T}}$ 为**决策向量**；$\boldsymbol{c} = (c_1, c_2, \cdots, c_n)^{\mathrm{T}}$ 为目标函数的系数向量；$\boldsymbol{b} = (b_1, b_2, \cdots, b_m)^{\mathrm{T}}$ 为常数向量，$\boldsymbol{A} = (a_{ij})_{m \times n}$ 为系数矩阵。对于例 2.1，有

$$\boldsymbol{c}^{\mathrm{T}} = (80, 90), \quad \boldsymbol{A} = \begin{pmatrix} 3 & 4 \\ 0.35 & 0.25 \end{pmatrix}, \quad \boldsymbol{b} = \begin{pmatrix} 300 \\ 21 \end{pmatrix}。$$

2.1.2 线性规划模型的标准形

线性规划模型的目标函数可以是求最大值，也可以是求最小值，约束条件的不等号可以是小于等于也可以是大于等于。这种模型形式上的多样性给模型的求解带来不便，为此有必要给出线性规划的标准形式。一般地，线性规划问题的标准形为

$$\begin{aligned}
\min \quad & z = \boldsymbol{c}^{\mathrm{T}} \boldsymbol{x} \\
\text{s. t.} \quad & \boldsymbol{A}\boldsymbol{x} = \boldsymbol{b} \\
& \boldsymbol{x} \geqslant 0
\end{aligned} \tag{2.4}$$

不是标准形的线性规划都可以化为标准形。若目标函数为求最大值，在目标函数前加一负号，即可将原问题转化为在相同约束条件下求最小值。若约束条件中有不等号"$\geqslant$"或"$\leqslant$"号，则可在"$\leqslant (\geqslant)$"号的左端加上（或减去）一个非负变量（称为松弛变量）使其变成等号约束。如 $4x_1 + 5x_2 \geqslant 6$ 变为 $4x_1 + 5x_2 - x_3 = 6$。若约束条件带有绝对值号，如 $|a_1 x_1 +$

$a_2 x_2 | \leqslant b$，则可等价转化为：$\begin{cases} a_1 x_1 + a_2 x_2 \leqslant b \\ a_1 x_1 + a_2 x_2 \geqslant -b \end{cases}$。若决策变量没有非负限制，称为自由变量。例如 $x_1 \in (-\infty, +\infty)$ 为自由变量，则可引入 $y_1 \geqslant 0$，$y_2 \geqslant 0$，令 $x_1 = y_1 - y_2$ 代入模型即可。

2.1.3 可转化为线性规划的问题

很多看起来并非线性规划的问题也可以通过变换转化为线性规划问题来解决，如问题为

$$\min \quad |x_1| + |x_2| + \cdots + |x_n|$$
$$\text{s. t.} \quad \boldsymbol{A}\boldsymbol{x} \leqslant \boldsymbol{b}$$

式中，$\boldsymbol{x} = [x_1 \quad \cdots \quad x_n]^\mathrm{T}$；$\boldsymbol{A}$ 和 $\boldsymbol{b}$ 为相应维数的矩阵和向量。

要把上面的问题转换成线性规划问题，只要注意到事实：对任意的 x_i，存在 u_i，$v_i > 0$ 满足

$$x_i = u_i - v_i, \quad |x_i| = u_i + v_i$$

事实上，只要取 $u_i = \dfrac{x_i + |x_i|}{2}$，$v_i = \dfrac{|x_i| - x_i}{2}$ 就可以满足上面的条件。

这样，记 $\boldsymbol{u} = [u_1 \quad \cdots \quad u_n]^\mathrm{T}$，$\boldsymbol{v} = [v_1 \quad \cdots \quad v_n]^\mathrm{T}$，可把上面的问题变成

$$\min \quad \sum_{i=1}^{n}(u_i + v_i)$$
$$\text{s. t.} \quad \begin{cases} \boldsymbol{A}(\boldsymbol{u} - \boldsymbol{v}) \leqslant \boldsymbol{b} \\ \boldsymbol{u}, \boldsymbol{v} \geqslant 0 \end{cases} \tag{2.5}$$

下面通过一个实例说明建立数学模型的一般过程，以及如何将其转化为线性规划模型。

例 2.2 一个工厂的甲、乙、丙三个车间同时生产三种化工产品 A、B、C。每千克产品 C 由 0.4 千克 A 和 0.6 千克 B 按比例混合而成。A，B 需耗用两种不同的原材料，而这两种原材料的现有数额分别是 300 千克和 500 千克。每小时的原材料耗用量和 A，B 产量由表 2-2 给出。问这三个车间应各安排多少小时生产，才能使产品 C 的产量达到最大？

表 2-2 每小时的原材料耗用量和 A，B 产量

车 间	每小时用料数/kg		每小时产量/kg	
	原料 1	原料 2	产品 A	产品 B
甲	8	6	7	5
乙	5	9	6	9
丙	3	8	8	4

解： 设 x_1，x_2，x_3 分别是甲、乙、丙三个车间所安排的生产时间（单位：小时），由原材料的限制条件，得

$$8x_1 + 5x_2 + 3x_3 \leqslant 300$$

$$6x_1 + 9x_2 + 8x_3 \leqslant 500$$

甲、乙、丙生产产品 A 的产量：$7x_1 + 6x_2 + 8x_3$，生产产品 B 的产量：$5x_1 + 9x_2 + 4x_3$。因为目标函数是要使产品 C 的产量最大，而每千克 C 要 0.4 千克 A 和 0.6 千克 B，所以 C 产品的最大产量不超过 $\dfrac{7x_1 + 6x_2 + 8x_3}{0.4}$ 和 $\dfrac{5x_1 + 9x_2 + 4x_3}{0.6}$ 中较小的一个。设 S 表示 C 的产量，即 $S = \min\left\{\dfrac{7x_1 + 6x_2 + 8x_3}{0.4}, \dfrac{5x_1 + 9x_2 + 4x_3}{0.6}\right\}$。

这个目标函数不是线性函数，但可以通过适当的变换把它化为线性的，设

$$y = \min\left\{\frac{7x_1 + 6x_2 + 8x_3}{0.4}, \frac{5x_1 + 9x_2 + 4x_3}{0.6}\right\}$$

则上式可以等价于下面两个不等式：

$$\frac{7x_1 + 6x_2 + 8x_3}{0.4} \geqslant y, \quad \frac{5x_1 + 9x_2 + 4x_3}{0.6} \geqslant y$$

故可得如下线性规划模型：

$$\begin{aligned}
\max \quad & S = y \\
\text{s.t.} \quad & 7x_1 + 6x_2 + 8x_3 - 0.4y \geqslant 0 \\
& 5x_1 + 9x_2 + 4x_3 - 0.6y \geqslant 0 \\
& 8x_1 + 5x_2 + 3x_3 \leqslant 300 \\
& 6x_1 + 9x_2 + 8x_3 \leqslant 500 \\
& x_1, x_2, x_3, y \geqslant 0
\end{aligned} \tag{2.6}$$

2.2　线性规划的求解方法

2.2.1　线性规划解的概念和基本理论

对于线性规划的标准模型

$$\min \quad z = \boldsymbol{c}^{\mathrm{T}} \boldsymbol{x} \tag{2.7}$$

$$\text{s.t.} \quad \boldsymbol{A}\boldsymbol{x} = \boldsymbol{b} \tag{2.8}$$

$$\boldsymbol{x} \geqslant 0 \tag{2.9}$$

定义 2.1　满足约束条件 (2.8) 和 (2.9) 的向量 $\boldsymbol{x} = (x_1, x_2, \cdots, x_n)^{\mathrm{T}}$，称为线性规划问题的**可行解**，所有可行解构成的集合称为**可行域**；使目标函数达到最小值的可行解叫**最优解**。

线性规划问题的可行域和最优解有如下结论：

定理 2.1 如果线性规划问题存在可行域,则其可行域是凸集。

定理 2.2 如果线性规划问题的可行域有界,则问题的最优解一定在可行域的顶点上达到。

2.2.2 单纯形法

单纯形法是求解线性规划问题最常用、最有效的算法之一。单纯形法最早由 George Dantzig 于 1947 年提出,近 70 年来,虽有许多变形体已经开发,但却保持着同样的基本观念。由定理 2.2 可知,如果线性规划问题的最优解存在,则一定可以在其可行区域的顶点中找到。基于此,单纯形法的基本思路是:先找出可行域的一个顶点,据一定规则判断其是否最优;若否,则转换到与之相邻的另一顶点,并使目标函数值更优;如此下去,直到找到某一最优解为止。我们对于单纯形法不做具体介绍,有兴趣的读者可以参看其他线性规划书籍。这里着重介绍用数学软件来求解线性规划问题。

2.2.3 利用 MATLAB 求解线性规划问题

设线性规划问题的数学模型为

$$\min \quad z = c^{\mathrm{T}}x$$
$$Ax \leqslant b$$
$$\text{s. t.} \quad Aeq \cdot x = beq$$
$$lb \leqslant x \leqslant ub$$

式中, Aeq 表示等号约束; beq 表示相应的常数项; lb、ub 分别表示决策变量 x 的上、下限。

MATLAB 中求解上述模型的命令如下:

$$x = \text{linprog}(c, A, b, Aeq, beq, lb, ub)$$

注意,如果没有某种约束,则相应的系数矩阵和右端常数项为空矩阵,用 [ ] 代替;如果某个 x_i 下无界或上无界,可设定 lb(i) = −inf 或 ub(i) = inf;用 [x, Fval] 代替上述各命令行左边的 x 则可同时得到最优值。当求解有指定迭代初值 x0 时,求解命令如下:

$$x = \text{linprog}(c, A, b, Aeq, beq, lb, ub, x0)$$

例 2.3 某部门在今后 5 年内考虑给下列项目投资:

项目 1,从第一年到第四年每年年初需要投资,并于次年末收回本利 115%;

项目 2,第三年初需要投资,到第五年末收回本利 125%,但规定最大的投资额不超过 4 万元;

项目 3,第二年初需要投资,到第五年末收回本利 140%,但规定最大的投资额不超过 2 万元;

项目 4,五年内每年初可购买国债,于当年末还,并加利息 6%。

设该部门现有资金 10 万元,问应如何确定这些项目的投资额,使第五年末拥有的资金本利总额最大?

解: 设 $x_{ij}(i=1, 2, 3, 4, 5; j=1, 2, 3, 4)$ 表示第 i 年年初投资于项目 j 的金额。根

据题意可得

　　第一年：$x_{11} + x_{14} = 10$

　　第二年：$x_{21} + x_{23} + x_{24} = (1 + 6\%)x_{14}$

　　第三年：$x_{31} + x_{32} + x_{34} = 1.15x_{11} + 1.06x_{24}$

　　第四年：$x_{41} + x_{44} = 1.15x_{21} + 1.06x_{34}$

　　第五年：$x_{54} = 1.15x_{31} + 1.06x_{44}$

对项目 2，3 的投资有限额的规定，有 $x_{32} \leqslant 4$，$x_{23} \leqslant 3$

第五年末该部门拥有的资金本利总额为 $S = 1.40x_{23} + 1.25x_{32} + 1.15x_{41} + 1.06x_{54}$

　　建立线性规划模型：

$$\max \quad S = 1.40x_{23} + 1.25x_{32} + 1.15x_{41} + 1.06x_{54}$$

$$\text{s. t.} \quad x_{11} + x_{14} = 10$$

$$x_{21} + x_{23} + x_{24} - 1.06x_{14} = 0$$

$$x_{31} + x_{32} + x_{34} - 1.15x_{11} - 1.06x_{24} = 0$$

$$x_{41} + x_{44} - 1.15x_{21} - 1.06x_{34} = 0 \quad\quad (2.10)$$

$$x_{54} - 1.15x_{31} - 1.06x_{44} = 0$$

$$x_{32} \leqslant 4$$

$$x_{23} \leqslant 3$$

$$x_{ij} \geqslant 0, \quad i = 1, 2, \cdots, 5; \ j = 1, 2, \cdots, 4$$

对应的 MATLAB 求解程序为：

```
c=[0, 0, 0, −1.4, 0, 0, −1.25, 0, −1.15, 0, −1.06];
A=[0, 0, 0, 0, 0, 0, 1, 0, 0, 0, 0; 0, 0, 0, 1, 0, 0, 0, 0, 0, 0, 0];
b=[4; 3];
Aeq=[1, 1, 0, 0, 0, 0, 0, 0, 0, 0, 0; 0, −1.06, 1, 1, 1, 0, 0, 0, 0, 0, 0;
−1.15, 0, 0, 0, −1.06, 1, 1, 1, 0, 0, 0; 0, 0, −1.15, 0, 0, 0, 0, −1.06, 1, 1,
0; 0, 0, 0, 0, 0, −1.15, 0, 0, 0, −1.06, 1];
beq=[10; 0; 0; 0; 0];
lb=zeros(11, 1);
[x, fval]=linprog(c, A, b, Aeq, beq, lb)
```

输出结果为：

```
x=
    6.5508 3.4492 0.6561 3.0000 0.0000 2.0066 4.0000 1.5268 2.3730 0.0000
2.3076
fval=
    −14.3750
```

即第五年末该部门拥有的最大资金总额为 14.375 万元，盈利 43.75%。

2.2.4　利用 LINGO 求解线性规划

　　LINGO 是美国 Lindo 系统公司开发的用于求解最优化问题的一个数学软件，它的主要功能是求解线性、非线性和整数规划问题。它具有运行速度快、模型输入简练直观和内置建模语言能方便描述较大规模的优化模型等特点。

1）LINGO 的基本用法

启动 LINGO 后，可以在标题为"LINGO Model-LINGO1"的模型窗口中直接输入类似于数学公式的小型规划模型。在 LINGO 中，输入总是以"MODEL："开始，以"END"结束；中间的语句之间必须以"；"分开；LINGO 不区分字母的大小写；目标函数用"MAX=…；"或"MIN=…；"给出（注意有等号"="）。在 LINGO 中所有的函数均以"@"符号开始，函数中变量的界定如下：

@GIN(X)：限制 X 为整数；

@BIN(X)：限定变量 X 为 0 或 1；

@FREE(X)：取消对 X 的符号限制（即可取任意实数包括负数）；

@BND(L，X，U)：限制 L<= X <= U。

例如对例 2.1 可以在模型窗口中输入：

MODEL：

MAX=80 * X1+90 * X2；

3 * X1+4 * X2<=300；

0.35 * X1+0.25 * X2<=21；

END

由于 LINGO 默认所有决策变量都非负，所以变量是非负的条件不需要输入。选菜单 Lingo|Solve（或按 Ctrl-S），或用鼠标单击"solve"按钮，可得结果如下：

Global optimal solution found.

Objective value：   6923.077

Total solver iterations：   2

Variable	Value	Reduced Cost
X1	13.84615	0.000000
X2	64.61538	0.000000

Row	Slack or Surplus	Dual Price
1	6923.077	1.000000
2	0.000000	17.69231
3	0.000000	76.92308

2）用 LINGO 编程语言建立模型

直接输入模型适用于规模较小的问题，如果模型的变量和约束条件比较多时，直接输入很容易导致输入错误。LINGO 提供了引入集合概念的建模语言，为建立大规模问题提供了方便。下面我们以运输规划模型为例说明如何使用 LINGO 建模语言求解问题。

运输问题的数学模型：设某商品有 m 个产地、n 个销地，各产地的产量分别为 a_1，…，a_m，各销地的需求量分别为 b_1，…，b_n。若该商品由 i 产地运到 j 销地的单位运价为 c_{ij}，问应该如何调运才能使总运费最省？

模型建立： 引入变量 x_{ij}，其取值为由 i 产地运往 j 销地的商品数量，则数学模型为

$$\min \sum_{i=1}^{m} \sum_{j=1}^{n} c_{ij} x_{ij} \tag{2.11}$$

$$\text{s. t.} \begin{cases} \sum_{j=1}^{n} x_{ij} \leqslant a_i, & i = 1, \cdots, m \\ \sum_{i=1}^{m} x_{ij} = b_j, & j = 1, 2, \cdots, n \\ x_{ij} \geqslant 0, & i = 1, \cdots, m, j = 1, 2, \cdots, n \end{cases}$$

例 2.4 现在 WW（Wireless Widgets）公司拥有 6 个仓库，向其 8 个客户供应它的产品。要求每个仓库供应不能超量，每个客户的需求必须得到满足。库存货物总数分别为 60，55，51，43，41，52。客户的需求量分别为 35，37，22，32，41，32，43，38。从仓库到客户的单位货物运价如表 2-3 所示。WW 公司需要决策从每个仓库运输多少产品到每个销售商，以使得所花的运输费用最少？

表 2-3 仓库到客户的单位货物运价

客户 仓库	V1	V2	V3	V4	V5	V6	V7	V8
Wh1	6	2	6	7	4	2	5	9
Wh2	4	9	5	3	8	5	8	2
Wh3	5	2	1	9	7	4	3	3
Wh4	7	6	7	3	9	2	7	1
Wh5	2	3	9	5	7	2	6	5
Wh6	5	5	2	2	8	1	4	3

解：（1）定义变量集合。LINGO 允许在 SETS 段定义某些相关对象于同一个集合内。集合段以关键字 SETS 开始，以关键字 ENDSETS 结束。一旦定义了集合，LINGO 可以提供大量的集合循环函数（例如：@FOR），通过简单的调用它们的语句就可以操作集合内的所有元素。在本例中，可定义如下的三个集合：仓库集、客户集和运输路线集。具体定义为：

SETS：

　　WAREHOUSES / WH1 WH2 WH3 WH4 WH5 WH6/：CAPACITY；

　　VENDORS / V1 V2 V3 V4 V5 V6 V7 V8/：DEMAND；

　　LINKS（WAREHOUSES, VENDORS）：COST，VOLUME；

ENDSETS

其中，前两个集合称为**基本集合**，基本集合的定义格式为：集合名/成员列表/：集合属性。例如 WAREHOUSES 是集合名，WH1…WH6 表示该集合有 6 个成员，分别对应 6 个仓库。

CAPACITY 可以看成是一个一维数组,有 6 个分量,分别表示各仓库现有货物的总数。

最后的 LINKS 集合称为**派生集合**,它是由基本集合 WAREHOUSES 和 VENDORS 派生出来的一个二维集合。LINKS 成员取 WAREHOUSES 和 VENDORS 的所有可能组合,即集合 LINKS 有 48 个成员分别代表着 48 条运输路线。48 个成员可以排成一个矩阵,其行数等于 WAREHOUSES 集合成员的个数,其列数等于 VENDORS 集合成员的个数。两个属性 COST 和 VOLUME 都相当于一个二维数组,分别表示仓库到客户的单位货物运价和仓库到客户的货物运量。上述集合 LINKS 的成员包含了两个基本集合的所有可能组合,这种派生集合称为**稠密集合**。有时候,在实际问题中,一些属性可能只在一部分组合上有定义而不是在所有可能组合上有定义,这种派生集合称为**稀疏集合**。例如在本例中,若 Wh1 只能给 V2,V5,V6,V7 供货;Wh2 只能给 V1,V3,V4,V6,V8 供货;Wh3 只能给 V1,V2,V3,V6,V7,V8 供货;Wh4 只能给 V4,V6,V8 供货;Wh5 只能给 V1,V2,V4,V6,V8 供货;Wh6 只能给 V1,V2,V3,V4,V6,V8 供货。则可以定义如下的稀疏集合:

LINKS(WAREHOUSES, VENDORS)/

Wh1, V2 Wh1, V5 Wh1, V6 Wh1, V7

Wh2, V1 Wh2, V3 Wh2, V4 Wh2, V6 Wh2, V8

Wh3, V1 Wh3, V2 Wh3, V3 Wh3, V6 Wh3, V7 Wh3, V8

Wh4, V4 Wh4, V6 Wh4, V8

Wh5, V1 Wh5, V2 Wh5, V4 Wh5, V6 Wh5, V8

Wh6, V1 Wh6, V2 Wh6, V3 Wh6, V4 Wh6, V6 Wh6, V8/: COST, VOLUME;

上述定义稀疏集合的方法是将其元素通过枚举一一列出。当元素较多时,还可以采用元素过滤的方法定义稀疏集合,具体可参考有关参考书。

(2) 集合变量赋值。LINGO 允许用户在数据段中对已知属性赋以初始值,比如下面是这个例子的数据段:

DATA:

    CAPACITY = 60 55 51 43 41 52;

   DEMAND = 35 37 22 32 41 32 43 38;

  COST = 6 2 6 7 4 2 5 9

         4 9 5 3 8 5 8 2

         5 2 1 9 7 4 3 3

         7 6 7 3 9 2 7 1

         2 3 9 5 7 2 6 5

         5 5 2 2 8 1 4 3;

ENDDATA

派生集合的赋值有个顺序问题,在这里它先初始化 COST(WH1,V1),即把 6 赋给 COST(WH1,V1),接下来是从 COST(WH1,V2)到 COST(WH1,V8),然后是 COST(WH2,V1),依此类推。对于稀疏集合,也可采用类似的方法赋值。此外,LINGO 还支持从外部文件中导入数据,相关内容可参阅有关参考书。

(3) 目标函数描述。本例的目标函数用 LINGO 语言可表示为:

MIN = @SUM(LINKS(I, J):COST(I, J) * VOLUME(I, J));

其中@SUM 是 LINGO 提供的内部函数,其作用是对某个集合的所有元素求指定表达式的和,在本例中其相当于求 $\sum\limits_{i=1}^{6}\sum\limits_{j=1}^{8}c_{ij}x_{ij}$。

（4）变量约束。在本例中约束条件 $\sum\limits_{j=1}^{8}x_{ij}\leqslant a_i$,　$i=1,\cdots,6$ 包含了 6 个不等式,在 LINGO 中可用一条语句来表示:

@FOR（WAREHOUSES（I）:@ SUM（VENDORS（J）:VOLUME（I, J））<= CAPACITY(I));

其中@FOR 是 LINGO 提供的集合元素循环函数,其作用是对某个集合的每个元素分别生成一个约束表达式。类似的约束条件 $\sum\limits_{i=1}^{6}x_{ij}=b_j$,　$j=1,2,\cdots,8$ 可表示为:

@ FOR（VENDORS（J）:@ SUM（WAREHOUSES（I）:VOLUME（I, J））= DEMAND(J));

（5）完整模型。综合(1)～(4),可以在模型窗口中输入如下模型:

MODEL:

SETS:

    WAREHOUSES / WH1 WH2 WH3 WH4 WH5 WH6/: CAPACITY;

    VENDORS / V1 V2 V3 V4 V5 V6 V7 V8/: DEMAND;

    LINKS(WAREHOUSES, VENDORS): COST, VOLUME;

ENDSETS

DATA:

    CAPACITY = 60 55 51 43 41 52;

    DEMAND = 35 37 22 32 41 32 43 38;

    COST = 6 2 6 7 4 2 5 9

           4 9 5 3 8 5 8 2

           5 2 1 9 7 4 3 3

           7 6 7 3 9 2 7 1

           2 3 9 5 7 2 6 5

           5 5 2 2 8 1 4 3;

ENDDATA

MIN = @SUM(LINKS(I, J): COST(I, J) * VOLUME(I, J));

@FOR（VENDORS（J）:@ SUM（WAREHOUSES（I）:VOLUME（I, J））= DEMAND(J));

@FOR（WAREHOUSES（I）:@ SUM（VENDORS（J）:VOLUME（I, J））<= CAPACITY(I));

    END

选菜单 Lingo|Solve(或按 Ctrl-S),或用鼠标单击"solve"按钮,可得结果如下:

Global optimal solution found.

Objective value：   664. 0000

Total solver iterations：   20

Variable	Value	Reduced Cost
CAPACITY(WH1)	60. 00000	0. 000000
CAPACITY(WH2)	55. 00000	0. 000000
CAPACITY(WH3)	51. 00000	0. 000000
CAPACITY(WH4)	43. 00000	0. 000000
CAPACITY(WH5)	41. 00000	0. 000000
CAPACITY(WH6)	52. 00000	0. 000000
DEMAND(V1)	35. 00000	0. 000000
DEMAND(V2)	37. 00000	0. 000000
DEMAND(V3)	22. 00000	0. 000000
DEMAND(V4)	32. 00000	0. 000000
DEMAND(V5)	41. 00000	0. 000000
DEMAND(V6)	32. 00000	0. 000000
DEMAND(V7)	43. 00000	0. 000000
DEMAND(V8)	38. 00000	0. 000000
COST(WH1，V1)	6. 000000	0. 000000
COST(WH1，V2)	2. 000000	0. 000000
COST(WH1，V3)	6. 000000	0. 000000
COST(WH1，V4)	7. 000000	0. 000000
COST(WH1，V5)	4. 000000	0. 000000
COST(WH1，V6)	2. 000000	0. 000000
COST(WH1，V7)	5. 000000	0. 000000
COST(WH1，V8)	9. 000000	0. 000000
COST(WH2，V1)	4. 000000	0. 000000
COST(WH2，V2)	9. 000000	0. 000000
COST(WH2，V3)	5. 000000	0. 000000
COST(WH2，V4)	3. 000000	0. 000000
COST(WH2，V5)	8. 000000	0. 000000
COST(WH2，V6)	5. 000000	0. 000000
COST(WH2，V7)	8. 000000	0. 000000
COST(WH2，V8)	2. 000000	0. 000000
COST(WH3，V1)	5. 000000	0. 000000
COST(WH3，V2)	2. 000000	0. 000000
COST(WH3，V3)	1. 000000	0. 000000
COST(WH3，V4)	9. 000000	0. 000000

COST(WH3，V5)	7.000000	0.000000
COST(WH3，V6)	4.000000	0.000000
COST(WH3，V7)	3.000000	0.000000
COST(WH3，V8)	3.000000	0.000000
COST(WH4，V1)	7.000000	0.000000
COST(WH4，V2)	6.000000	0.000000
COST(WH4，V3)	7.000000	0.000000
COST(WH4，V4)	3.000000	0.000000
COST(WH4，V5)	9.000000	0.000000
COST(WH4，V6)	2.000000	0.000000
COST(WH4，V7)	7.000000	0.000000
COST(WH4，V8)	1.000000	0.000000
COST(WH5，V1)	2.000000	0.000000
COST(WH5，V2)	3.000000	0.000000
COST(WH5，V3)	9.000000	0.000000
COST(WH5，V4)	5.000000	0.000000
COST(WH5，V5)	7.000000	0.000000
COST(WH5，V6)	2.000000	0.000000
COST(WH5，V7)	6.000000	0.000000
COST(WH5，V8)	5.000000	0.000000
COST(WH6，V1)	5.000000	0.000000
COST(WH6，V2)	5.000000	0.000000
COST(WH6，V3)	2.000000	0.000000
COST(WH6，V4)	2.000000	0.000000
COST(WH6，V5)	8.000000	0.000000
COST(WH6，V6)	1.000000	0.000000
COST(WH6，V7)	4.000000	0.000000
COST(WH6，V8)	3.000000	0.000000
VOLUME(WH1，V1)	0.000000	5.000000
VOLUME(WH1，V2)	19.00000	0.000000
VOLUME(WH1，V3)	0.000000	5.000000
VOLUME(WH1，V4)	0.000000	7.000000
VOLUME(WH1，V5)	41.00000	0.000000
VOLUME(WH1，V6)	0.000000	2.000000
VOLUME(WH1，V7)	0.000000	2.000000
VOLUME(WH1，V8)	0.000000	10.00000
VOLUME(WH2，V1)	1.000000	0.000000
VOLUME(WH2，V2)	0.000000	4.000000

VOLUME(WH2，V3)	0.000000	1.000000
VOLUME(WH2，V4)	32.00000	0.000000
VOLUME(WH2，V5)	0.000000	1.000000
VOLUME(WH2，V6)	0.000000	2.000000
VOLUME(WH2，V7)	0.000000	2.000000
VOLUME(WH2，V8)	0.000000	0.000000
VOLUME(WH3，V1)	0.000000	4.000000
VOLUME(WH3，V2)	11.00000	0.000000
VOLUME(WH3，V3)	0.000000	0.000000
VOLUME(WH3，V4)	0.000000	9.000000
VOLUME(WH3，V5)	0.000000	3.000000
VOLUME(WH3，V6)	0.000000	4.000000
VOLUME(WH3，V7)	40.00000	0.000000
VOLUME(WH3，V8)	0.000000	4.000000
VOLUME(WH4，V1)	0.000000	4.000000
VOLUME(WH4，V2)	0.000000	2.000000
VOLUME(WH4，V3)	0.000000	4.000000
VOLUME(WH4，V4)	0.000000	1.000000
VOLUME(WH4，V5)	0.000000	3.000000
VOLUME(WH4，V6)	5.000000	0.000000
VOLUME(WH4，V7)	0.000000	2.000000
VOLUME(WH4，V8)	38.00000	0.000000
VOLUME(WH5，V1)	34.00000	0.000000
VOLUME(WH5，V2)	7.000000	0.000000
VOLUME(WH5，V3)	0.000000	7.000000
VOLUME(WH5，V4)	0.000000	4.000000
VOLUME(WH5，V5)	0.000000	2.000000
VOLUME(WH5，V6)	0.000000	1.000000
VOLUME(WH5，V7)	0.000000	2.000000
VOLUME(WH5，V8)	0.000000	5.000000
VOLUME(WH6，V1)	0.000000	3.000000
VOLUME(WH6，V2)	0.000000	2.000000
VOLUME(WH6，V3)	22.00000	0.000000
VOLUME(WH6，V4)	0.000000	1.000000
VOLUME(WH6，V5)	0.000000	3.000000
VOLUME(WH6，V6)	27.00000	0.000000
VOLUME(WH6，V7)	3.000000	0.000000
VOLUME(WH6，V8)	0.000000	3.000000

Row	Slack or Surplus	Dual Price
1	664.0000	-1.000000
2	0.000000	-4.000000
3	0.000000	-5.000000
4	0.000000	-4.000000
5	0.000000	-3.000000
6	0.000000	-7.000000
7	0.000000	-3.000000
8	0.000000	-6.000000
9	0.000000	-2.000000
10	0.000000	3.000000
11	22.00000	0.000000
12	0.000000	3.000000
13	0.000000	1.000000
14	0.000000	2.000000
15	0.000000	2.000000

即目标函数值为 664.00，最优运输方案如表 2-4 所示。

表 2-4 最优运输方案

仓库 ＼ 客户	V1	V2	V3	V4	V5	V6	V7	V8
Wh1	0	19	0	0	41	0	0	0
Wh2	1	0	0	32	0	0	0	0
Wh3	0	11	0	0	0	0	40	0
Wh4	0	0	0	0	0	5	0	38
Wh5	34	7	0	0	0	0	0	0
Wh6	0	0	22	0	0	27	3	0

2.2.5 灵敏度分析

灵敏度分析是指由于系统环境发生变化，而引起系统目标变化的敏感程度。在建立线性规划模型时，总是假定 a_{ij}，b_i，c_j 都是常数，但实际上这些系数往往是估计值和预测值，实际中多种原因都能引起它们的变化。如市场条件一变，c_j 值就会变化；a_{ij} 往往是因工艺条件的改变而改变；b_i 是根据资源投入后的经济效果决定的一种决策选择。因此提出两个问题：① 当这些参数有一个或几个发生变化时，已求得的线性规划问题的最优解会有什么变化；② 这些参数在什么范围内变化时，线性规划问题的最优解不变。灵敏性分析是线性规划理论中的重要内容，也是数学建模"模型推广与应用"部分的主要内容。利用灵敏度分析可对模型结果作进一步的研究，它们对实际问题常常是十分有益的。本节用一个例子介绍 LINGO 软件输出结果中有关灵敏度分析的内容。

例 2.5 一奶制品加工厂用牛奶生产 A、B 两种奶制品,1 桶牛奶可以在甲类设备上用 12 小时加工成 3 千克 A,或者在乙类设备上用 8 小时加工成 4 千克 B。假定根据市场需求, 生产的 A、B 全部能售出,且每千克 A 获利 24 元,每千克 B 获利 16 元。现在加工厂每天能 得到 50 桶牛奶的供应,每天正式工人总的劳动时间为 480 小时,并且甲类设备每天至多能 加工 100 千克 A,乙类设备的加工能力没有限制。试为该厂制定一个生产计划,使每天获利 最大,并进一步讨论以下 3 个附加问题:

(1) 若用 35 元可以买到 1 桶牛奶,应否作这项投资? 若投资,每天最多购买多少桶 牛奶?

(2) 若可以聘用临时工人以增加劳动时间,付给临时工人的工资最多是每小时多少?

(3) 假设由于市场需求变化,每千克 A 的获利增加到 30 元,应否改变生产计划?

解: 设每天用 x_1 桶牛奶生产 A,用 x_2 桶牛奶生产 B,每天获利 z 元。根据题意建立问 题的数学模型为

$$
\begin{aligned}
\max \quad & z = 72x_1 + 64x_2 \\
\text{s. t.} \quad & x_1 + x_2 \leqslant 50 \\
& 12x_1 + 8x_2 \leqslant 480 \\
& 3x_1 \leqslant 100 \\
& x_1 \geqslant 0,\ x_2 \geqslant 0
\end{aligned}
$$

在 LINGO 模型窗口输入:

```
MODEL:
MAX=72x1+64x2
x1+x2<=50
12x1+8x2<=480
3x1<=100
END
```

选择菜单"Solve",即可得到如下输出:

```
Global optimal solution found.
Objective value:                    3360.000
Infeasibilities:              0.000000
Total solver iterations:                 2
```

Variable	Value	Reduced Cost
X1	20.00000	0.000000
X2	30.00000	0.000000

Row	Slack or Surplus	Dual Price
1	3360.000	1.000000
2	0.000000	48.00000

3	0.000000	2.000000
4	40.00000	0.000000

由上述输出可知，这个线性规划的最优解为 $x_1=20$，$x_2=30$，最优值为 $z=3\,360$，即用 20 桶牛奶生产 A，30 桶牛奶生产 B，可获最大利润 3 360 元。

"Slack or Surplus"给出了松弛变量的值，第二、三行均为 0，说明对最优解来讲，第一、二个约束取等号，表明原料牛奶和劳动时间已用完，这样的约束一般称为**紧约束**。第四行为 40，说明甲类设备的能力有剩余。

"Dual Prices"表示当对应约束有微小变动时，目标函数的变化率。输出结果中对应于每一个约束有一个对偶价格，若其值为 p，表示对应约束中不等式右端项若增加单位 1，目标函数将增加 p（对应 max 型问题）。第二行表示原料牛奶增加 1 个单位时利润增加 48 元，第三行表示劳动时间增加 1 个单位时利润增加 2 元；第四行表示甲类设备（非紧约束）增加 1，利润增长 0，即对于非紧约束，右端项的微小变动不影响目标函数。

根据"Dual Prices"的值很容易回答附加问题（1）：用 35 元可以买到 1 桶牛奶，低于 1 桶牛奶使利润增加的值，当然应该作这项投资。对附加问题（2），聘用临时工人以增加劳动时间，付给工人的工资应低于 2 元才可以增加利润，所以工资最多是每小时 2 元。

目标函数的系数发生变化时（假定约束条件不变），最优解和最优值会改变吗？为回答附加问题（3），选择菜单"Range"（灵敏度分析），即可得到如下输出：
Ranges in which the basis is unchanged：

Objective Coefficient Ranges

Variable	Current Coefficient	Allowable Increase	Allowable Decrease
X1	72.00000	24.00000	8.000000
X2	64.00000	8.000000	16.00000

Righthand Side Ranges

Row	Current RHS	Allowable Increase	Allowable Decrease
2	50.00000	10.00000	6.666667
3	480.0000	53.33333	80.00000
4	100.0000	INFINITY	40.00000

敏感性分析的作用是给出"Ranges in which the basis is unchanged"，即研究当前目标函数的系数和约束右端项在什么范围内变化时（此时假定其他系数保持不变），最优基保持不变，这包括两方面的敏感性分析内容：

（1）上面输出的第一部分"Objective Coefficient Ranges"给出了最优解不变的条件下目标函数系数的允许变化范围：x_1 的系数为（72−8，72+24），即（64，96）；x_2 的系数为（64−16，64+8），即（48，72）。注意 x_1 系数的允许范围需要 x_2 的系数 64 不变，反之亦然。

用这个结果很容易回答附加问题(3)：若每千克 A 的获利增加到 30 元,则 x_1 的系数变为 90,在允许范围内,所以不应改变生产计划。

(2) 上面输出的第二部分"Righthand Side Ranges"给出了约束右端项的变化范围：原料牛奶约束的右端为 $(50-6.666667, 50+10)$；劳动时间约束的右端 $(480-53.333332, 480+80)$；设备甲的加工能力约束右端为 $(100-40, +\infty)$。

对于附加问题(1)的第二问：虽然应该批准用 35 元买 1 桶牛奶的投资,但每天最多购买 10 桶牛奶。

2.3 线性规划模型应用

例 2.6 某公司采用一套冲压设备生产一种罐装饮料的易拉罐,这种易拉罐是用镀锡板冲压成的,为圆柱状,包括罐身、上盖和下底。罐身高 10 厘米,上盖和下底的直径均为 5 厘米。该公司使用两种不同规格的镀锡板原料,规格 1 的镀锡板为正方形,边长 24 厘米；规格 2 的镀锡板为长方形,长 32 厘米,宽 28 厘米。由于生产设备和生产工艺的限制,规格 1 的镀锡板只能按模式 1、2 冲压,规格 2 的镀锡板只能按模式 3、4 冲压(见图 2-1),使用模式 1、2、3、4 进行冲压所需时间分别为 1.5 秒、2 秒、1 秒和 3 秒。

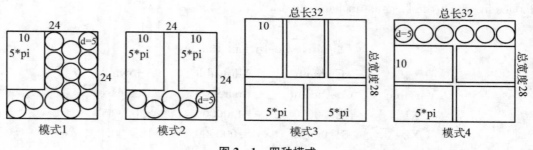

图 2-1 四种模式

该公司每周工作 40 小时,每周可供使用的规格 1、2 的镀锡板原料分别为 5 万张和 2 万张,目前每只易拉罐的利润为 0.1 元,原料余料损失为 0.001 元/cm²(如果周末有罐身、上盖或下底不能配套成易拉罐出售,也看成是余料损失)。公司应如何安排每周的生产?

1) 模型假设

(1) 生产模式转换所需时间可以忽略不计。

(2) 只考虑材料的节省,不考虑实际生成中可能遇到的其他因素。

(3) 每周生产正常进行,排除机器故障、员工问题影响生产。

(4) 原料供应充足,不存在缺料现象。

2) 符号说明

x_i：模式 1、2、3、4 分别使用的张数；y_1：完整易拉罐的个数；y_2：多余罐身的个数；y_3：多余罐盖(底)的个数,z：总利润。

3) 模型建立

先计算四种不同模式的余料损失,如表 2-5 所示。

表 2-5 不同模式的余料损失

模　式	罐身数/个	罐底(盖)数/个	余料/cm^2
模式 1	1	14	144.031
模式 2	2	5	163.666
模式 3	5	0	110.602
模式 4	4	6	149.872

再根据题意要求总利润最大,建立如下线性规划模型:

$$\max z = 0.1 \times y_1 - (50\pi y_2 + 2.5^2 \pi y_3 + 144.031 x_1 + 163.666 x_2 + 110.602 x_3 + 149.872 x_4) \times 0.001 \tag{2.12}$$

$$\text{s. t.} \begin{cases} x_1 + x_2 \leqslant 50\ 000 \\ x_3 + x_4 \leqslant 20\ 000 \\ 1.5x_1 + 2x_2 + x_3 + 3x_4 \leqslant 144\ 000 \\ y_1 \leqslant x_1 + 2x_2 + 5x_3 + 4x_4 \\ y_1 \leqslant (14x_1 + 5x_2 + 6x_4)/2 \\ y_2 = x_1 + 2x_2 + 5x_3 + 4x_4 - y_1 \\ y_3 = 14x_1 + 5x_2 + 6x_4 - 2y_1 \\ x_i \geqslant 0, \ y_j \geqslant 0, \ i = 1, 2, 3, 4, \ j = 1, 2, 3 \end{cases}$$

注:这里虽然 x_i 和 y_j 应是整数,但因生产量很大,可以把它们近似看成实数,从而用线性规划模型处理。

4) LINGO 程序

MODEL:

```
MAX=0.1 * y1-0.001 * ((50 * y2+2.5^2 * y3) * 3.1415926+144.031 * x1+
163.666 * x2+110.602 * x3+149.872 * x4);
x1+x2<=50000;
x3+x4<=20000;
1.5 * x1+2 * x2+x3+3 * x4<=144000;
y1<=x1+2 * x2+5 * x3+4 * x4;
y1<=(14 * x1+5 * x2+6 * x4)/2;
y2= x1+2 * x2+5 * x3+4 * x4-y1;
y3=14 * x1+5 * x2+6 * x4-2 * y1;
END
```

5) 求解结果及分析

Global optimal solution found.

Objective value:		8508.754
Infeasibilities:		0.000000
Total solver iterations:		6

Variable	Value	Reduced Cost
Y1	186363.6	0.000000
Y2	0.000000	0.2424678
Y3	0.000000	0.2694086E−01
X1	13636.36	0.000000
X2	36363.64	0.000000
X3	20000.00	0.000000
X4	0.000000	0.8082173E−01

Row	Slack or Surplus	Dual Price
1	8508.754	1.000000
2	0.000000	0.4363991E−01
3	0.000000	0.3163379
4	30818.18	0.000000
5	0.000000	0.000000
6	0.000000	0.000000
7	0.000000	0.8538818E−01
8	0.000000	0.7305909E−02

由程序得出的最大利润约为 8 508 元,每周的生产安排为:模式 4 不使用,模式 1 约使用 13 636 张,模式 2 约使用 36 363 张,模式 3 使用 20 000 张,共生产约 186 363 个易拉罐,多余的罐身和罐盖(底)个数均为 0。

由于对整数规划模型采用了线性规划近似处理,这里对上述结果还需做进一步分析。首先,将上述生产安排代入模型式(2.12)的约束条件,得出的 y_2,y_3 均为负值,这显然不合理。进一步验证可知,当 $y_1 = 186\ 359$ 时,$y_2 = 3$,$y_3 = 1$。 其次,由于规格 1 的原料共使用了 49 999 张,还剩余 1 张,而时间并没有用完,所以应把那张剩余的加工完,考虑到现在罐身余 3,罐底余 1,应按照模式 1 加工最后剩余的这张,这样还可得 4 个完整的易拉罐。

综上得每周的生产安排为:模式 1 使用 13 637 张,模式 2 使用 36 363 张,模式 3 使用 20 000 张,模式 4 不使用,共可生产易拉罐总数为 186 363,最大利润约为 8 508 元,多余的罐身为 0,罐底为 7。

习 题 2

1. 某银行经理计划用一笔资金进行有价证券的投资,可供购进的证券以及信用等级、到期年限、收益如表 2-6 所示。按照规定,市政证券的收益可以免税,其他证券的收益需按 50% 的税率纳税。此外还有以下限制:

① 政府及代办机构的证券总共至少要购进 400 万元;

② 所购证券的平均信用等级不超过 1.4(信用等级数字越小,信用程度越高);

③ 所购证券的平均到期年限不超过 5 年。

表 2-6

证券名称	证券种类	信用等级	到期年限/年	到期税前收益/%
A	市 政	2	9	4.3
B	代办机构	2	15	5.4
C	政 府	1	4	5.0
D	政 府	1	3	4.4
E	市 政	5	2	4.5

(1) 若该经理有 1 000 万元资金,应如何投资。

(2) 如果能够以 2.75% 的利率借到不超过 100 万元资金,该经理应如何操作。

(3) 在 1 000 万元资金情况下,若证券 A 的税前收益增加为 4.5%,投资方案应否改变? 若证券 C 的税前收益减少为 4.8%,投资方案应否改变。

2. 一艘货轮,分前、中、后三个舱位,它们的容积与最大允许载重量如表 2-7 所示。现有三种货物待运,已知有关数据见表 2-8。为了航运安全,要求前、中、后舱在实际载重量上大体保持各舱最大允许载重量的比例关系,具体要求前、后舱分别与中舱之间载重量比例上偏差不超过 15%,前、后舱之间不超过 10%。问该货轮应装载 A、B、C 各多少件,运费收入为最大?

表 2-7

	前 舱	中 舱	后 舱
重 量	2 000	3 000	1 500
容 积	4 000	5 400	1 500

表 2-8

商 品	数 量	体 积	重 量	运 价
A	600	10	8	1 000
B	1 000	5	6	700
C	800	7	5	600

3. 一个合资食品企业面临某种食品一至四月的生产计划问题。四个月的需求分别为 4 500 吨、3 000 吨、5 500 吨、4 000 吨。目前(一月初)该企业有 100 个熟练工人,正常工作时每人每月可完成 40 吨,每吨成本为 200 元。由于市场需求浮动较大,该企业可通过下列方

法调节生产：

（1）利用加班增加生产，但加班生产产品每人每月不能超过 10 吨，加班时每吨成本为 300 元。

（2）利用库存来调节生产，库存费用为 60 元/吨·月，最大库存能力为 1 000 吨。

请为该企业构造一个线性规划模型，在满足需求的前提下使四个月的总费用最小。

第3章
整数规划与非线性规划

对于许多实际问题来说,若决策变量代表产品的件数、箱数、人员的个数等整数量时,变量只有取整数才有意义,因此有必要在规划模型中增加这些决策变量为整数的限制,我们称这类含有整数决策变量的规划问题为**整数规划**。若在线性规划模型中,变量限制为整数,则称为**整数线性规划**。如果目标函数或约束条件中包含非线性函数,就称这种规划问题为**非线性规划问题**。一般来说,求解非线性规划要解线性规划困难得多,而且,也不像线性规划有单纯形法这样通用的方法。非线性规划目前还没有适用于各种问题的一般算法,各个方法都有自己特定的适用范围。

3.1 整数规划

3.1.1 整数规划建模引例

例 3.1 某超市每天各时间段内工作人员人数如表 3-1 所示。设工作人员分别在各时间段一开始时上班,并连续工作八小时,问该超市应怎样安排工作人员,既能满足需要又配备最少人员?

表 3-1

班　　次	时　　　间	所需人数
1	6:00—10:00	60
2	10:00—14:00	70
3	14:00—18:00	60
4	18:00—22:00	50

解:设 x_j 表示第 j 班次刚开始上班的工作人员人数,由题意可建立如下的整数规划模型:

$$\min \quad z = \sum_{j=1}^{4} x_j$$

$$\text{s. t.} \begin{cases} x_1 \geqslant 60 \\ x_1 + x_2 \geqslant 70 \\ x_2 + x_3 \geqslant 60 \\ x_3 + x_4 \geqslant 50 \\ x_j \geqslant 0 \quad j = 1, 2, 3, 4 \text{ 且为整数} \end{cases}$$

例 3.2（投资场所的确定）　某公司拟在市东、西、南三区建立门市部,拟议中有 7 个位置（点）$A_i (i = 1, 2, \cdots, 7)$ 可供选择。规定

东区：在 A_1, A_2, A_3 三个点中至多选两个;

西区：在 A_4, A_5 两个点中至少选一个;

南区：在 A_6, A_7 两个点中至少选一个。

如选用 A_i 点,设备投资估计为 b_i 元,每年可获利润估计为 c_i 元,但投资总额不能超过 B 元。问应选择哪几个点可使年利润为最大?

解：先引入 0 - 1 变量 $x_i (i = 1, 2, \cdots, 7)$, 令

$$x_i = \begin{cases} 1, & \text{当 } A_i \text{ 点被选中} \\ 0, & \text{当 } A_i \text{ 点没被选中} \end{cases} \quad i = 1, 2, \cdots, 7$$

于是问题可写成:

$$\max \quad z = \sum_{i=1}^{7} c_i x_i \tag{3.1}$$

$$\text{s. t.} \begin{cases} \sum_{i=1}^{7} b_i x_i \leqslant B \\ x_1 + x_2 + x_3 \leqslant 2 \\ x_4 + x_5 \geqslant 1 \\ x_6 + x_7 \geqslant 1 \\ x_i = 0 \text{ 或 } 1, \quad i = 1, 2, \cdots, 7 \end{cases}$$

例 3.3（背包问题）　某人打算外出登山旅游,需要带 n 件物品,重量分别为 a_i 千克,受到个人体力所限,行李的总重量不能超过 b 千克,若超过,则需要裁减。该旅行者为了决策带哪些物品,对这些物品的重要性进行了量化,用 c_i 表示,试建立该问题的数学模型。

解：引入 0 - 1 变量 $x_i (i = 1, 2, \cdots, n)$, $x_i = 1$ 表示物品 i 放入背包中,否则不放,于是背包问题可写成

$$\max \quad z = \sum_{i=1}^{n} c_i x_i \tag{3.2}$$

$$\text{s. t.} \begin{cases} \sum_{i=1}^{n} a_i x_i \leqslant b \\ x_i = 0 \text{ 或 } 1, \quad i = 1, 2, \cdots, n \end{cases}$$

对于整数线性规划模型大致可分为三类：

（1）变量全限制为整数时，称为**纯（完全）整数线性规划**。

（2）变量部分限制为整数时，称为**混合整数线性规划**。

（3）变量只能取 0 或 1 时，称为 **0-1 线性规划**。

3.1.2　整数规划的求解方法

整数线性规划解的特点：

（1）设原线性规划有最优解，当自变量限制为整数后，其整数规划解会出现下述情况：

① 原线性规划最优解全是整数，则整数线性规划最优解与线性规划最优解一致。

② 整数线性规划无可行解。

③ 有可行解（当然就存在最优解），但最优解值一定不会优于原线性规划的最优值。

（2）整数规划最优解不能按照实数最优解简单取整而获得。

求解整数规划问题比求解线性规划问题困难得多，迄今为止，求解整数规划问题尚无统一有效的算法。1958 年，R. E. Gomory 创立了求解一般线性整数规划的割平面法；1960 年，A. H. Land 和 A. G. Doig 首先对旅行售货商问题提出了一个分解算法，紧接着，E. Balas 等人将其发展成解决一般线性规划的分支定界法；之后又有人对特殊整数规划提出相应算法，如求解 0-1 整数规划的隐枚举法和分配问题的匈牙利方法等。这里将介绍常用的求解整数规划的分支定界法和求解 0-1 规划的隐枚举法。

1）分枝定界法

对有约束条件的最优化问题（其可行解为有限数）的可行解空间恰当地进行系统搜索，这就是分枝与定界的内容。通常，把全部可行解空间反复地分割为越来越小的子集，称为**分枝**；并且对每个子集内的解集计算一个目标上（下）界（对应于最大（小）值问题），这称为**定界**。在每次分枝后，凡是界限不优于已知可行解集目标值的那些子集不再进一步分枝，这样，许多子集可不予考虑，这称为**剪枝**。这就是分枝定界法的主要思路，下面举例说明。

例 3.4　求解下述整数规划：

$$\max \quad z = 40x_1 + 90x_2$$

$$\text{s. t.} \begin{cases} 9x_1 + 7x_2 \leqslant 56 \\ 7x_1 + 20x_2 \geqslant 70 \\ x_1, \ x_2 \geqslant 0, \text{且为整数} \end{cases} \tag{3.3}$$

解：这里将要求解的整数规划问题记为问题 A，将与它相应的去掉整数约束的线性规划问题记为问题 B。

（1）先求解一般线性规划问题 B，得最优解为

$$x_1 = 4.809\ 2, \ x_2 = 1.816\ 8, \ z = 355.877\ 9$$

可见它不符合整数条件。这时 z 是原问题 A 的最优目标函数值 z^* 的上界，记作 $\bar{z}$。而 $x_1 =$

0，$x_2=0$ 显然是原问题 A 的一个整数可行解，这时 $z=0$，是 z^* 的一个下界，记作 $\underline{z}$，即 $0 \leqslant z^* \leqslant 356$。

（2）因为 x_1，x_2 当前均为非整数，故不满足整数要求，任选一个进行分枝。设选 x_1 进行分枝：$x_1 \leqslant [4.809\,2] = 4$，$x_1 \geqslant [4.809\,2] + 1 = 5$，下面考虑两个子问题 B_1 和 B_2。

问题 B_1：
$$\max \quad z = 40x_1 + 90x_2$$
$$\text{s. t.} \begin{cases} 9x_1 + 7x_2 \leqslant 56 \\ 7x_1 + 20x_2 \geqslant 70 \\ 0 \leqslant x_1 \leqslant 4, x_2 \geqslant 0 \end{cases}$$

最优解为：$x_1 = 4.0$，$x_2 = 2.1$，$z_1 = 349$。

问题 B_2：
$$\max \quad z = 40x_1 + 90x_2$$
$$\text{s. t.} \begin{cases} 9x_1 + 7x_2 \leqslant 56 \\ 7x_1 + 20x_2 \geqslant 70 \\ x_1 \geqslant 5, x_2 \geqslant 0 \end{cases}$$

最优解为：$x_1 = 5.0$，$x_2 = 1.57$，$z_1 = 341.4$。

再定界：$0 \leqslant z^* \leqslant 349$。

（3）对问题 B_1 再选 x_2 进行分枝：$x_2 \leqslant 2$，$x_2 \geqslant 3$，得问题 B_{11} 和 B_{12}，它们的最优解为

$$B_{11}: x_1 = 4, x_2 = 2, z_{11} = 340$$
$$B_{12}: x_1 = 1.43, x_2 = 3.00, z_{12} = 327.14$$

再定界：$340 \leqslant z^* \leqslant 341$，并将 B_{12} 剪枝。

（4）对问题 B_2 再选 x_2 进行分枝：$x_2 \leqslant 1$，$x_2 \geqslant 2$，得问题 B_{21} 和 B_{22}，它们的最优解为

$$B_{21}: x_1 = 5.44, x_2 = 1.00, z_{22} = 308$$
$$B_{22} \text{ 无可行解。}$$

将 B_{21}，B_{22} 剪枝。

于是可以断定原问题的最优解为

$$x_1 = 4, x_2 = 2, z^* = 340。$$

由例 3.4 解题过程可见，用分枝定界法求解整数规划（最大化）问题的主要步骤为：

（1）解问题 B 可能得到以下情况之一：

① B 没有可行解，这时 A 也没有可行解，则停止；

② B 有最优解，并符合问题 A 的整数条件，B 的最优解即为 A 的最优解，则停止；

③ B 有最优解，但不符合问题 A 的整数条件，记它的目标函数值为 $\bar{z}$。

（2）用观察法找问题 A 的一个整数可行解，一般可取 $x_j = 0$，$j = 1, \cdots, n$，求得其目标函数值，并记作 $\underline{z}$。以 z^* 表示问题 A 的最优目标函数值，这时有

$$\underline{z} \leqslant z^* \leqslant \bar{z}$$

进行迭代。

第一步：分枝 在 B 的最优解中任选一个不符合整数条件的变量 x_j，设其值为 b_j，以 $[b_j]$ 表示小于 b_j 的最大整数。构造两个约束条件

$$x_j \leqslant [b_j] \quad \text{和} \quad x_j \geqslant [b_j] + 1$$

将这两个约束条件分别加入问题 B，记两个后继规划问题为 B_1 和 B_2，不考虑整数条件求解这两个后继问题。

定界 以每个后继问题为一分枝标明求解的结果，与其他问题的解的结果比较，找出最优目标函数值最大者作为新的上界 $\bar{z}$。从已符合整数条件的各分枝中，找出目标函数值中最大者作为新的下界 $\underline{z}$，若无则记 $\underline{z} = 0$。

第二步：比较与剪枝 各分枝的最优目标函数中若有小于 $\underline{z}$ 者，则剪掉这枝，即以后不再考虑了。若大于 $\underline{z}$，且不符合整数条件，则重复第一步。一直到最后得到 $\bar{z} = \underline{z}$ 为止，得最优整数解 x_j^*，$j = 1, \cdots, n$。

2）求解 0-1 整数规划的过滤隐枚举法

解 0-1 型整数规划最容易想到的方法，与一般整数规划的情形一样，就是穷举法，即检查变量取值为 0 或 1 的每一种组合，比较目标函数值以求得最优解，这就需要检查变量取值的 2^n 个组合。对于变量个数 n 较大（例如 $n > 10$），这几乎是不可能的。因此常设计一些方法，只检查变量取值的组合的一部分，就能求到问题的最优解，这样的方法称为**隐枚举法**（Implicit Enumeration），分枝定界法也是一种隐枚举法。当然，对有些问题隐枚举法并不适用，所以有时穷举法还是必要的。

下面举例说明一种解 0-1 型整数规划的隐枚举法。

例 3.5

$$\max \quad z = 3x_1 - 2x_2 + 5x_3$$

$$\text{s. t.} \begin{cases} x_1 + 2x_2 - x_3 \leqslant 2 \\ x_1 + 4x_2 + x_3 \leqslant 4 \\ x_1 + x_2 \leqslant 1 \\ 4x_2 + x_3 \leqslant 4 \\ x_1, x_2, x_3 = 0 \text{ 或 } 1 \end{cases} \tag{3.4}$$

求解思路及改进措施：

（1）先试探性求一个可行解，易看出 $(x_1, x_2, x_3) = (1, 0, 0)$ 满足约束条件，故为一个可行解，且相应的目标函数值为 $z = 3$。

（2）因为是求极大值问题，故求最优解时，凡是目标值 $z < 3$ 的解不必检验是否满足约束条件即可删除，它肯定不是最优解，于是应增加一个约束条件（目标值下界）$3x_1 - 2x_2 + 5x_3 \geqslant 3$，称该条件为过滤条件。从而原问题等价于

$$\max \quad z = 3x_1 - 2x_2 + 5x_3$$

$$\text{s.t.} \begin{cases} 3x_1 - 2x_2 + 5x_3 \geqslant 3 & \text{(a)} \\ x_1 + 2x_2 - x_3 \leqslant 2 & \text{(b)} \\ x_1 + 4x_2 + x_3 \leqslant 4 & \text{(c)} \\ x_1 + x_2 \leqslant 1 & \text{(d)} \\ 4x_1 + x_3 \leqslant 4 & \text{(e)} \\ x_1, x_2, x_3 = 0 \text{ 或 } 1 & \text{(f)} \end{cases} \tag{3.5}$$

若用全部枚举法, 3 个变量共有 8 种可能的组合, 将这 8 种组合依次检验它是否满足条件(a)~(e)。对某个组合, 若它不满足(a), 即不满足过滤条件, 则(b)~(e)即可行性条件不必再检验; 若它满足(a)~(e)且相应的目标值严格大于 3, 则进行(3)。

(3) 改进过滤条件。

(4) 由于对每个组合首先计算目标值以验证过滤条件, 故应优先计算目标值较大的组合, 这样可提前抬高过滤门槛, 以减少计算量。

按上述思路与方法, 例 3.5 的求解过程如表 3-2 所示。

表 3-2

(x_1, x_2, x_3)	目标值	约 束 条 件					过 滤 条 件
		a	b	c	d	e	
(0, 0, 0)	0	×					
(1, 0, 0)	3	√	√	√	√	√	$3x_1 - 2x_2 + 5x_3 \geqslant 3$
(0, 1, 0)	−2	×					
(0, 0, 1)	5	√	√	√	√	√	$3x_1 - 2x_2 + 5x_3 \geqslant 5$
(1, 1, 0)	1	×					
(1, 0, 1)	8	√	√	√	√	×	
(1, 1, 1)	6	√	√	×			
(0, 1, 1)	3	×					

从而得最优解 $(x_1^*, x_2^*, x_3^*) = (0, 0, 1)$, 最优值 $z^* = 5$。

3) 利用 LINGO 求解整数线性规划

与 2.2.4 小节用 LINGO 求解线性规划类似, 在用 LINGO 求解整数规划时, 只需在后面加上对变量的整数约束即可。例如, 变量 X1 为整数变量, 用"@GIN(X1)"表示; 变量 X1 为 0-1 整数变量, 用"@BIN(X1)"表示。

例 3.6 求解下列整数规划问题:

$$\min \ z = x_1 + x_2 - 4x_3 \tag{3.6}$$

$$\text{s.t.} \begin{cases} x_1 + x_2 + 2x_3 \leqslant 9 \\ x_1 + x_2 - x_3 \leqslant 2 \\ -x_1 + x_2 + x_3 \leqslant 4 \\ x_1, x_2, x_3 \geqslant 0 \quad \text{为整数} \end{cases}$$

在 LINGO 模型窗口中输入下列模型：

MIN＝X1＋X2－4＊X3；

X1＋X2＋2＊X3＜＝9；

X1＋X2－X3＜＝2；

－X1＋X2＋X3＜＝4；

@GIN(X1)；@GIN(X2)；@GIN(X3)；

选菜单 Lingo|Solve(或按 Ctrl-S)，或用鼠标单击"solve"按钮，可得结果如下：

Global optimal solution found.

Objective value：　　　　　　　　　　　　　　　　－16.00000

Extended solver steps：　　　　　　　　　　　　　　0

Total solver iterations：　　　　　　　　　　　　　　0

Variable	Value	Reduced Cost
X1	0.000000	1.000000
X2	0.000000	1.000000
X3	4.000000	−4.000000
Row	Slack or Surplus	Dual Price
1	−16.00000	−1.000000
2	1.000000	0.000000
3	6.000000	0.000000
4	0.000000	0.000000

4）利用 MATLAB 求解整数线性规划

在 MATLAB2014a 及以后版本中，提供了求解整数规划的 intlinprog()函数，其常见调用格式与 linprog()函数类似，只是增加了一个参数 intcon。

MATLAB 中整数线性规划的标准形式为

$$\min \quad z = \boldsymbol{c}^{\mathrm{T}} \boldsymbol{x}$$

$$\text{s. t.} \quad \boldsymbol{A} \cdot \boldsymbol{x} \leqslant \boldsymbol{b}$$

$$\boldsymbol{Aeq} \cdot \boldsymbol{x} = \boldsymbol{beq}$$

$$\boldsymbol{lb} \leqslant \boldsymbol{x} \leqslant \boldsymbol{ub}$$

$$\boldsymbol{X}(\text{intcon}) \text{ 为整数}$$

其中参数 intcon 表示 $\boldsymbol{x}$ 中是整数变量的下标集。MATLAB 求解上述模型的命令如下：

$$x = \text{intlinprog}(c, \text{intcon}, A, b, Aeq, beq, lb, ub)$$

用这个函数求解例 3.6，在 MATLAB 命令窗口输入：

```
c=[1 1 −4]';
intcon=1:3;%x(1),x(2),x(3)均为整数
A=[1 1 2; 1 1 −1; −1 1 1];
b=[9, 2, 4]';
```

lb=[0 0 0]';

x=intlinprog(c, intcon, A, b, [ ], [ ], lb, [ ])

%由于原模型没有等式约束,所以 Aeq=[ ],beq=[ ]。

运行后得

LP: Optimal objective value is −16.000000.

x =

        0

        0

        4

例 3.7 某公司有 5 个项目被列入投资计划,各项目的投资额和期望的投资收益如表 3-3 所示。

表 3-3 不同项目的投资额和期望受益

项　　目	投资额/百万元	投资收益/百万元
1	210	150
2	300	210
3	100	60
4	130	80
5	260	180

该公司只有 600 百万元资金可用于投资,由于技术上的原因投资受到以下约束:

(1) 在项目 1、2 和 3 中有且仅有一项被选中。

(2) 项目 3 和 4 只能选中一项。

(3) 项目 5 被选中的前提是项目 1 必须被选中。

如何在上述条件下选择一个最好的投资方案,使投资收益最大?

解: 设 0-1 变量

$$x_i = \begin{cases} 1 & 选中项目\ i \\ 0 & 不选项目\ i \end{cases}$$

目标是使投资收益最大,故目标函数为

$$\max S = 150x_1 + 210x_2 + 60x_3 + 80x_4 + 180x_5$$

投资不超过公司的 600 百万元资金,故有条件:

$$210x_1 + 300x_2 + 100x_3 + 130x_4 + 260x_5 \leqslant 600$$

在项目 1、2 和 3 中有且仅有一项被选中,故有条件:

$$x_1 + x_2 + x_3 = 1$$

项目 3 和 4 只能选中一项,故有条件:

$$x_3 + x_4 \leqslant 1$$

项目 5 被选中的前提是项目 1 必须被选中, 故有条件:

$$x_5 \leqslant x_1$$

这样, 得到问题的数学模型如下:

$$\max S = 150x_1 + 210x_2 + 60x_3 + 80x_4 + 180x_5 \qquad (3.7)$$

$$\text{s. t.} \quad 210x_1 + 300x_2 + 100x_3 + 130x_4 + 260x_5 \leqslant 600$$

$$x_1 + x_2 + x_3 = 1$$

$$x_3 + x_4 \leqslant 1$$

$$x_5 \leqslant x_1$$

$$x_i = 0 \text{ 或 } 1, \ i = 1, 2, \cdots, 5$$

用 MATLAB 求解可得:

```
c=-[150, 210, 60, 80,180]';   %转换求 max 为求 min
a=[210, 300, 100, 130, 260; 0, 0, 1, 1, 0; -1, 0, 0, 0, 1];
b=[600; 1; 0];
Aeq=[1, 1, 1, 0, 0];
beq=1;
[x, fval]=bintprog(c, a, b, Aeq, beq)
x =
    1
    0
    0
    1
    1
fval =
  -410
```

即第 1、4、5 项被选中时获得最大投资收益 410(百万元)。注意到 MATLAB 求出来的最优目标值为负值是因为 MATLAB 用的目标函数是求最小值。

例 3.8　一架货机, 有效载重量为 24 吨, 可运输物品的重量及运费收入如表 3-4 所示, 其中各物品只有一件可供选择, 问如何选运物品运费总收入最多?

表 3-4　运输品的重量及运费

物　　品	1	2	3	4	5	6
重量/吨	8	13	6	9	5	7
收入/万元	3	5	2	4	2	3

解： 设 $x_i = \begin{cases} 1, & \text{选运第 } i \text{ 种物品} \\ 0, & \text{其他} \end{cases}$，则可建立下述 0 - 1 规划模型：

$$\max f = 3x_1 + 5x_2 + 2x_3 + 4x_4 + 2x_5 + 3x_6$$

$$\text{s. t.} \begin{cases} 8x_1 + 13x_2 + 6x_3 + 9x_4 + 5x_5 + 7x_6 \leqslant 24 \\ x_i \text{ 为 0 或 1}, \quad i = 1, 2, \cdots, 6 \end{cases} \tag{3.8}$$

用 MATLAB 求解可得：

```
c=-[3, 5, 2, 4, 2, 3]';    %转换求 max 为求 min
a=[8, 13, 6, 9, 5, 7];
b=24;
[x, fval]=bintprog(c, a, b)
x =

    1
    0
    0
    1
    0
    1
fval =
    -10
```

即选 1、4、6 三种物品时可获得最多运费总收入 10 万元。

3.1.3 整数规划模型应用

例 3.9 一家出版社准备在某市建立两个销售代理点，向 7 个区的大学生售书，每个区的大学生数量（单位：千人）和区与区之间的相邻关系如图 3-1 所示（将大学生数量为 34，29，42，21，56，18，71 的区分别标号为 1，2，3，4，5，6，7 区）。每个销售代理点只能向本区和一个相邻区的大学生售书，为该出版社决策一个销售代理点的分布方案，使得所能供应的大学生的数量最大。

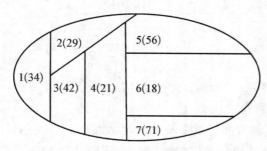

图 3-1　7 个区的大学生数量与相邻关系

1) 模型假设

（1）销售代理点书籍的价格相同。

（2）书籍的数量远远大于学生的数量。

（3）不考虑邻区因学生买书的路费问题而减少书的购买。

2) 符号说明

r_i：第 i 个区域中大学生人数。

x_{ij}：在(i,j)区中建立代售关系。$x_{ij}=1$表示(i,j)区的大学生由一个销售代理点供应图书，否则$x_{ij}=0$，$i,j=1,2,\cdots,7$。

3）模型建立

目标函数：即所能供应的大学生的数量，可表示为

$$\sum_{i,j} r_{ij} x_{ij}$$

其中 $r_{ij}=\begin{cases} r_i+r_j, & \text{若 } i,j \text{ 两区相邻}, i<j \\ 0, & \text{其他} \end{cases}$。

约束条件：

（1）销售代理点个数不得超过 2 个，即 $\sum_{i,j} x_{ij} \leqslant 2$。

（2）每个销售点只能向本区和一个相邻区的大学生售书，即

$$\sum_j x_{ij} + \sum_j x_{ji} \leqslant 1, \ \forall i$$
$$x_{ij} \in \{0,1\}$$

综上可建立问题的数学模型为

$$\max \quad \sum_{i,j} r_{ij} x_{ij}$$

满足如下约束条件：

$$\sum_{i,j} x_{ij} \leqslant 2$$
$$\sum_j x_{ij} + \sum_j x_{ji} \leqslant 1, \ \forall i, \ x_{ij} \in \{0,1\}$$

LINGO 程序：

```
model:
sets:
block/1..7/;
blocks/1..7/;
link(block,blocks):r,x;
endsets
data:
r=0, 63, 76, 0, 0, 0, 0,
   0, 0, 71, 50, 85, 0, 0,
   0, 0, 0, 63, 0, 0, 0,
   0, 0, 0, 0, 77, 39, 92,
   0, 0, 0, 0, 0, 74, 0,
   0, 0, 0, 0, 0, 0, 89,
   0, 0, 0, 0, 0, 0, 0;
```

```
enddata
max=@ sum(link:r * x);
@ for(block(i):@ sum(blocks(j):x(i,j))+@ sum(blocks(j):x(j,i))<=1);
@ sum(block(i):@ sum(blocks(j):x(i,j)))<=2;
@ for(link:@ bin(x));
end
```

4）求解结果及分析

用 LINGO 得出最优解 $x_{25}=x_{47}=1$，其他都为 0，最优值为 177。

5）结果分析

根据程序计算结果，2 区和 5 区可以由同一个销售代理点供应书籍，即在 2 区或 5 区建立销售代理点并向 2 区或 5 区提供书籍；4 区和 7 区可以由同一个销售代理点供应书籍，即在 4 区或 7 区建立销售代理点并向 4 区或 7 区提供书籍，使大学生人数最大，为 177 千人。结合各地区的人数问题，为节省费用，代售点应建立在人数较多的地区，故应建立在 5 区（56 千人）和 7 区（71 千人）处。

3.2 非线性规划

3.2.1 非线性规划建模引例

下面通过实例归纳出非线性规划数学模型的一般形式。

例 3.10（投资决策问题） 某企业有 n 个项目可供选择投资，并且至少要对其中一个项目投资。已知该企业拥有总资金 A 元，投资于第 $i(i=1,\cdots,n)$ 个项目需花资金 a_i 元，并预计可收益 b_i 元。试选择最佳投资方案。

解： 设投资决策变量为

$$x_i=\begin{cases}1, & \text{决定投资第 } i \text{ 个项目}\\0, & \text{决定不投资第 } i \text{ 个项目}\end{cases}, \quad i=1,\cdots,n$$

则投资总额为 $\sum_{i=1}^{n}a_ix_i$，投资总收益为 $\sum_{i=1}^{n}b_ix_i$。因为该公司至少要对一个项目投资，并且总的投资金额不能超过总资金 A，故有限制条件

$$0<\sum_{i=1}^{n}a_ix_i\leqslant A$$

另外，由于 $x_i(i=1,\cdots,n)$ 只取值 0 或 1，所以还有

$$x_i(1-x_i)=0, \quad i=1,\cdots,n$$

最佳投资方案应是投资额最小而总收益最大的方案，所以这个最佳投资决策问题归结为总资金以及决策变量（取 0 或 1）的限制条件下，极大化总收益和总投资之比。因此，其数学模型为

$$\max Q = \frac{\sum\limits_{i=1}^{n} b_i x_i}{\sum\limits_{i=1}^{n} a_i x_i} \tag{3.9}$$

$$\text{s. t.} \quad 0 < \sum_{i=1}^{n} a_i x_i \leqslant A$$

$$x_i (1 - x_i) = 0, \quad i = 1, \cdots, n$$

例 3.10 是在一组等式或不等式的约束下，求一个函数的最大值（或最小值）问题，其中目标函数或约束条件中至少有一个非线性函数，这类问题称为**非线性规划问题**（Nonlinear Programming，NP）。

非线性规划模型的一般形式：

$$\min f(\boldsymbol{x}) \tag{3.10}$$

$$\text{s. t.} \quad h_j(\boldsymbol{x}) \leqslant 0, \quad j = 1, \cdots, q$$

$$g_i(\boldsymbol{x}) = 0, \quad i = 1, \cdots, p$$

式中，$\boldsymbol{x} = [x_1 \ \cdots \ x_n]^{\mathrm{T}}$ 为模型（NP）的决策变量；f 为目标函数；$g_i(i = 1, \cdots, p)$ 和 $h_j(j = 1, \cdots, q)$ 为约束函数；$g_i(\boldsymbol{x}) = 0 \ (i = 1, \cdots, p)$ 为等式约束；$h_j(\boldsymbol{x}) \leqslant 0 \ (j = 1, \cdots, q)$ 为不等式约束。

特别地，

$$\min f(\boldsymbol{x}) \tag{3.11}$$

为无约束极值问题。

3.2.2　非线性规划的求解方法

1) 非线性规划解的概念

定义 3.1　把满足问题（3.10）中约束条件的解 $\boldsymbol{x}$ 称为可行解（或可行点），所有可行点的集合称为**可行集**（或可行域），记为 D。即 $D = \{\boldsymbol{x} \mid h_j(\boldsymbol{x}) \leqslant 0, g_i(\boldsymbol{x}) = 0\}$，问题（3.10）可简记为 $\min\limits_{x \in D} f(\boldsymbol{x})$。

定义 3.2　对于问题（3.10），设 $\boldsymbol{x}^* \in D$，若存在 $\delta > 0$，使得对 $\boldsymbol{x} \in D$ 且 $\| \boldsymbol{x} - \boldsymbol{x}^* \| < \delta$，都有 $f(\boldsymbol{x}^*) \leqslant f(\boldsymbol{x})$，则称 $\boldsymbol{x}^*$ 是 $f(\boldsymbol{x})$ 在 D 上的**局部极小值点**（局部最优解）。特别地当 $\boldsymbol{x} \neq \boldsymbol{x}^*$ 时，都有 $f(\boldsymbol{x}^*) < f(\boldsymbol{x})$，则称 $\boldsymbol{x}^*$ 是 $f(\boldsymbol{x})$ 在 D 上的**严格局部极小值点**（严格局部最优解）。

定义 3.3　对于问题（3.10），设 $\boldsymbol{x}^* \in D$，对任意的 $\boldsymbol{x} \in D$，都有 $f(\boldsymbol{x}^*) < f(\boldsymbol{x})$，则称 $\boldsymbol{x}^*$ 是 $f(\boldsymbol{x})$ 在 D 上的**全局极小值点**（全局最优解）；特别地，若 $\boldsymbol{x} \neq \boldsymbol{x}^*$ 时，都有 $f(\boldsymbol{x}^*) < f(\boldsymbol{x})$，则称 $\boldsymbol{x}^*$ 是 $f(\boldsymbol{x})$ 在 D 上的**严格全局极小值点**（严格全局最优解）。

2) 非线性规划的基本解法

对无约束极值问题求解方法主要有：一维搜索算法、最速下降法、牛顿法和拟牛顿法等，这里不做详细介绍。对有约束非线性规划问题，主要有以下几类常用求解方法。

（1）近似规划法。

近似规划法的基本思想是将非线性规划问题中的目标函数和约束条件近似为线性函数，并限制变量的取值范围，从而得到一个近似线性规划问题。对近似线性规划问题求解可得原问题的一个近似解，从这个近似解出发，重复以上步骤，产生一个由线性规划最优解组成的序列。这样的序列往往收敛于非线性规划问题的最优解。

（2）罚函数法。

罚函数法的基本思想是通过构造罚函数将非线性规划问题的求解，转化为求解一系列无约束极值问题，这类方法也称为序列无约束最小化方法（Sequential Unconstrained Minimization Technique，SUMT）。

该方法主要有两种形式：一是外罚函数法；二是内罚函数法。下面用一个例子来介绍外罚函数法。

考虑如下问题：

$$\min f(\boldsymbol{x})$$
$$\text{s. t.} \begin{cases} g_i(\boldsymbol{x}) \geqslant 0, & i = 1, \cdots, r \\ h_j(\boldsymbol{x}) = 0, & j = 1, \cdots, s \end{cases}$$

取一个充分大的数 $M > 0$，构造函数

$$P(\boldsymbol{x}, M) = f(\boldsymbol{x}) + M \sum_{i=1}^{r} \max(-g_i(\boldsymbol{x}), 0)^a + M \sum_{j=1}^{s} |h_j(\boldsymbol{x})|^b$$

则以增广目标函数 $P(\boldsymbol{x}, M)$ 为目标函数的无约束极值问题

$$\min P(\boldsymbol{x}, M)$$

的最优解 $\boldsymbol{x}$ 也是原问题的最优解。

3）利用 MATLAB 求解非线性规划

（1）有约束问题。MATLAB 中非线性规划的数学模型写成以下形式：

$$\min f(\boldsymbol{x})$$
$$\text{s. t.} \begin{cases} \boldsymbol{Ax} \leqslant \boldsymbol{B} \\ \boldsymbol{Aeq} \cdot \boldsymbol{x} = \boldsymbol{Beq} \\ \boldsymbol{C}(\boldsymbol{x}) \leqslant 0 \\ \boldsymbol{Ceq}(\boldsymbol{x}) = 0 \end{cases} \tag{3.12}$$

式中，$\boldsymbol{x}$ 是一个向量；$f(\boldsymbol{x})$ 是标量函数；$\boldsymbol{A}$，$\boldsymbol{B}$，$\boldsymbol{Aeq}$，$\boldsymbol{Beq}$ 是相应维数的矩阵和向量；$\boldsymbol{C}(\boldsymbol{x})$、$\boldsymbol{Ceq}(\boldsymbol{x})$ 是非线性向量函数。

MATLAB 中的命令是：

x = fmincon(Fun, X0, A, B, Aeq, Beq, LB, UB, Nonlcon)

它的返回值是向量 x,其中 Fun 是用 M 文件定义的函数 $f(x)$,X0 是 x 的初始值,Nonlcon 是用 M 文件定义的非线性向量函数 C(x),Ceq(x)。

例 3.11　求下列非线性规划问题

$$\min f(x) = x_1^2 + x_2^2 + 8 \tag{3.13}$$

$$\text{s. t.} \begin{cases} x_1^2 - x_2 \geqslant 0 \\ -x_1 - x_2^2 + 2 = 0 \\ x_1, x_2 \geqslant 0 \end{cases}$$

解：① 编写 M 文件 fun1. m：
function f=fun1(x)
f=x(1)^2+x(2)^2+8;
和 M 文件 fun2. m
function [g, h]=fun2(x)
g=-x(1)^2+x(2);
h=-x(1)-x(2)^2+2;％等式约束
② 在 MATLAB 的命令窗口依次输入
options=optimset;
[x, y]=fmincon('fun1', rand(2, 1), [ ], [ ], [ ], [ ], zeros(2, 1), [ ], 'fun2')
％rand(2, 1)表示随机生成一个二维向量
x =
　　1
　　1
y =
　　10

(2) 无约束问题。MATLAB 中无约束极值问题写成以下形式：

$$\min_x f(\boldsymbol{x})$$

式中,$\boldsymbol{x}$ 是一个向量；$f(\boldsymbol{x})$ 是一个标量函数。

MATLAB 中的基本命令是

$$[X, \text{fval}, \text{exit}] = \text{fminunc}(\text{Fun}, X0)$$

返回值是向量 X；fval 是最优点的函数值；exitflag 是退出标志,值为 1 时表示算法收敛于 X, 值为 0 时,表示迭代次数超过设定值,值为 -1 时,表示算法不收敛。Fun 是用 M 文件定义的函数 f(x),X0 是向量 x 的初始值。

例 3.12　求函数 $f(x) = 100(x_2 - x_1^2)^2 + (1 - x_1)^2$ 的最小值。

解：编写 M 文件 fun3. m 如下：
function f=fun3(x);

f＝100＊(x(2)－x(1)^2)^2＋(1－x(1))^2；

在 MATLAB 命令窗口输入

[x, fval, exitflag]＝fminunc('fun3', rand(1, 2))

x ＝

    1.0000   1.0000

fval ＝

  2.0342e－011

exitflag ＝

    1

即当 $x_1＝1$，$x_2＝1$ 时 $f(x)$ 取到最小值。但是也注意到 MATLAB 给出的最小值 2.0342×10^{-11} 和精确值 0 之间还是存在着微小的误差。

（3）二次规划。

MATLAB 中二次规划的数学模型可表述如下：

$$\min \frac{1}{2} \boldsymbol{x}^{\mathrm{T}} \boldsymbol{H} \boldsymbol{x} + \boldsymbol{f}^{\mathrm{T}} \boldsymbol{x}$$

$$\text{s. t. } \boldsymbol{A}\boldsymbol{x} \leqslant \boldsymbol{b} \qquad (3.14)$$

$$\boldsymbol{Aeq} \cdot \boldsymbol{x} = \boldsymbol{beq}$$

$$\boldsymbol{LB} \leqslant \boldsymbol{x} \leqslant \boldsymbol{UB}$$

式中，$\boldsymbol{H}$ 是实对称矩阵；$\boldsymbol{f}$，$\boldsymbol{b}$，$\boldsymbol{beq}$，$\boldsymbol{LB}$，$\boldsymbol{UB}$ 是列向量；$\boldsymbol{A}$，$\boldsymbol{Aeq}$ 是相应维数的矩阵。

MATLAB 中求解二次规划的命令是

[x, fval]＝quadprog(H, f, A, b, Aeq, beq, LB, UB, X0)

返回值是向量 x，fval 的返回的是目标函数在 X 处的值，X0 是初始值。

例 3.13 求解二次规划

$$\min f(x) = 2x_1^2 - 4x_1 x_2 + 4x_2^2 - 6x_1 - 3x_2$$

$$\text{s. t.} \begin{cases} x_1 + x_2 \leqslant 3 \\ 4x_1 + x_2 \leqslant 9 \\ x_1, \ x_2 \geqslant 0 \end{cases} \qquad (3.15)$$

解：在 MATLAB 命令窗口输入

h＝[4, －4; －4, 8];

f＝[－6; －3];

a＝[1, 1; 4, 1];

b＝[3; 9];

[x, value]＝quadprog(h, f, a, b, [ ], [ ], zeros(2, 1))

Optimization terminated.

x ＝

    1.9500

1.050 0

value =

−11.025 0

即当 $x_1 = 1.95$，$x_2 = 1.05$ 时 $f(x)$ 取到最小值 −11.025。

3.2.3　非线性规划建模应用

例 3.14(飞行管理问题)　在约 10 000 m 高空的某边长 160 km 的正方形区域内，经常有若干架飞机做水平飞行。区域内每架飞机的位置和速度向量均由计算机记录其数据，以便进行飞行管理。当一架欲进入该区域的飞机到达区域边缘时，记录其数据后，要立即计算并判断是否会与区域内的飞机发生碰撞。如果会碰撞，则应计算如何调整各架(包括新进入的)飞机飞行的方向角，以避免碰撞。现假定条件如下：

(1) 不碰撞的标准为任意两架飞机的距离大于 8 km。

(2) 飞机飞行方向角调整的幅度不应超过 30°。

(3) 所有飞机飞行速度均为每小时 800 km。

(4) 进入该区域的飞机在到达区域边缘时，与区域内飞机的距离应在 60 km 以上。

(5) 最多需考虑 6 架飞机。

(6) 不必考虑飞机离开此区域后的状况。

请你对这个避免碰撞的飞行管理问题建立数学模型，列出计算步骤，对以下数据进行计算(方向角误差不超过 0.01°)，要求飞机飞行方向角调整的幅度尽量小。

设该区域 4 个顶点的坐标为 (0, 0)，(160, 0)，(160, 160)，(0, 160)。记录数据为：

飞机编号	横坐标 x	纵坐标 y	方向角/(°)
1	150	140	243
2	85	85	236
3	150	155	220.5
4	145	50	159
5	130	150	230
新进入	0	0	52

注：方向角指飞行方向与 x 轴正向的夹角。

(1) 问题分析。首先研究两架飞机不碰撞的条件，以第 i，j 两架为例，记两架飞机的初始位置分别为：(x_i^0, y_i^0)，(x_j^0, y_j^0)，时刻 t 飞机的位置为

$$\begin{cases} x_s(t) = x_s^0 + vt\cos\theta_s \\ y_s(t) = y_s^0 + vt\sin\theta_s \end{cases}, \quad (s = i, j)$$

两架飞机的距离

$$r_{ij}^2(t) = (x_i(t) - x_j(t))^2 + (y_i(t) - y_j(t))^2$$
$$= v^2[(\cos\theta_i - \cos\theta_j)^2 + (\sin\theta_i - \sin\theta_j)^2]t^2 +$$
$$2v[(x_i^0 - x_j^0)(\cos\theta_i - \cos\theta_j) + (y_i^0 - y_j^0)(\sin\theta_i - \sin\theta_j)]t +$$
$$(x_i^0 - x_j^0)^2 + (y_i^0 - y_j^0)^2$$

引入记号

$$a_{ij} = v^2[(\cos\theta_i - \cos\theta_j)^2 + (\sin\theta_i - \sin\theta_j)^2]$$
$$b_{ij} = 2v[(x_i^0 - x_j^0)(\cos\theta_i - \cos\theta_j) + (y_i^0 - y_j^0)(\sin\theta_i - \sin\theta_j)]$$

则两架飞机的距离可表示为

$$r_{ij}^2(t) = a_{ij}t^2 + b_{ij}t + r_{ij}^2(0)$$

因此两架飞机不碰撞的条件是 $r_{ij}^2(t) = a_{ij}t^2 + b_{ij}t + r_{ij}^2(0) > 64$。

由于不必考虑在区域外的碰撞,所以两架飞机都在区域中的时间为 $t_{ij} = \min(t_i, t_j)$ 其中 t_i 为第 i 架飞机在区域内的时间,$D = 160$,由题意得

$$t_i = \begin{cases} \dfrac{D - x_i^0}{v\cos\theta_i}, \text{若 } 0 \leqslant \theta_i < \dfrac{\pi}{2}, \tan\theta_i \leqslant \dfrac{D - y_i^0}{D - x_i^0} \text{ 或 } \dfrac{3\pi}{2} < \theta_i < 2\pi, -\tan\theta_i \leqslant \dfrac{y_i^0}{D - x_i^0}, \\ \dfrac{D - x_i^0}{v\sin\theta_i}, \text{若 } 0 < \theta_i \leqslant \dfrac{\pi}{2}, \tan\theta_i \geqslant \dfrac{D - y_i^0}{D - x_i^0} \text{ 或 } \dfrac{\pi}{2} \leqslant \theta_i < \pi, -\tan\theta_i \geqslant \dfrac{D - y_i^0}{x_i^0}, \\ \dfrac{-x_i^0}{v\cos\theta_i}, \text{若 } \dfrac{\pi}{2} < \theta_i \leqslant \pi, -\tan\theta_i \leqslant \dfrac{D - y_i^0}{x_i^0} \text{ 或 } \pi \leqslant \theta_i < \dfrac{3\pi}{2}, \tan\theta_i \leqslant \dfrac{y_i^0}{x_i^0}, \\ \dfrac{-y_i^0}{v\sin\theta_i}, \text{若 } \pi < \theta_i \leqslant \dfrac{3\pi}{2}, \tan\theta_i \geqslant \dfrac{y_i^0}{x_i^0} \text{ 或 } \dfrac{3\pi}{2} \leqslant \theta_i < 2\pi, -\tan\theta_i \geqslant \dfrac{y_i^0}{D - x_i^0} \end{cases}$$

(2)模型建立。记第 i 架飞机的初始方向角为 θ_i^0,调整后的方向角为 $\theta_i = \theta_i^0 + \Delta\theta_i$,其中 $\Delta\theta_i$ 为调整角度,则目标函数为总的调整量:$f = \sum_{i=1}^{N} |\Delta\theta_i|$。结合前面的不碰撞条件可得下述非线性规划模型:

$$\min f = \sum_{i=1}^{N} |\Delta\theta_i|$$
$$\text{s.t. } r_{ij}^2(t) > 64, t < t_{ij}, i, j = 1, \cdots, N, i \neq j$$
$$|\Delta\theta_i| \leqslant \dfrac{\pi}{6}, \quad i = 1, \cdots, N$$

(3)模型求解。首先将目标函数改为 $f = \sum_{i=1}^{N} \Delta\theta_i^2$,其次考虑到区域对角线的长度为 $\sqrt{2}D$,从而任一架飞机在区域内停留的时间不会超过 $t_m = \sqrt{2}D/v$,所以约束条件中的 $t < t_{ij}$ 可修改为 $t < t_m$。注意到 $r_{ij}^2(t)$ 是 t 的二次函数,可以利用 $\dfrac{\mathrm{d}r_{ij}^2(t)}{\mathrm{d}t} = 0$,求

得两飞机距离最小的时间为 $t = -b_{ij}/2a_{ij}$。 若 $0 < t < t_{ij}$，则代人 $r_{ij}^2(t) = a_{ij}t^2 + b_{ij}t + r_{ij}^2(0)$ 可求得 $r_{ij}^2(t)$。

下面是求解飞行管理问题的 MATLAB 程序。

先写两个函数文件如下：

```
function f＝air1(x) ％目标函数
f＝x * x';
function [c ceq]＝air2(x) ％非线性约束函数
x0＝[150 85 150 145 130 0];
y0＝[140 85 155 59 159 0];
alpha0＝[243 236 220.5 159 230 52] * pi/180;
v＝800; D＝160;
co＝cos(alpha0＋x);
si＝sin(alpha0＋x);
tm＝sqrt(2) * D/v;
a＝zeros(6,5); b＝a; r＝a; t＝a; d＝a; ％矩阵预先定维,加速计算
for i＝2:6
        for j＝1:i－1
                a(i, j)＝v^2 * ((co(i)－co(j))^2+(si(i)－si(j))^2);
                b(i, j)＝2 * v * ((x0(i)－x0(j)) * (co(i)－co(j))＋(y0(i)－y0(j))···
                        * (si(i)－si(j)));
                r(i, j)＝(x0(i)－x0(j))^2＋(y0(i)－y0(j))^2;
                t(i, j)＝－b(i, j)/(2 * (a(i, j)));
                if t(i, j)＜0 || t(i, j)＞tm
                    d(i, j)＝1000;
                else
                    d(i, j)＝a(i, j) * t(i, j)^2＋b(i, j) * t(i, j)＋r(i, j);
                end
        end
end
c＝64－[d(2, 1), d(3, 1:2), d(4, 1:3), d(5, 1:4), d(6, 1:5)];
ceq＝[ ];
```

然后在 MATLAB 命令窗口中输入：

```
x0＝[0 0 0 0 0 0];
vlb＝－pi/6 * ones(6, 1);
vub＝pi/6 * ones(6, 1);
[x, fval]＝fmincon('air1', x0, [ ], [ ], [ ], [ ], vlb, vub, 'air2')
x ＝
    －0.0000    －0.0000    0.0195    －0.0000    0.0247    0.0438
```

fval =

   0.0029

上述求解结果为弧度,将其转化为角度,在 MATLAB 命令窗口中输入:

x * 180/pi

   ans =

      −0.0000   −0.0000   1.1173   −0.0025   1.4130   2.5121

即第 1、2 架飞机角度不用调整,第 3、4、5、6 架分别调整角度 1.117 3°、−0.002 5°、1.413°和 2.512 1°,总的调整角度的绝对值和为 5.045°。

例 3.15(选址问题) 某公司有 6 个建筑工地要开工,每个工地的位置(用平面坐标系 a,b 表示,距离单位 km)及水泥日用量 d(单位 t)由表 3-5 给出。现计划建两个临时料场,日储量各有 20 t,假设从料场到工地之间均有直线道路相连。试确定料场的位置,使各料场对各建筑工地的运输量与路程乘积之和为最小。

表 3-5　工地位置 (a, b) 及水泥日用量 d

工　　地	1	2	3	4	5	6
a	1.25	8.75	0.5	5.75	3	7.25
b	1.25	0.75	4.75	5	6.5	7.25
d	3	5	4	7	6	11

(1) 模型建立。记工地的位置为 (a_i, b_i),水泥的日用量为 d_i,$i=1, 2, \cdots, 6$;料场的位置为 (x_j, y_j),日储量为 e_j,$j=1, 2$;从料场 j 向工地 i 的运送量为 X_{ij}。在各工地用量必须满足和各料场运送量不超过日储量的条件下,使总的吨千米数最小,这是非线性规划问题。可建立数学模型如下:

$$\min \quad f = \sum_{i=1}^{6} \sum_{j=1}^{2} X_{ij} \sqrt{(x_j - a_i)^2 + (y_j - b_i)^2}$$

$$\text{s. t.} \begin{cases} \sum_{j=1}^{2} X_{ij} = d_i, & i=1, 2, \cdots, 6 \\ \sum_{i=1}^{6} X_{ij} \leqslant e_j, & j=1, 2 \\ X_{ij} \geqslant 0, & i=1, 2, \cdots, 6, j=1, 2 \end{cases} \quad (3.16)$$

(2) 模型求解。利用 MATLAB 编程(留给读者)求得两个料场的坐标分别为(6.387 5,4.394 3)和(5.751 1,7.186 7),总的吨千米数最小为 105.462 6。由料场 A,B 向 6 个工地运料方案如表 3-6 所示。

表 3 - 6　运输方案

工　地	1	2	3	4	5	6
料场 A	3	5	0.070 7	7	0	0.929 3
料场 B	0	0	3.929 3	0	6	10.070
合　计	3	5	4	7	6	11

习　题　3

1. 某公司的营业时间是上午 8 点到晚上 21 点，服务人员中途需要 1 个小时的吃饭和休息时间，每人工作时间为 8 小时。上午 8 点到下午 17 点工作的人员工资为 800 元，中午 12 点到晚上 21 点工作的人员月工资为 900 元。为保证营业时间内都有人值班，公司安排了四个班次，其班次与休息时间安排如表 3 - 7 所示，各时段的需求人数如表 3 - 8 所示。问应如何安排服务人员使公司所付工资总数最少，建立此问题的数学模型。

表 3 - 7

班　次	工 作 时 间	休 息 时 间	月工资/元
1	8:00—17:00	12:00—13:00	800
2	8:00—17:00	13:00—14:00	800
3	12:00—21:00	16:00—17:00	900
4	12:00—21:00	17:00—18:00	900

表 3 - 8

时　段	8:00—10:00	10:00—12:00	12:00—14:00	14:00—16:00	16:00—18:00	18:00—21:00
需求人数	20	25	10	30	20	10

2. 梯子长度问题：

如图 3 - 2 所示，一楼房的后面是一个很大的花园，在花园中紧靠着楼房有一个温室，温室伸入花园 2 m，高 3 m，温室正上方是楼房的窗台。清洁工打扫窗台周围，他得用梯子越过温室，一头放在花园中，一头靠在楼房的墙上。因为温室是不能承受梯子压力的，所以梯子太短是不行的。现清洁工只有一架 7 m 长的梯子，你认为它能达到要求吗？能满足要求的梯子的最小长度为多少？

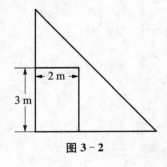

图 3 - 2

3. 某厂向用户提供发动机，合同规定第一、二、三季度末分别交货 40 台、60 台、80 台，每季度的生产费用为 $f(x) = ax + bx^2$（元），其中 x 是该季生产的台数。若交货后有剩余，可用于下季度交货,但需支付存储费每台每季度 c 元。已知工厂每季度最大生产能力为 100 台,第一季度开始时无存货,设 $a=50$, $b=0.2$, $c=4$,问工厂应如何安排生产计划,才能既满足合同又使总费用最低。

第4章
微分方程模型

在实际问题中经常需要寻求某个变量 y 随另一变量 t 的变化规律 $y = y(t)$，这个函数关系常常不能直接求出。然而有时容易建立包含变量及导数在内的关系式，即建立变量能满足的微分方程，从而通过求解微分方程对所研究的问题进行解释说明。因此，微分方程建模是数学建模的重要方法，微分方程模型的应用也十分广泛。

4.1 微分方程模型的建立

建立微分方程模型时，经常会遇到一些关键词，如"速率""增长""衰变""边际"等，这些概念常与导数有关，再结合问题所涉及的基本规律就可以得到相应的微分方程。下面通过实例介绍几类常用的利用微分方程建立数学模型的方法。

4.1.1 按规律直接列方程

例 4.1 一个较热的物体置于室温为 18℃ 的房间内，该物体最初的温度是 60℃，3 分钟以后降到 50℃。想知道它的温度降到 30℃ 需要多少时间？10 分钟以后它的温度是多少？

解： 根据牛顿冷却(加热)定律：将温度为 T 的物体放入处于常温 m 的介质中时，T 的变化速率正比于 T 与周围介质的温度差。

设物体在冷却过程中的温度为 $T(t)$，$t \geqslant 0$，T 的变化速率正比于 T 与周围介质的温度差，即 $\dfrac{\mathrm{d}T}{\mathrm{d}t}$ 与 $T - m$ 成正比。建立微分方程

$$\begin{cases} \dfrac{\mathrm{d}T}{\mathrm{d}t} = -k(T - m) \\ T(0) = 60 \end{cases} \tag{4.1}$$

其中参数 $k > 0$，$m = 18$。求得通解为 $\ln(T - m) = -kt + c$ 或 $T = m + \mathrm{e}^c \mathrm{e}^{-kt}$，$t \geqslant 0$。代入初值条件，求得 $c = \ln 42$，$k = -\dfrac{1}{3} \ln \dfrac{16}{21}$，最后得

$$T(t) = 18 + 42 \mathrm{e}^{\left(\frac{1}{3} \ln \frac{16}{21}\right)t}, \ t \geqslant 0 \tag{4.2}$$

结果：(1) 该物体温度降至 30℃ 需要 13.82 分钟。

(2) 10 分钟以后它的温度是 $T(10) = 18 + 42 e^{\left(\frac{1}{3}\ln\frac{16}{21}\right)10} = 34.97℃$。

4.1.2　微元分析法

该方法的基本思想是通过分析研究对象的有关变量在一个很短时间内的变化情况，寻求一些微元之间的关系式。

例 4.2　一个高为 2 m 的球体容器里盛了一半的水，水从它的底部小孔流出，如图 4-1 所示，小孔的横截面积为 1 cm^2。试求放空容器所需要的时间。

解：首先对孔口的流速做两条假设：

(1) t 时刻的流速 v 依赖于此刻容器内水的高度 $h(t)$；

(2) 整个放水过程无能量损失。

由水力学知：水从孔口流出的流量 Q 为"通过孔口横截面的水的体积 V 对时间 t 的变化率"，即

$$Q = \frac{\mathrm{d}V}{\mathrm{d}t} = 0.62 S \sqrt{2gh} \tag{4.3}$$

式中，0.62 是流量系数；g 为重力加速度（取 9.8 m/s^2）；S 是孔口横截面积（单位：cm^2）；$h(t)$ 是水面高度（单位：cm）；t 是时间（单位：s）。当 $S = 1$ cm^2 时，有

$$\mathrm{d}V = 0.62\sqrt{2gh}\,\mathrm{d}t \tag{4.4}$$

在微小时间间隔 $[t, t+\mathrm{d}t]$ 内，水面高度 $h(t)$ 降至 $h+\mathrm{d}h$（$\mathrm{d}h < 0$），容器中水的体积的改变量近似为

$$\mathrm{d}V = -\pi r^2 \mathrm{d}h \tag{4.5}$$

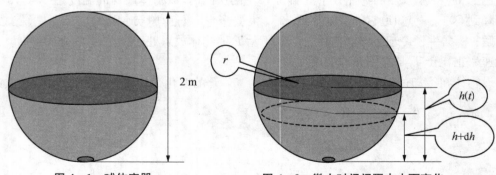

图 4-1　球体容器　　　　图 4-2　微小时间间隔内水面变化

式中，r 是时刻 t 的水面半径，右端置负号是由于 $\mathrm{d}h < 0$ 而 $\mathrm{d}V > 0$。记 $r = \sqrt{100^2 - (100-h)^2} = \sqrt{200h - h^2}$，比较式(4.4)、式(4.5)得微分方程如下：

$$\begin{cases} 0.62\sqrt{2gh}\,\mathrm{d}t = -\pi(200h - h^2)\mathrm{d}h \\ h \big|_{t=0} = 100 \end{cases} \tag{4.6}$$

积分后整理得

$$t = \frac{\pi}{0.62\sqrt{2g}} \left(\frac{280\,000}{3} - \frac{400}{3} h^{\frac{3}{2}} + \frac{2}{5} h^{\frac{5}{2}} \right) \tag{4.7}$$

令 $h = 0$，求得完全排空需要约 2 小时 58 分。

4.1.3　模拟近似法

该方法的基本思想是在不同的假设下模拟实际的现象，即模拟近似建立的微分方程，从数学上求解或分析解的性质，再去和实际情况作对比，观察这个模型能否模拟、近似某些实际的现象。

例 4.3（交通管理问题）　在交通十字路口，都会设置红绿灯。为了让那些正行驶在交叉路口或离交叉路口太近而无法停下的车辆通过路口，红绿灯转换中间还要亮起一段时间的黄灯。那么，黄灯应亮多长时间才最为合理呢？

分析：黄灯状态持续的时间包括驾驶员的反应时间、车通过交叉路口的时间以及通过刹车距离所需的时间。

解：记 v_0 是法定速度，I 是交叉路口的宽度，L 是典型的车身长度，则车通过路口的时间为 $\dfrac{I+L}{v_0}$。

下面计算刹车距离，刹车距离就是从开始刹车到速度 $v = 0$ 时汽车驶过的距离。设 W 为汽车的重量，μ 为摩擦系数。显然，地面对汽车的摩擦力为 μW，其方向与运动方向相反。汽车在停车过程中，行驶的距离 x 与时间 t 的关系可由下面的微分方程表示：

$$\frac{W}{g} \frac{\mathrm{d}^2 x}{\mathrm{d}t^2} = -\mu W \tag{4.8}$$

其中 g 为重力加速度。式（4.8）的初始条件为

$$x \Big|_{t=0} = 0, \quad \frac{\mathrm{d}x}{\mathrm{d}t} \Big|_{t=0} = v_0 \tag{4.9}$$

先求解二阶微分方程式（4.8），对式（4.8）从 0 到 t 积分，利用条件式（4.9）得

$$\frac{\mathrm{d}x}{\mathrm{d}t} = -\mu g t + v_0 \tag{4.10}$$

在条件式（4.9）下对式（4.10）从 0 到 t 积分，得

$$x(t) = -\frac{1}{2} \mu g t^2 + v_0 t \tag{4.11}$$

式（4.10）中令 $\dfrac{\mathrm{d}x}{\mathrm{d}t} = 0$，可得刹车所用时间 $t_0 = \dfrac{v_0}{\mu g}$，从而得到刹车距离 $x(t_0) = \dfrac{v_0^2}{2\mu g}$。

下面计算黄灯状态的时间 A，则

$$A = \frac{x(t_0) + I + L}{v_0} + T \tag{4.12}$$

其中 T 是驾驶员的反应时间,代入 $x(t_0)$ 得

$$A = \frac{v_0}{2\mu g} + \frac{I + L}{v_0} + T \tag{4.13}$$

设 $T = 1\,\mathrm{s}$, $L = 4.5\,\mathrm{m}$, $I = 9\,\mathrm{m}$。 另外,取具有代表性的 $\mu = 0.2$,当 $v_0 = 45\,\mathrm{km/h}$、$60\,\mathrm{km/h}$ 以及 $80\,\mathrm{km/h}$ 时,黄灯时间 A 如表 4-1 所示。

表 4-1　不同速度下计算和经验法的黄灯时长

$v_0/(\mathrm{km/h})$	A/s	经验法/s
45	5.27	3
65	6.35	4
80	7.28	5

经验法的结果比预测的黄灯状态短些,这使人想起,许多交叉路口红绿灯的设计可能使车辆在绿灯转为红灯时正处于交叉路口。

4.2　微分方程模型的求解方法

4.2.1　微分方程的数值解

在高等数学中,介绍了一些特殊类型微分方程的解析解法,但是大量的微分方程由于过于复杂往往难以求出解析解。此时可以依靠数值解法,数值解法可求得微分方程的近似解。考虑一阶常微分方程的初值问题

$$\begin{cases} \dfrac{\mathrm{d}y}{\mathrm{d}x} = f(x,\ y) \\ y(x_0) = y_0 \end{cases} \tag{4.14}$$

在区间 $[a,\ b]$ 上的解,其中 $f(x,\ y)$ 为 x, y 的连续函数,y_0 为给定的初始值,将上述问题的精确解记为 $y(x)$。 数值方法的基本思想:在解的存在区间上取 $n+1$ 个节点

$$a = x_0 < x_1 < x_2 < \cdots < x_n = b$$

这里差 $h_i = x_{i+1} - x_i$, $i = 0, 1, \cdots, n-1$ 为由 x_i 到 x_{i+1} 的步长。这些 h_i 可以不相等,但一般取成相等的,这时 $h = \dfrac{b-a}{n}$。 在这些节点上采用离散化方法(通常用数值积分、微分、泰勒展开等),将上述初值问题化成关于离散变量的相应问题。把这个相应问题的解 y_n 作为 $y(x_n)$ 的近似值,这样求得的 y_n 就是上述初值问题在节点 x_n 上的数值解。一般说来,不同的离散化导致不同的方法,欧拉法是解初值问题的最简单的数值方法。

对式(4.14)积分可得以下积分方程:

$$y(x) = y_0 + \int_{x_0}^{x} f(t, y(t)) dt \tag{4.15}$$

当 $x = x_1$ 时,

$$y(x_1) = y_0 + \int_{x_0}^{x_1} f(t, y(t)) dt \tag{4.16}$$

要得到 $y(x_1)$ 的值,就必须计算出式(4.16)右端的积分。但积分式中含有未知函数,无法直接计算,只好借助于数值积分。假如用矩形法进行数值积分,则

$$\int_{x_0}^{x_1} f(t, y(t)) dt \approx f(x_0, y(x_0))(x_1 - x_0)$$

因此有

$$y(x_1) \approx y_0 + f(x_0, y(x_0))(x_1 - x_0)$$
$$= y_0 + h f(x_0, y_0) = y_1$$

利用 y_1 及 $f(x_1, y_1)$ 又可以算出 $y(x_2)$ 的近似值:

$$y_2 = y_1 + h f(x_1, y_1)$$

一般地,在点 $x_{n+1} = x_0 + (n+1)h$ 处 $y(x_{n+1})$ 的近似值由下式给出:

$$y_{n+1} = y_n + h f(x_n, y_n) \tag{4.17}$$

其中 h 为步长,式(4.17)称为**显式欧拉公式**。一般而言,欧拉方法计算简便,但计算精度低,收敛速度慢。若用梯形公式计算式(4.16)右端的积分,则可望得到较高的精度。这时

$$\int_{x_0}^{x_1} f(t, y(t)) dt \approx \frac{1}{2} \{ f(x_0, y(x_0)) + f(x_1, y(x_1)) \}(x_1 - x_0)$$

将这个结果代入式(4.16),并将其中的 $y(x_1)$ 用 y_1 近似代替,则得

$$y_1 = y_0 + \frac{1}{2} h [f(x_0, y_0) + f(x_1, y_1)]$$

这里得到了一个含有 y_1 的方程式,如果能从中解出 y_1,用它作为 y_1 的近似值,可以认为比用欧拉法得出的结果要好些。仿照求 y_1 的方法,可以逐个地求出 $y_2, y_3, \cdots$。一般地当求出 y_n 以后,要求 y_{n+1},可归结为解方程:

$$y_{n+1} = y_n + \frac{h}{2} [f(x_n, y_n) + f(x_{n+1}, y_{n+1})] \tag{4.18}$$

这个方法称为梯形法则,式(4.18)称为**梯形公式**。可以证明梯形公式比欧拉公式精度高,收敛速度快。然而用梯形法则求解,需要解含有 y_{n+1} 的方程,通常很不容易。为此,在实际计算时,可将欧拉法与梯形法则相结合,计算公式为

$$\begin{cases} y_{n+1}^{(0)} = y_n + h f(x_n, y_n) \\ y_{n+1}^{(k+1)} = y_n + \dfrac{h}{2} \big[f(x_n, y_n) + f(x_{n+1}, y_{n+1}^{(k)}) \big] \quad k=0,1,2,\cdots \end{cases} \tag{4.19}$$

这就是先用欧拉法由 (x_n, y_n) 得出 $y(x_{n+1})$ 的初始近似值 $y_{n+1}^{(0)}$，然后用式(4.19)中第二式进行迭代，反复改进这个近似值，直到 $|y_{n+1}^{(k+1)} - y_{n+1}^{(k)}| < \varepsilon$（$\varepsilon$ 为所允许的误差）为止，并把 $y_{n+1}^{(k)}$ 取作 $y(x_{n+1})$ 的近似值 y_{n+1}。这个方法称为**改进的欧拉方法**，通常把式(4.19)称为预报校正公式，其中第一式称预报公式，第二式称校正公式。由于式(4.19)也是显示公式，所以采用改进欧拉方法不仅计算方便，而且精度较高，收敛速度快，是常用的方法之一。此外，常用的方法还有二阶、四阶龙格库塔法和线性多步法等。

4.2.2 利用 MATLAB 求解微分方程

1）符号解法

MATLAB 中求微分方程解析解的命令如下：

$$\text{dsolve('方程 1', '方程 2', \cdots, '方程 n', '初始条件', '自变量')}$$

注：在表述微分方程时，用字母 D 表示求微分，D2、D3 等表示求高阶微分。任何 D 后的字母为因变量，自变量可以指定或由系统规则选定为缺省。如微分方程 $\dfrac{d^2 y}{dx^2} = 0$ 应表示为 $D2y = 0$。

例 4.4 求微分方程 $\dfrac{du}{dt} = 1 + u^2$ 的通解。

解：在 MATLAB 命令窗口中输入

dsolve('Du=1+u^2','t')

ans =

  tan(t+C1)

即 $y(t) = \tan(t + C)$。

例 4.5 求下述微分方程的特解：

$$\begin{cases} \dfrac{d^2 y}{dx^2} + 4\dfrac{dy}{dx} + 29y = 0 \\ y(0) = 0, \ y'(0) = 15 \end{cases} \tag{4.20}$$

解：在 MATLAB 命令窗口中输入

y=dsolve('D2y+4*Dy+29*y=0', 'y(0)=0, Dy(0)=15', 'x')

y =

  3*exp(-2*x)*sin(5*x)

即 $y(x) = 3e^{-2x}\sin(5x)$。

例 4.6 求下述微分方程组的通解：

$$\begin{cases} \dfrac{\mathrm{d}x}{\mathrm{d}t}=2x-3y+3z \\[2mm] \dfrac{\mathrm{d}y}{\mathrm{d}t}=4x-5y+3z \\[2mm] \dfrac{\mathrm{d}z}{\mathrm{d}t}=4x-4y+2z \end{cases} \qquad (4.21)$$

解：在 MATLAB 命令窗口中输入

[x，y，z]＝dsolve('Dx＝2＊x－3＊y＋3＊z'，'Dy＝4＊x－5＊y＋3＊z'，'Dz＝4＊x－4＊y＋2＊z'，'t')；

x＝simple(x)　％ 将 x 化简

y＝simple(y)

z＝simple(z)

x ＝

　C2＊exp(t)^2＋C3/exp(t)

y ＝

　C2＊exp(2＊t)＋C3＊exp(－t)＋exp(－2＊t)＊C1

z ＝

　C2＊exp(2＊t)＋exp(－2＊t)＊C1

即 $x(t)=C_2\mathrm{e}^{2t}+C_3\mathrm{e}^{-t}$，$y(t)=C_1\mathrm{e}^{-2t}+C_2\mathrm{e}^{2t}+C_3\mathrm{e}^{-t}$，$z(t)=C_1\mathrm{e}^{-2t}+C_2\mathrm{e}^{2t}$。

2）数值解法

MATLAB 对常微分方程的数值求解是基于一阶方程进行的，通常采用龙格-库塔方法，所对应的 MATLAB 命令为 ode（Odinary Differential Equation 的缩写），如 ode23、ode45、ode23s、ode23tb、ode15s、ode113 等，分别用于求解不同类型的微分方程，如刚性方程和非刚性方程等。

MATLAB 中求解微分方程的命令如下：

$$[t，x]＝solver('f'，tspan，x0，options)$$

其中 solver 可取如 ode45，ode23 等函数名，f 为一阶微分方程组编写的 M 文件名，tspan 为时间矢量，可取两种形式：

① tspan＝[t_0，t_f]时，可计算出从 t_0 到 t_f 的微分方程的解；

② tspan＝[t_0，t_1，t_2，…，t_m]时，可计算出这些时间点上的微分方程的解。

x0 为微分方程的初值，options 用于设定误差限（缺省时设定相对误差 10^{-3}，绝对误差 10^{-6}），命令为：options＝odeset('reltol'，rt，'abstol'，at)，其中 rt，at 分别为设定的相对误差和绝对误差界。输出变量 x 记录着微分方程的解，t 包含相应的时间点。

下面按步骤给出用 MATLAB 求解微分方程的过程。

（1）首先将常微分方程变换成一阶微分方程组。如以下微分方程：

$$y^{(n)}=f(t，y，\dot{y}，…，y^{(n-1)})$$

若令 $y_1 = y$，$y_2 = \dot{y}$，$\cdots$，$y_n = y^{(n-1)}$，则可得到一阶微分方程组：

$$\begin{cases} \dot{y}_1 = y_2 \\ \dot{y}_2 = y_3 \\ \cdots \\ \dot{y}_n = f(t, y_1, y_2, \cdots, y_n) \end{cases} \qquad (4.22)$$

相应地可以确定初值：$x(0) = [y_1(0), y_2(0), \cdots, y_n(0)]$。

（2）将一阶微分方程组编写成 M 文件，设为 myfun(t, y)

function dy=myfun(t, y)

dy=[y(2); y(3); $\cdots$; f(t, y(1), y(2), $\cdots$, y(n-1))];

（3）选取适当的 MATLAB 函数求解。

一般的常微分方程可以采用 ode23，ode45 或 ode113 求解。对于大多数场合的首选算法是 ode45；ode23 与 ode45 类似，只是精度低一些；当 ode45 计算时间太长时，可以采用 ode113 取代 ode45。ode15s 和 ode23s 则用于求解陡峭微分方程（在某些点上具有很大的导数值）。当采用前三种方法得不到满意的结果时，可尝试采用后两种方法。

例 4.7 求解用于描述电子电路中三极管的振荡效应的 Van der Pol 方程

$$\begin{cases} \dfrac{d^2 x}{dt^2} - 1\,000(1-x^2)\dfrac{dx}{dt} + x = 0 \\ x(0) = 2;\ x'(0) = 0 \end{cases}$$

解： 令 $y_1 = x$，$y_2 = x'$，则微分方程变为一阶微分方程组：

$$\begin{cases} y_1' = y_2 \\ y_2' = 1\,000(1-y_1^2)y_2 - y_1 \\ y_1(0) = 2,\ y_2(0) = 0 \end{cases} \qquad (4.23)$$

方程组写成向量形式 $y' = f(t, y)$，式中 $y = \begin{bmatrix} y_1 \\ y_2 \end{bmatrix}$，$f(t, y) = \begin{bmatrix} y_2 \\ 1\,000(1-y_1^2)y_2 - y_1 \end{bmatrix}$。

建立 m-文件 VanDerPol.m 如下，该 m 文件形成 $f(t, y)$：

function f=VanDerPol(t, y)

f=[y(2); 1000 * (1-y(1)^2) * y(2)-y(1)];

注意，即便该函数不显式包含 t，变量 t 也必须用作一输入量。

求解区间设定为 [0, 3000]，初值 [2 0]，在命令窗口中输入：

[T, Y]=ode15s('VanDerPol', [0 3000], [2 0]);

运行结果为一个列向量 T 和一个矩阵 Y。T 表示一系列的 t 值，Y 的第一列表示 x 的近似值，Y 的第二列表示 x 导数的近似值。

利用命令

plot(T, Y(:, 1), '—')

作出函数 x(t)的图像,结果如图 4 - 3 所示。

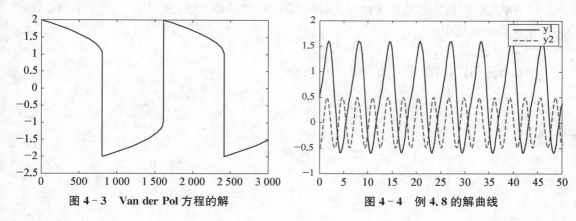

图 4 - 3 Van der Pol 方程的解   图 4 - 4 例 4.8 的解曲线

例 4.8 解微分方程组:

$$\begin{cases} \dot{y}_1 = y_2 + \cos(t) \\ \dot{y}_2 = \sin(2t) \\ y_1(0) = 0.5, \ y_2(0) = -0.5 \end{cases} \tag{4.24}$$

解:建立 M 文件 myfun. m 如下:

function f＝myfun(t, y)

f＝[y(2)＋cos(t); sin(2 * t)];

求解区间设定为[0, 50],初值[0.5, −0.5],命令窗口中输入:

[T, Y]＝ode45('myfun', [0 50], [0.5 −0.5]);

使用命令

plot(T, Y(:, 1), '−', T, Y(:, 2), '−−')

在一张图中同时作出函数 $y_1(t)$ 和 $y_2(t)$ 的图像,结果如图 4 - 4 所示。

4.3 微分方程建模实例

4.3.1 传染病模型

流行病动力学是用数学模型研究某种传染病在某一地区是否蔓延下去,成为当地的"地方病",或最终该病将消除。下面以 Kermack 和 Mckendrick 提出的阈模型为例说明流行病学数学模型的建模过程。

1) 模型假设

(1) 被研究人群是封闭的,总人数为 N。$S(t)$,$I(t)$ 和 $R(t)$ 分别表示 t 时刻时人群中易感者、感染者(病人)和免疫者的人数。起始条件为 S_0 个易感者,I_0 个感染者,无免疫者。

(2) 单位时间内一个病人能传染的人数与健康者数成正比,比例系数为 λ,即传染性接触率或传染系数。

（3）易感人数的变化率与当时的易感人数和感染人数之积成正比。

（4）单位时间内病后免疫人数与当时患者人数（或感染人数）成正比，比例系数为 μ，称为恢复系数或恢复率。

2）模型建立

根据上述假设，可以建立如下模型：

$$
\begin{cases}
\dfrac{\mathrm{d}I}{\mathrm{d}t} = \lambda SI - \mu I \\[2mm]
\dfrac{\mathrm{d}S}{\mathrm{d}t} = -\lambda SI \\[2mm]
\dfrac{\mathrm{d}R}{\mathrm{d}t} = \mu I \\[2mm]
S(t) + I(t) + R(t) = N
\end{cases}
\tag{4.25}
$$

以上模型又称 Kermack-Mckendrick 方程。

3）模型求解与分析

对于方程（4.25）无法求出 $S(t)$、$I(t)$ 和 $R(t)$ 的解析解，转到平面 $S\text{-}I$ 上来讨论解的性质。由方程（4.25）中的前两个方程消 $\mathrm{d}t$ 可得

$$
\begin{cases}
\dfrac{dI}{dS} = \dfrac{1}{\sigma S} - 1 \\[2mm]
I\big|_{s=S_0} = I_0
\end{cases}
\tag{4.26}
$$

其中 $\sigma = \lambda/u$，是一个传染期内每个患者有效接触的平均人数，称为接触数。用分离变量法可求出式（4.26）的解为

$$
I = (S_0 + I_0) - S + \frac{1}{\sigma}\ln\frac{S}{S_0}
\tag{4.27}
$$

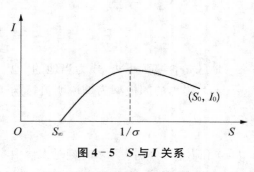

图 4-5 S 与 I 关系

S 与 I 的关系如图 4-5 所示，从图中可以看出，当初始值 $S_0 \leqslant 1/\sigma$ 时，传染病不会蔓延。患者人数一直在减少并逐渐消失。而当 $S_0 > 1/\sigma$ 时，患者人数会增加，传染病开始蔓延，健康者的人数在减少。当 $S(t)$ 减少至 $1/\sigma$ 时，患者在人群中的比例达到最大值，然后患者数逐渐减少至零。由此可知，$1/\sigma$ 是一个阈值，要想控制传染病的流行，应控制 S_0 使之小于此阈值。

由上述分析可知：要控制疫后有免疫力的此类传染病的流行可通过两个途径：一是提高卫生和医疗水平，卫生水平越高，传染性接触率 λ 就越小；医疗水平越高，恢复系数 μ 就越大。这样，阈值 $1/\sigma$ 就越大，因此提高卫生和医疗水平有助于控制传染病的蔓延。另一条途

径是通过降低 S_0 来控制传染病的蔓延。由 $S_0 + R_0 + I_0 = N$ 可知，要想减小 S_0 可通过提高 R_0 来实现，而这又可通过预防接种和群体免疫等措施来实现。

4）参数估计

参数 σ 的值可由实际数据估计得到，记 S_∞、I_∞ 分别是传染病流行结束后的健康者人数和患者人数。当流行结束后，患者都将转为免疫者。所以，$I_\infty = 0$。则由式（4.27）可得

$$I_\infty = 0 = S_0 + I_0 - S_\infty + \frac{1}{\sigma} \ln \frac{S_\infty}{S_0} \tag{4.28}$$

解出 σ 得

$$\sigma = \frac{\ln S_0 - \ln S_\infty}{S_0 + I_0 - S_\infty} \tag{4.29}$$

于是，当已知某地区某种疾病流行结束后的 S_∞，那么可由式（4.29）计算出 σ 的值，而此 σ 的值可在今后同种传染病和同类地区的研究中使用。

5）模型应用

这里以 1950 年上海市某全托幼儿所发生的一起水痘流行过程为例，应用 K-M 模型进行模拟，并对模拟结果进行讨论。该所儿童总人数 N 为 196 人；既往患过水痘而此次未感染者 40 人；查不出水痘患病史而本次流行期间感染水痘者 96 人；既往无明确水痘史，本次又未感染的幸免者 60 人。全部流行期间 79 天，病例成代出现，每代相隔约 15 天。各代病例数，易感者数及相隔时间如表 4-2 所示。

表 4-2 某托儿所水痘流行过程中各代病例数（苏德隆，1981）

代	病 例 数	易 感 者 数	相隔时间/天
1	1	155	15
2	2	153	15
3	14	139	17
4	38	101	14
5	34	67	
6	7	33	
合 计	96		

以初始值 $S_0 = 155$，$S_0 - S_\infty = 96$ 代入式（4.29）可得 $1/\sigma = 100.43$。将 σ 代入式（4.27）可得该流行过程的模拟结果（见表 4-3）。

表 4 - 3 用 K - M 模型模拟水痘的流行过程

单位时间	病例数	易感者数	计算式
t_0	1	155	初始值
t_1	1	154	$156 - 155 + 100.43 \times \ln(155/155) = 1$
t_2	1	153	$156 - 154 + 100.43 \times \ln(154/155) = 1.34$
t_3	2	151	$156 - 153 + 100.43 \times \ln(153/155) = 1.70$
t_4	2	149	$156 - 151 + 100.43 \times \ln(151/155) = 2.37$
t_5	3	146	$156 - 149 + 100.43 \times \ln(149/155) = 3.04$
t_6	4	142	$156 - 146 + 100.43 \times \ln(146/155) = 3.99$
t_7	5	137	$156 - 142 + 100.43 \times \ln(142/155) = 5.20$
t_8	7	130	$156 - 137 + 100.43 \times \ln(137/155) = 6.60$
t_9	8	122	$156 - 130 + 100.43 \times \ln(130/155) = 8.34$
t_{10}	10	112	$156 - 122 + 100.43 \times \ln(122/155) = 9.96$
t_{11}	11	101	$156 - 112 + 100.43 \times \ln(112/155) = 11.37$
t_{12}	12	89	$156 - 101 + 100.43 \times \ln(101/155) = 11.99$
t_{13}	11	78	$156 - 89 + 100.43 \times \ln(89/155) = 11.28$
t_{14}	9	69	$156 - 78 + 100.43 \times \ln(78/155) = 9.03$
t_{15}	6	63	$156 - 69 + 100.43 \times \ln(69/155) = 5.72$
t_{16}	3	60	$156 - 63 + 100.43 \times \ln(63/155) = 2.58$
合　计	96		

　　本例整个流行期为 79 天,以初始时间 t_0 为起点,相邻间隔约 5 天($79/15 = 5.27$)。所以,自 t_0 起,每隔 3 个单位时间所对应的日期与表 4 - 2 中的各代相邻时间基本吻合。经过计算,与按代统计的试验资料相比,K - M 模型取得了较好的拟合效果。

　　通过本例不难看出,K - M 模型由一组微分方程构成,看似复杂,实则计算起来并不难。此外,该模型引入了 $\sigma = \lambda/u$ 项,λ 为传染性接触率,μ 为恢复率,即感染者转变为下一代免疫者的概率,这是动力学模型两个敏感的参数,从而使得该模型具有更大的普适性。

4.3.2　放射性废料的处理

　　美国原子能委员会以往处理浓缩放射性废料的方法,一直是把它们装入密封的圆桶里,然后扔到水深为 90 多米的海底。生态学家和科学家们表示担心,怕圆桶下沉到海底时与海底碰撞而发生破裂,从而造成核污染。原子能委员会分辩说这是不可能的。为此工程师们进行了碰撞实验,发现当圆桶下沉速度超过 12.2 m/s 与海底相撞时,圆桶就可能发生碰裂。这样为避免圆桶碰裂,需要计算一下圆桶沉到海底时速度是多少。

　　已知圆桶质量 $m = 239.46$ kg,体积 $V = 0.2058$ m^3,海水密度 $\rho = 1\,035.71$ kg/m^3,若圆桶速度小于 12.2 m/s 就说明这种方法是安全可靠的,否则就要禁止使用这种方法来处理

放射性废料。假设水的阻力与速度大小成正比例,其正比例常数 $k=0.6$。 现要求建立合理的数学模型,解决如下实际问题

(1) 判断这种处理废料的方法是否合理?

(2) 一般情况下,v 大,k 也大;v 小,k 也小。当 v 很大时,常用 kv 来代替 k,那么这时速度与时间关系如何?并求出当速度不超过 12.2 m/s,圆桶的运动时间 t 和位移 s 应不超过多少?(k 的值仍设为 0.6)

1) 模型的建立

(1) 问题(1)的模型:

首先要找出圆桶的运动规律,由于圆桶在运动过程中受到自身的重力 G、水的浮力 H 和水的阻力 f 的作用,所以根据牛顿运动定律得到圆桶受到的合力 F 满足

$$F = G - H - f \tag{4.30}$$

又因为 $F = ma = m\dfrac{\mathrm{d}v}{\mathrm{d}t} = m\dfrac{\mathrm{d}^2 s}{\mathrm{d}t^2}$,$G = mg$,$H = \rho g v$ 以及 $f = kv = k\dfrac{\mathrm{d}s}{\mathrm{d}t}$,可得到圆桶的位移满足下面的微分方程

$$\begin{cases} m\dfrac{\mathrm{d}^2 s}{\mathrm{d}t^2} = mg - \rho g V - k\dfrac{\mathrm{d}s}{\mathrm{d}t} \\ \dfrac{\mathrm{d}s}{\mathrm{d}t}\bigg|_{t=0} = s\big|_{t=0} = 0 \end{cases} \tag{4.31}$$

(2) 问题(2)的模型:

由题设条件,圆桶受到的阻力应改为 $f = kv^2 = k\left(\dfrac{\mathrm{d}s}{\mathrm{d}t}\right)^2$,类似问题(1)的模型,可得到圆桶的速度应满足如下的微分方程

$$\begin{cases} m\dfrac{\mathrm{d}v}{\mathrm{d}t} = mg - \rho g V - kv^2 \\ v\big|_{t=0} = 0 \end{cases} \tag{4.32}$$

2) 模型求解

(1) 问题(1)的模型求解:

首先根据方程(4.31)求位移函数,建立 M 文件 weiyi.m 如下:

```
syms m V rho g k %定义符号变量
s=dsolve('m*D2s-m*g+rho*g*V+k*Ds','s(0)=0,Ds(0)=0'); %求位移
函数
s=subs(s,{m, V, rho, g, k},{239.46, 0.2058, 1035.71, 9.8, 0.6}); %对符号变
量赋值
s=vpa(s,10)%控制运算精度 10 位有效数字
```

在 MATLAB 命令窗口中输入

weiyi

s =

171510.9924 * exp(—.2505637685e—2 * t)+429.7444060 * t—171510.9924

即求得位移函数为

$$s(t) = -171\,510.992\,4 + 429.744\,4t + 171\,510.992\,4e^{-0.002\,505\,6t} \tag{4.33}$$

对式(4.33)关于时间 t 求导数,即可得速度函数为

$$v(t) = 429.744\,4 - 429.744\,4e^{-0.002\,505\,6t} \tag{4.34}$$

先求圆桶到达水深 90 m 的海底所需时间,在 MATLAB 命令窗口中输入

t=solve(s—90) %求到达海底 90 米处的时间

t =

12.999397765812563803103778282712

—12.859776730824056049070663329397

求得 $t = 12.999\,4$ s(负解舍去)。再把它代入方程(4.34),在 MATLAB 命令窗口中输入

v=subs(v,t) %求到达海底 90 米处的速度

v =

13.7720347667101599578019 2334963

—14.0727079747215672123291 1645787

求出圆桶到达海底的速度为 $v = 13.772\,0$ m/s(负解舍去)。显然此时圆桶的速度已超过 12.2 m/s,可见这种处理废料的方法不合理。因此,美国原子能委员会已经禁止用这种方法来处理放射性废料。

(2) 问题(2)的模型求解:

根据式(4.32)求圆桶的速度函数,建立 m 文件 sudu.m 如下:

syms m V rho g k

v=dsolve('m * Dv—m * g+rho * g * V+k * v^2','v(0)=0');

v=subs(v, {m, V, rho, g, k}, {239.46, 0.2058, 1035.71, 9.8, 0.6});

v=simple(v);

v=vpa(v, 7)

在 MATLAB 命令窗口中输入

sudu

v =

20.73027 * tanh(.5194257e—1 * t)

即求得速度函数为

$$v(t) = 20.730\,3\tanh(0.051\,9t) \tag{4.35}$$

在 MATLAB 命令窗口中输入

t=solve(v—12.2) %求时间的临界值

s=int(v, 0, t) % 求位移的临界值

t =

13.0025457112828121524670199961348

s =

84.843949361417614797438654492062

这时若速度要小于 12.2 m/s,那么经计算可得圆桶的运动时间不能超过 $T = 13.002\,5$ s,利用位移 $s(T) = \int_0^T v(t)\mathrm{d}t$,计算得位移不能超过 $84.843\,8$ m。通过这个模型,也可以得到原来处理核废料的方法是不合理的。

习　题　4

1. 人数为 N 的地区出现了一种少见的传染病。设在 t 时刻,$x(t)$ 为易感染人数,$y(t)$ 为传染者人数,$z(t)$ 为被隔离、病死或免疫者人数。开始时,假设 $z(t)$ 和 $y(t)$ 都小于 $x(t)$,下面给出简化的传染病模型:

$$\begin{cases} \dfrac{\mathrm{d}x}{\mathrm{d}t} = -\beta x_0 y \\[2mm] \dfrac{\mathrm{d}y}{\mathrm{d}t} = \beta x_0 y - ry \\[2mm] \dfrac{\mathrm{d}z}{\mathrm{d}t} = ry \\[2mm] x(0) = x_0,\ y(0) = y_0,\ z(0) = z_0 \end{cases}$$

式中,β 为易感者染病的比率;r 表示患病者被隔离、病死或病愈后获得免疫力的比率。试通过求解上述方程组,说明 β 和 r 满足什么条件时,传染者人数会随着 t 的增加而增加。

2. 一个封闭的大草原里生长着狐狸和野兔。在大自然的和谐的环境中,野兔并没有因为有狐狸的捕食而灭绝。因为每一种动物都有它们特有的技巧来保护自己。设它们的数量分别为 $y(t)$ 和 $x(t)$,已知满足以下微分方程组:

$$\begin{cases} \dfrac{\mathrm{d}y}{\mathrm{d}t} = 0.01xy - 0.9y \\[2mm] \dfrac{\mathrm{d}x}{\mathrm{d}t} = 0.4x - 0.02xy \end{cases}$$

若草原上现在有 50 000 只野兔,2 000 只狐狸。试利用 MATLAB 求解上述方程组并作图。

第 5 章
差分方程模型

在实际中,许多问题所研究的变量都是离散形式,所建立的数学模型也是离散的,如政治、经济和社会等领域中的实际问题。有时即使所建立的数学模型是连续形式,如常见的微分方程模型、积分方程模型等,但这些模型往往都需要用计算机求解,这就需要将连续变量在一定条件下进行离散化,从而将连续型模型转化为离散型模型。因此,上述问题最后都归结为求解离散形式的差分方程,差分方程理论和求解方法在数学建模和解决实际问题过程中起着重要作用。

5.1 差分方程建模引例

例 5.1(储蓄问题)   考虑储蓄额度为 1 000 元的储蓄存单,月利率为 1%,试计算第 k 个月后该存单的实际价值。

解: 根据题意,假定存单在存期内利率保持不变,记 r 为月利率,x_k 为第 k 个月末该存单的价值(本息合计,单位:元)。以第 k 个月末到第 $k+1$ 个月末作为一个时间单元,则第 $k+1$ 个月末存单的实际价值为上月月末存单的实际价值加上该月产生的利息,即

$$x(k+1) = x(k)(1+r) \tag{5.1}$$

由已知条件,其存单储蓄额度为 1 000 元,即 $x_0 = 1\,000$,于是联立即得相应的差分模型:

$$x(k+1) = x(k)(1+r),\ x_0 = 1\,000 \tag{5.2}$$

由上可见,差分方程模型一般以数列的形式定义,对数列 $\{x_n\}$,称

$$F(n; x_n, x_{n+1}, \cdots, x_{n+k}) = 0 \tag{5.3}$$

为 **k 阶差分方程**。若有 $x_n = x(n)$,满足 $F(n, x(n), x(n+1), \cdots, x(n+k)) = 0$,则称 $x_n = x(n)$ 是差分方程式(5.3)的解,包含 k 个任意常数的解称为式(5.3)的**通解**,x_0,x_1,$\cdots$,x_{k-1} 为已知时称为式(5.3)的**初始条件**,通解中的任意常数都由初始条件确定后的解称为式(5.3)的**特解**。若 x_0,x_1,$\cdots$,x_{k-1} 已知,则形如 $x_{n+k} = g(n; x_n, x_{n+1}, \cdots, x_{n+k-1})$ 的差分方程的解可以在计算机上实现。

5.2 ► 差分方程的求解方法

5.2.1 常系数差分方程的求解方法

1）常系数线性齐次差分方程的求解方法

常系数线性齐次差分方程的一般形式为

$$x_n + a_1 x_{n-1} + a_2 x_{n-2} + \cdots + a_k x_{n-k} = 0 \tag{5.4}$$

式中，k 为差分方程的阶数；$a_i(i=1, 2, \cdots, k)$ 为差分方程的系数，且 $a_k \neq 0(k \leqslant n)$。对应的代数方程

$$\lambda^k + a_1 \lambda^{k-1} + a_2 \lambda^{k-2} + \cdots + a_k = 0 \tag{5.5}$$

称为差分方程式(5.4)的**特征方程**，特征方程的根称为**特征根**。

常系数线性齐次差分方程的解由相应的特征根的不同情况有不同的形式，下面分别就特征根为单根、重根和复根的情况给出差分方程解的形式。

（1）特征根为单根

设特征方程式(5.5)有 k 个单特征根 $\lambda_1, \lambda_2, \lambda_3, \cdots, \lambda_k$，则差分方程式(5.4)的通解为

$$x_n = c_1 \lambda_1^n + c_2 \lambda_2^n + \cdots + c_k \lambda_k^n$$

其中 $c_1, c_2, \cdots, c_k$ 为任意常数，且当给定初始条件

$$x_i = x_i^{(0)} \quad (i=1, 2, \cdots, k) \tag{5.6}$$

时，可以唯一确定一个特解。

（2）特征根为重根

设特征方程式(5.5)有 l 个相异的特征根 $\lambda_1, \lambda_2, \lambda_3, \cdots, \lambda_l(1 \leqslant l \leqslant k)$，重数分别为 $m_1, m_2, \cdots, m_l$ 且 $\sum\limits_{i=1}^{l} m_i = k$，则差分方程式(5.4)的通解为

$$x_n = \sum_{i=1}^{m_1} c_{1i} n^{i-1} \lambda_1^n + \sum_{i=1}^{m_2} c_{2i} n^{i-1} \lambda_2^n + \cdots + \sum_{i=1}^{m_l} c_{li} n^{i-1} \lambda_l^n$$

同样地，由给定的初始条件式(5.6)可以唯一确定一个特解。

（3）特征根为复根

设特征方程式(5.5)的特征根为一对共轭复根 $\lambda_1, \lambda_2 = \alpha \pm i\beta$ 和相异的 $k-2$ 个单根 $\lambda_3, \lambda_4, \cdots, \lambda_k$，则差分方程式(5.4)的通解为

$$x_n = c_1 \rho^n \cos n\theta + c_2 \rho^n \sin n\theta + c_3 \lambda_3^n + c_4 \lambda_4^n + \cdots + c_k \lambda_k^n,$$

其中 $\rho = \sqrt{\alpha^2 + \beta^2}$，$\theta = \arctan \dfrac{\beta}{\alpha}$。同样由给定的初始条件式(5.6)可以唯一确定一个特解。

另外,对于有多个共轭复根和相异实根,或共轭复根和重根的情况,都可以类似地给出差分方程解的形式。

2) 常系数线性非齐次差分方程的求解方法

常系数线性非齐次差分方程的一般形式为

$$x_n + a_1 x_{n-1} + a_2 x_{n-2} + \cdots + a_k x_{n-k} = f(n) \tag{5.7}$$

式中,k 为差分方程的阶数;$a_i (i=1, 2, \cdots, k)$ 为差分方程的系数;$a_k \neq 0 (k \leqslant n)$;$f(n)$ 为已知函数。

在差分方程式(5.7)中,令 $f(n)=0$,所得方程

$$x_n + a_1 x_{n-1} + a_2 x_{n-2} + \cdots + a_k x_{n-k} = 0 \tag{5.8}$$

称为非齐次差分方程式(5.7)对应的齐次差分方程,与差分方程式(5.4)的形式相同。

求解非齐次差分方程通解的一般方法为,首先求对应的齐次差分方程式(5.8)的通解 x_n^*,然后求非齐次差分方程式(5.7)的一个特解 $x_n^{(0)}$,则

$$x_n = x_n^* + x_n^{(0)}$$

为非齐次差分方程式(5.7)的通解。

求 x_n^* 的方法与求差分方程式(5.4)的方法相同。非齐次方程式(5.7)的特解 $x_n^{(0)}$ 可以用观察法确定,也可以根据 $f(n)$ 的特性用待定系数法确定,具体方法可参照常系数线性非齐次微分方程求特解的方法。

5.2.2 差分方程解的稳定性

若有常数 a 是差分方程式(5.3)的解,即 $F(n; a, a, \cdots, a)=0$,则称 a 是差分方程式(5.3)的**平衡点**。若对差分方程式(5.3)的任意由初始条件确定的解 $x_n = x(n)$ 都有

$$x_n \to a, (n \to \infty)$$

称这个平衡点 a 是**稳定的**。

1) 一阶常系数线性差分方程

$$x_{k+1} + a x_k = b, \quad k=0, 1, 2, \cdots$$

式中 a,b 为常数,且 $a \neq -1, 0$。它的平衡点由代数方程 $x + ax = b$ 求解得到,不妨记为 x^*。如果 $\lim\limits_{k \to \infty} x_k = x^*$,则称平衡点 x^* 是稳定的,否则是不稳定的。

一般将平衡点 x^* 的稳定性问题转化为 $x_{k+1} + a x_k = 0$ 的平衡点 $x^* = 0$ 的稳定性问题。由 $x_{k+1} + a x_k = 0$ 可以解得 $x_k = (-a)^k x_0$,于是 $x^* = 0$ 是稳定的平衡点的充要条件:$|a| < 1$。

对于 n 维向量 $\boldsymbol{x}(k)$ 和 $n \times n$ 常数矩阵 $\boldsymbol{A}$ 构成的方程组:

$$\boldsymbol{x}(k+1) + \boldsymbol{A}\boldsymbol{x}(k) = 0 \tag{5.9}$$

其平衡点是稳定的充要条件是 $\boldsymbol{A}$ 的所有特征根都有 $|\lambda_i| < 1 (i=1, \cdots, n)$。

2) 二阶常系数线性差分方程

$$x_{k+2} + a_1 x_{k+1} + a_2 x_k = 0, \quad k = 0, 1, 2, \cdots$$

式中 a_1, a_2 为常数。其平衡点 $x^* = 0$ 稳定的充要条件是特征方程 $\lambda^2 + a_1\lambda + a_2 = 0$ 的根 λ_1, λ_2 满足 $|\lambda_1| < 1$, $|\lambda_2| < 1$。对于一般的 $x_{k+2} + a_1 x_{k+1} + a_2 x_k = b$ 平衡点的稳定性问题可同样给出，类似可推广到 n 阶线性差分方程的情况。

3) 一阶非线性差分方程

$$x_{k+1} = f(x_k), \quad k = 0, 1, 2, \cdots$$

式中 f 为已知函数，其平衡点 x^* 由代数方程 $x = f(x)$ 解出。为分析平衡点 x^* 的稳定性，将上述差分方程近似为一阶常系数线性差分方程 $x_{n+1} = f'(x^*)(x_n - x^*) + f(x^*)$，当 $|f'(x^*)| \neq 1$ 时，上述近似线性差分方程与原非线性差分方程的稳定性相同。因此，当 $|f'(x^*)| < 1$ 时，x^* 是稳定的；当 $|f'(x^*)| > 1$ 时，x^* 是不稳定的。

5.2.3　利用 MATLAB 求解差分方程

差分方程一般为递推形式，由已知数据，只需按照递推形式即可求解。下面举例说明。

例 5.2　某人从银行贷款购房，若他今年初贷款 10 万元，月利率 0.5%，他每月还 1 000 元，建立差分方程计算他每年末欠银行多少钱？多少时间能还清？

解：记第 k 个月末他欠银行的钱为 $x(k)$，月利率为 r，$a = 1 + r$，b 为每月还的钱，则第 $k+1$ 个月末欠银行的钱为

$$x(k+1) = ax(k) - b, a = 1 + r, b = 1\,000, k = 0, 1, 2, \cdots$$

将 $r = 0.005$ 和 $x(0) = 100\,000$ 代入，用 MATLAB 计算得结果。

编写 M 文件：

```
function [x, t]=Repayment(x0, r, b)
% 计算每年末欠银行的钱,并计算还清贷款的时间
% 输入变量：初始贷款 x0,月利率 r,每月还款 b
% 输出变量：每月还款 x,还清贷款的时间 t
a=1+r;
x=x0; t=0;
while x>0
    x0=a*x0-b;
    x=[x, x0];
    t=t+1;
end
```

命令窗口输入：

```
[x, t]=Repayment(100000, 0.005, 1000)
```

所以如果每月还 1 000 元，则需要 139 个月，即 11 年 7 个月还清。

5.3 差分方程模型应用

5.3.1 房屋贷款偿还问题

假设个人住房公积金贷款月利率和个人住房商业性贷款月利率如表5-1所示。

表5-1 个人住房公积金贷款月利率和个人住房商业性贷款月利率

贷款年限/年	公积金贷款月利率/‰	商业性贷款月利率/‰
1	3.54	4.65
2	3.63	4.875
3	3.72	4.875
4	3.78	4.95
5	3.87	4.95
6	3.96	5.025
7	4.05	5.025
8	4.14	5.025
9	4.207 5	5.025
10	4.275	5.025
11	4.365	5.025
12	4.455	5.025
13	4.545	5.025
14	4.635	5.025
15	4.725	5.025

王先生家要购买一套商品房,需要贷款25万元。其中公积金贷款10万,分12年还清,商业性贷款15万,分15年还清。每种贷款按月等额还款。问:

(1) 王先生每月应还款多少?

(2) 用列表方式给出每年年底王先生尚欠的款项。

(3) 在第12年还清公积金贷款,如果他想把余下的商业性贷款一次还清,应还多少?

1) 基本假设和符号说明

假设一 王先生每月都能按时支付房屋贷款所需的偿还款项;

假设二 贷款期限确定之后,公积金贷款月利率 L_1 和商业性贷款月利率 L_2 均不变。

设 y_0 和 z_0 分别为初始时刻公积金贷款数和商业性贷款数,设 B、C 分别为每月应偿还的公积金贷款数和商业性贷款数。因每月偿还的数额相等,故 B、C 均为常数。设 y_k 和 z_k 分别为第 k 个月尚欠的公积金贷款数和商业性贷款数。

2）建立模型

因为下一个月尚欠的贷款数应该是上一个月尚欠贷款数加上应付利息减去该月的偿还款数，所以有

（1）公积金贷款第 $k+1$ 个月尚欠款数为

$$y_{k+1}=(1+L_1)y_k-B \tag{5.10}$$

由于

$$
\begin{aligned}
y_{k+1}&=(1+L_1)y_k-B=(1+L_1)[(1+L_1)y_{k-1}-B]-B\\
&=(1+L_1)^2 y_{k-1}-[(1+L_1)+1]B=\cdots\\
&=(1+L_1)^{k+1}y_0-\frac{(1+L_1)^{k+1}-1}{L_1}B
\end{aligned}
$$

（2）同理可得，商业性贷款第 $k+1$ 个月尚欠款数为

$$z_{k+1}=(1+L_2)^{k+1}z_0-\frac{(1+L_2)^{k+1}-1}{L_2}C \tag{5.11}$$

3）模型求解

公积金贷款分 12 年还清，这就是说第 $k=12\times12=144$ 个月时还清，即

$$y_{144}=(1+L_1)^{144}y_0-\frac{(1+L_1)^{144}-1}{L_1}B=0$$

解得

$$B=\frac{L_1 y_0}{1-(1+L_1)^{-144}}$$

用 $y_0=100\,000$ 元，$L_1=0.004\,455$ 代入上式，计算得 $B=942.34$ 元。

同理利用式（5.11）算得每月偿还的商业性贷款数

$$C=\frac{L_2 z_0}{1-(1+L_2)^{-180}}$$

用 $z_0=150\,000$ 元，$L_2=0.005\,025$ 代入上式，计算得：$C=1\,268.20$ 元。

从上面的计算结果可知，王先生每月应偿还的贷款数为 $B+C=942.34+1\,268.2=2\,210.54$ 元。 在式（5.10）和式（5.11）中取 $k=12n$，$n=1,2,\cdots,15$，可计算出王先生每年底尚欠的贷款数，其结果如表 5-2 所示。

表 5-2　王先生每年底尚欠的贷款额

第几年	尚欠公积金贷款/元	尚欠商业性贷款/元	尚欠贷款总额/元
1	93 890	143 653	237 543
2	87 444	136 912	224 356

第几年	尚欠公积金贷款/元	尚欠商业性贷款/元	尚欠贷款总额/元
3	80 646	129 754	210 400
4	73 475	122 151	195 626
5	65 912	114 079	179 991
6	57 934	105 504	163 438
7	49 518	96 398	145 916
8	40 642	86 728	127 370
9	31 280	76 458	107 738
10	21 404	65 552	86 956
11	10 987	53 969	64 956
12	0	41 669	41 669
13	0	28 606	28 606
14	0	14 733	14 733
15	0	0	0

若在还清公积金贷款后，王先生把余下的商业性贷款全部一次性还清。由表 5 - 2 可知在第 12 年年底王先生还要还 41 669 元。

4）模型检验

为了验证模型的正确性，做如下讨论：

由式(5.10)可得

$$y_{k+1} = \frac{(1+L_1)^k}{L_1}(L_1 y_0 - B) + \frac{B}{L_1}$$

（1）当 $B > L_1 y_0$，即每月偿还数大于贷款数的月息时，

$$\lim_{k \to \infty} y_k = -\infty$$

这表示对于足够大的 k 能还清贷款。

（2）当 $B = L_1 y_0$ 时，$y_k = \dfrac{B}{L_1} = y_0$，即每月只付利息的话，所欠贷款数始终是初始贷款数。

（3）当 $B < L_1 y_0$ 时，即每月支付少于月息，则

$$\lim_{k \to \infty} y_k = \infty$$

此时，所欠款数将逐月无限增大，可见所建模型与实际情况相符。

5.3.2　国民收入的稳定问题

国民收入的分配是影响国家和社会经济发展的重要问题，国民收入的分配主要包括三

方面：消费基金、投入再生产的积累基金和支付政府用于公共设施的开支。若消费基金比例过高，将影响社会再生产，从而影响到下一年度国民收入的增长，当然同时也影响公共设施的建设；若积累基金比例过大，则会影响当前人们的生活水平。因此有必要从国民收入的稳定出发，合理分配国民收入。

1）基本假设和符号说明

假定国民收入只用于消费、再生产和公共设施开支三方面。

x_k 表示第 k 个周期（第 k 年）的国民收入水平；

C_k 表示第 k 个周期内的消费水平；

s_k 表示第 k 个周期内用于再生产的投资水平；

g 表示政府用于公共设施的开支，设为常量。

2）模型建立

根据以上假设，有

$$x_k = C_k + s_k + g \tag{5.12}$$

又由于 C_k 的值由前一周期的国民收入水平确定，即

$$C_k = a x_{k-1} \tag{5.13}$$

其中 a 为常数，$0 < a < 1$。s_k 取决于消费水平的变化，即

$$s_k = b(C_k - C_{k-1}) \tag{5.14}$$

其中 $b > 0$ 为常数。将式(5.13)、式(5.14)代入式(5.12)得

$$x_k = a x_{k-1} + b(C_k - C_{k-1}) + g = a x_{k-1} + ab x_{k-1} - ab x_{k-2} + g \tag{5.15}$$

即

$$x_k - a(1+b)x_{k-1} + ab x_{k-2} = g \tag{5.16}$$

式(5.16)是一个递推式的差分方程，利用该式及 $k-1$，$k-2$ 周期（年度）的有关数据，可以预测第 k 个周期的国民收入水平。反复利用式(5.16)可以预测指定周期的国民收入水平，从而反映经济发展趋势。

3）模型结果与分析

下面利用差分方程的稳定性理论研究保持国民收入稳定的条件。式(5.16)是一常系数非齐次差分方程，其对应的齐次差分方程为

$$x_k - a(1+b)x_{k-1} + ab x_{k-2} = 0 \tag{5.17}$$

特征方程为

$$\lambda^2 - a(1+b)\lambda + ab = 0 \tag{5.18}$$

判别式：$\Delta = a^2(1+b)^2 - 4ab$。这里只讨论 $\Delta < 0$ 的情况（$\Delta > 0$ 的情况比较复杂）。

当 $\Delta = a^2(1+b)^2 - 4ab < 0$ 时，特征方程式(5.18)有一对共轭复根

$$\lambda = \frac{a(1+b) \pm \sqrt{4ab - a^2(1+b)^2}\,\mathrm{i}}{2}$$

记 $\lambda = \rho \mathrm{e}^{\pm i\varphi}$，其中 $\rho = \sqrt{ab}$，$\varphi = \arctan \dfrac{\sqrt{4ab - a^2(1+b)^2}}{a(1+b)}$。可得齐次差分方程式(5.17)的通解为

$$x_k = (\sqrt{ab}\,)^k (A_1 \cos k\varphi + A_2 \sin k\varphi)$$

其中 A_1，A_2 为任意常数。

由于 $0 < a < 1$，$b > 0$，所以 0 不是特征根，故非齐次差分方程式(5.16)的特解可设为 $x_k^* = c$，c 为常数，代入式(5.16)得

$$c[1 - a(1+b) + ab] = g$$

因为 $0 < a < 1$，可解得 $c = \dfrac{g}{1-a}$。由此可得方程式(5.16)的通解为

$$x_k = (ab)^{k/2}[A_1 \cos k\varphi + A_2 \sin k\varphi] + \frac{g}{1-a} \tag{5.19}$$

利用式(5.19)，考虑当 k 增加时，x_k 的发展趋势。由差分方程稳定性理论可知，当特征根的模 $\rho < 1$ 即 $ab < 1$ 时，差分方程的解是稳定的，否则是不稳定的。

实际上，由式(5.19)也可看出，对任何 k，$\cos(k\varphi)$，$\sin(k\varphi)$ 均为有界值，$\dfrac{g}{1-a}$ 是常量，因此 x_k 的变化主要取决于 ab 的值。当 $ab < 1$ 时，$(ab)^{\frac{k}{2}} \to 0$，$k \to \infty$；当 $ab > 1$ 时，$(ab)^{\frac{k}{2}} \to \infty$，$k \to \infty$。这样，当 $a^2(1+b)^2 < 4ab$ 时，x_k 的变化趋势有两种：

① 当 $ab < 1$，$k \to +\infty$ 时，则 $x_k \to \dfrac{g}{1-a}$，即国民收入趋于稳定；

② 当 $ab > 1$，$k \to +\infty$ 时，则 x_k 振荡，振幅增加且不存在极限值，国家经济出现不稳定局面。

综上所述，我们可以根据 $\dfrac{1}{4}a^2(1+b)^2 < ab < 1$ 是否成立来预测经济发展趋势。其中 a、b 的数值需通过国家周期(如年度)统计数据来确定。下面举例说明：

(1) 设 $a = \dfrac{1}{2}$，$b = 1$，$g = 1$，$x_0 = 2$，$x_1 = 3$。因为 $ab = \dfrac{1}{2} < 1$ 且 $\dfrac{1}{4}a^2(1+b)^2 = 0.25 < ab$，所以经济处于稳定状态。事实上，利用式(5.19)可以算出

$$x_2 = 3,\ x_3 = 2.5,\ x_4 = 2,\ x_5 = 1.75,\ x_6 = 1.75,\ x_7 = 1.875,$$
$$x_8 = 2,\ x_9 = 2.062\,5,\ x_{10} = 2.062\,5,\ x_{11} = 2.031\,25$$
$$\max_{0 \leqslant i,\,j \leqslant 11} |x_i - x_j| = 3 - 1.75 = 1.25$$

即国民收入的波动不超过 1.25 单位。在此例中，$x_1 = 3$，$c_1 = ax_0 = 0.5 \times 2 = 1$，$g = 1$，$s_1 =$

$x_1 - c_1 - g = 1$。这说明在国民收入中，a，b 确定的情况下，消费、再生产投资及公共开支各占三分之一的比例是比较适宜的。

（2）设 $a = 0.8$，$b = 2$，$g = 1$，$x_0 = 2$，$x_1 = 3$。$a^2(1+b)^2 - 4ab = -0.64 < 0$，$ab = 1.6$。当 $k \to +\infty$ 时，x_k 的振幅无限增大，经济出现不稳定的局面。事实上，利用式(5.19)可以算出

$$x_2 = 5.0,\ x_3 = 8.2,\ x_4 = 12.68,\ x_5 = 18.312,\ x_6 = 24.661,$$
$$x_7 = 30.887,\ x_8 = 35.671,\ x_9 = 37.191$$

由 x_0，x_1，$\cdots$，x_9 的值表明国民收入的波动已远远超过 2 个单位。相应地，它不具有稳定性。它是否会在以后的周期内达到稳定？继续计算，得 $x_{10} = 33.186$，$x_{11} = 21.140$，$x_{12} = -1.362$，当 x_i 的值为负值时，表示国家经济危机已经到来。

5.3.3　染色体遗传模型

在常染色体遗传中，后代从每个亲体的基因对中各继承一个基因，形成自己的基因对，基因对也称为基因型。如果所考虑的遗传特征是由两个基因 A 和 a 控制的，那么就有三种基因对，记为 AA，Aa，aa。如金鱼草由两个遗传基因决定花的颜色，基因型是 AA 的金鱼草开红花，Aa 型的开粉红色花，而 aa 型的开白花。又如人类眼睛的颜色也是通过常染色体遗传控制的，基因型是 AA 或 Aa 的人，眼睛是棕色，基因型是 aa 的人，眼睛为蓝色。这里因为 AA 和 Aa 都表示了同一外部特征，我们认为基因 A 支配基因 a，也可以认为基因 a 对于 A 来说是隐性的。当一个亲体的基因型为 Aa，而另一个亲体的基因型是 aa 时，那么后代可以从 aa 型中得到基因 a，从 Aa 型中或得到基因 A，或得到基因 a。这样，后代基因型为 Aa 或 aa 的可能性相等。下面给出双亲体基因型的所有可能的结合，以及其后代形成每种基因型的概率，如表 5 - 3 所示。

表 5 - 3　双亲基因型及后代各种基因的概率

父-母体的基因型 后代基因型	AA - AA	Aa - AA	aa - AA	Aa - Aa	aa - Aa	aa - aa
AA	1	1/2	0	1/4	0	0
Aa	0	1/2	1	1/2	1/2	0
Aa	0	0	0	1/4	1/2	1

某农场的植物园中某种植物的基因型为 AA，Aa 和 aa。农场计划采用 AA 型的植物与每种基因型植物相结合的方案培育植物后代。那么经过若干年后，这种植物的任一代的三种基因型分布如何？

1）基本假设和符号说明

（1）设 a_n，b_n 和 c_n 分别表示第 n 代植物中，基因型为 AA、Aa 和 aa 的植物占植物总数的百分率。令 $\boldsymbol{x}^{(n)}$ 为第 n 代植物的基因型分布：$\boldsymbol{x}^{(n)} = [a_n, b_n, c_n]^{\mathrm{T}}$，$n = 0, 1, 2, \cdots$ 当 $n = 0$ 时

$$\boldsymbol{x}^{(0)} = [a_0, b_0, c_0]^{\mathrm{T}}$$

表示植物基因的初始分布(即培育开始时的分布),显然有

$$a_0 + b_0 + c_0 = 1$$

(2) 第 n 代的分布与第 $n-1$ 代的分布之间的关系是通过表 5 - 3 确定的。

2) 模型建立

根据假设(2),先考虑第 n 代中的 AA 型。由于第 $n-1$ 代的 AA 型与 AA 型结合,后代全部是 AA 型;第 $n-1$ 代的 AA 型与 Aa 型结合,后代是 AA 型的可能性为 1/2;而第 $n-1$ 代的 aa 型与 AA 型结合,后代不可能是 AA 型。因此当 $n = 1, 2, \cdots$ 时

$$a_n = a_{n-1} + \frac{1}{2}b_{n-1} + 0c_{n-1} \tag{5.20}$$

即 $a_n = a_{n-1} + \dfrac{1}{2}b_{n-1}$。 类似可推出

$$b_n = \frac{1}{2}b_{n-1} + c_{n-1}$$
$$c_n = 0 \tag{5.21}$$

将式(5.20)和式(5.21)相加,得

$$a_n + b_n + c_n = a_{n-1} + b_{n-1} + c_{n-1}$$

根据假设(1),有

$$a_n + b_n + c_n = a_0 + b_0 + c_0 = 1$$

对于式(5.20)和式(5.21),采用矩阵形式简记为

$$\boldsymbol{x}^{(n)} = \boldsymbol{M}\boldsymbol{x}^{(n-1)} \tag{5.22}$$

其中

$$\boldsymbol{M} = \begin{bmatrix} 1 & 1/2 & 0 \\ 0 & 1/2 & 1 \\ 0 & 0 & 0 \end{bmatrix}$$

由式(5.22)递推,得

$$\boldsymbol{x}^{(n)} = \boldsymbol{M}\boldsymbol{x}^{(n-1)} = \boldsymbol{M}^2\boldsymbol{x}^{(n-2)} = \cdots = \boldsymbol{M}^n\boldsymbol{x}^{(0)} \tag{5.23}$$

式(5.23)给出第 n 代基因型的分布与初始分布的关系。

3) 模型结果与分析

编写如下 MATLAB 程序:

```
%定义符号变量
syms n a0 b0 c0
```

%定义符号矩阵 M

M＝sym('[1, 1/2, 0; 0, 1/2, 1; 0, 0, 0]');

%计算特征值与特征向量，一般情形下可实现矩阵对角化

[P, Lambda]＝eig(M);

% 由 P^(−1)∗M∗P＝Lambda 可计算出 M^n＝P∗Lambda^n∗P^(−1)，从而可计算出 x：

x＝P∗Lambda.^n∗P^(−1)∗[a0;b0;c0];

x＝simplify(x)

求得

$$
\begin{cases}
a_n = 1 - \left(\dfrac{1}{2}\right)^n b_0 - \left(\dfrac{1}{2}\right)^{n-1} c_0 \\[2mm]
b_n = \left(\dfrac{1}{2}\right)^n b_0 + \left(\dfrac{1}{2}\right)^{n-1} c_0 \\[2mm]
c_n = 0
\end{cases}
\tag{5.24}
$$

当 $n \to \infty$ 时，$\left(\dfrac{1}{2}\right)^n \to 0$，所以从式(5.24)得到 $a_n \to 1$，$b_n \to 0$，$c_n = 0$。 即在极限的情况下，培育的植物都是 AA 型。

4) 模型讨论

若在上述问题中，不选用基因 AA 型的植物与每一植物结合，而是将具有相同基因型植物相结合，那么后代具有三种基因型的概率如表 5-4 所示。

表 5-4

父体-母体的基因型 后代基因型	$AA-AA$	$Aa-Aa$	$aa-aa$
AA	1	1/4	0
Aa	0	1/2	0
aa	0	1/4	1

并且 $\boldsymbol{x}^{(n)} = \boldsymbol{M}^n \boldsymbol{x}^{(0)}$，其中

$$
\boldsymbol{M} = \begin{bmatrix} 1 & 1/4 & 0 \\ 0 & 1/2 & 0 \\ 0 & 1/4 & 1 \end{bmatrix}
$$

编写如下 MATLAB 程序：

syms n a0 b0 c0

M＝sym('[1, 1/4, 0; 0, 1/2, 0; 0, 1/4, 1]');

[P,Lambda]＝eig(M);

x＝P∗Lambda.^n∗P^(−1)∗[a0; b0; c0];

x=simplify(x)

求得

$$
\begin{cases}
a_n = a_0 + \left[\dfrac{1}{2} - \left(\dfrac{1}{2}\right)^{n+1}\right]b_0 \\[2mm]
b_n = \left(\dfrac{1}{2}\right)^n b_0 \\[2mm]
c_n = c_0 + \left[\dfrac{1}{2} - \left(\dfrac{1}{2}\right)^{n+1}\right]b_0
\end{cases}
\tag{5.25}
$$

当 $n \to \infty$ 时，$a_n \to a_0 + \dfrac{1}{2}b_0$，$b_n \to 0$，$c_n \to c_0 + \dfrac{1}{2}b_0$。因此，如果用基因型相同的植物培育后代，在极限情况下，后代仅具有基因 AA 和 aa。

5.3.4　按年龄分布的人口模型

如果要讨论在不同时间人口的年龄分布，可以借助差分方程建立一个简单的离散人口增长模型。这个向量形式的差分方程是 Leslie 在 20 世纪 40 年代用来描述女性人口变化规律的，虽然这个模型仅考虑女性人口的发展变化，但是一般男女人口的比例变化不大。因此，这个模型也适用于描述整个人群的人口变化规律。

1）模型假设

（1）假设男女人口的性别比为 1∶1，因此可以仅考虑女性人口的发展变化；

（2）不考虑同一时间间隔内人口数量的变化；

（3）不考虑生存空间等自然资源的制约，也不考虑意外灾难等因素对人口变化的影响；

（4）生育率和死亡率仅与年龄段有关且不随时间发生变化。

2）模型建立

根据假设（1），将女性人口按年龄大小等间隔地划分成 m 个年龄组（如每 1 岁一组），对时间也加以离散化，其单位与年龄组的间隔相同。时间离散化为 $t = 0, 1, 2\cdots$，设在时间段 t 第 i 年龄组的人口总数为 $x_i(t)$，$i = 1, 2, \cdots, m$，定义向量 $\boldsymbol{x}(t) = [x_1(t), x_2(t), \cdots, x_m(t)]^{\mathrm{T}}$ 为女性人口在时刻 t 的分布情况。

设第 i 年龄组的生育率为 b_i，即 b_i 是单位时间第 i 年龄组的每个女性平均生育女儿的人数；第 i 年龄组的死亡率为 d_i，即 d_i 是单位时间第 i 年龄组女性死亡人数与总人数之比，$s_i = 1 - d_i$ 称为存活率。根据上述假设，可建立如下形式的差分方程模型：

$$
\begin{cases}
x_1(t+1) = \sum_{i=1}^{m} b_i x_i(t) \\[2mm]
x_{i+1}(t+1) = s_i x_i(t), \quad i = 1, 2, \cdots, m-1
\end{cases}
\tag{5.26}
$$

将上述方程组写成矩阵形式如下：

$$
\boldsymbol{x}(t+1) = \boldsymbol{L}\boldsymbol{x}(t)
\tag{5.27}
$$

其中

$$L = \begin{bmatrix} b_1 & b_2 & \cdots & b_{m-1} & b_m \\ s_1 & 0 & & & 0 \\ 0 & s_2 & & & \vdots \\ & & \ddots & & \\ 0 & & & s_{m-1} & 0 \end{bmatrix} \tag{5.28}$$

称为 Leslie 矩阵。L 中的元素满足如下条件

(1) $s_i > 0$, $i = 1, 2, \cdots, m-1$。

(2) $b_i \geqslant 0$, $i = 1, 2, \cdots, m$, 且至少一个 $b_i > 0$。

3) 模型求解

假设初始时刻女性人口分布 $x(0)$, 矩阵 L 通过统计以往资料得到, 则对任意的 $t = 1$, $2, \cdots$, 有

$$\boldsymbol{x}(t) = \boldsymbol{L}^t \boldsymbol{x}(0) \tag{5.29}$$

还可通过下述定理, 研究人口年龄结构的长远变化趋势。

定理 5.1　矩阵 L 有唯一的单重的正的特征根 $\lambda = \lambda_0$, 且对应的一个特征向量为

$$\boldsymbol{x}^* = [1, s_1/\lambda_0, s_1 s_2/\lambda_0^2, \cdots s_1 s_2 \cdots s_{m-1}/\lambda_0^{m-1}]^{\mathrm{T}} \tag{5.30}$$

定理 5.2　若 L 第一行中至少有两个连续的 b_i, $b_{i+1} > 0$, 则

(1) 若 λ_1 是矩阵 L 的任意一个特征根, 则必有 $|\lambda_1| < \lambda_0$。

(2) $\lim\limits_{t \to +\infty} \boldsymbol{x}(t)/\lambda_0^t = c \boldsymbol{x}^*$, 其中 c 是与 $\boldsymbol{x}(0)$ 有关的常数。 $\tag{5.31}$

由定理 5.2 的结论易得, 当 t 充分大时, 有

$$\boldsymbol{x}(t) \approx c \lambda_0^t \boldsymbol{x}^* \tag{5.32}$$

这表明时间 t 充分长后, 年龄分布向量趋于稳定, 即各年龄组人数 $x_i(t)$ 占总数 $\sum\limits_{i=1}^{n} x_i(t)$ 的百分比几乎等于特征向量 $\boldsymbol{x}^*$ 中相应分量占分量总和的百分比。

4) 结果分析

当时间充分大时, 女性人口的年龄结构向量趋于稳定状态, 即年龄结构趋于稳定, 且各个年龄组的人口数近似地按 $\lambda_0 - 1$ 的比例增长。由式(5.32)可得到如下结论:

(1) 当 $\lambda_0 > 1$ 时, 人口数是递增的。

(2) 当 $\lambda_0 < 1$ 时, 人口数是递减的。

(3) 当 $\lambda_0 = 1$ 时, 人口数是稳定的。记

$$R = b_1 + b_2 s_1 + \cdots b_m s_1 s_2 \cdots s_{m-1} \tag{5.33}$$

R 表示每个妇女一生中所生女孩的平均数, 称为净增长率。当 $R > 1$ 时, 人口递增; 当 $R < 1$ 时, 人口递减。

例 5.3　研究中国城市女性人口的年龄结构, 根据 2005 年的统计资料, 假设以 0 岁为起点, 采用每 5 岁为一间隔点对年龄进行分组, 其中 90 岁及以上单独为一个年龄组。每个年龄组的死亡率 d_i 及女孩出生率 b_i 如表 5-5 所示。

表 5-5 2005 年城市女性人口统计数据

年龄组 i	年龄区间	b_i	d_i
1	$[0, 5)$	0	0.007 849
2	$[5, 10)$	0	0.001 49
3	$[10, 15)$	0	0.001 446
4	$[15, 20)$	0.008 142	0.000 904
5	$[20, 25)$	0.305 078	0.001 188
6	$[25, 30)$	0.476 712	0.002 074
7	$[30, 35)$	0.147 822	0.002 134
8	$[35, 40)$	0.033 026	0.003 642
9	$[40, 45)$	0.005 618	0.004 616
10	$[45, 50)$	0.001 502	0.008 722
11	$[50, 55)$	0	0.012 992
12	$[55, 60)$	0	0.021 602
13	$[60, 65)$	0	0.035 196
14	$[65, 70)$	0	0.065 564
15	$[70, 75)$	0	0.103 31
16	$[75, 80)$	0	0.189 17
17	$[80, 85)$	0	0.320 72
18	$[85, 90)$	0	0.851 84
19	90+	0	1

试根据上述数据研究城市女性人口年龄结构的长远变化趋势；若各年龄组女性的生育率提高 1 倍，则长远趋势会发生什么变化。

1）模型建立

设每 5 岁为一年龄组，在时间段 t 第 i 年龄组的人口总数为 $x_i(t)$，$i=1, 2, \cdots, 19$，定义向量 $\boldsymbol{x}(t)=[x_1(t), x_2(t), \cdots, x_{19}(t)]^{\mathrm{T}}$ 为女性人口分布在时刻 t 的分布情况。建立城市女性人口发展变化模型

$$\boldsymbol{x}(t+1)=\boldsymbol{L}\boldsymbol{x}(t)$$

其中

$$\boldsymbol{L}=\begin{bmatrix} b_1 & b_2 & \cdots & b_{18} & b_{19} \\ s_1 & 0 & & & 0 \\ 0 & s_2 & & & \vdots \\ & & \ddots & & \\ 0 & & & s_{18} & 0 \end{bmatrix}$$

b_i 为各年龄组的生育率；$s_i = 1 - d_i$ 为各年龄组的存活率。

2）模型求解

注意到当矩阵 **L** 的维数较大时，求解特征根不是一件容易的事。下面通过编写 MATLAB 程序进行求解：

```
clear
L＝zeros(19)；% 矩阵 L 预先定好维数。
L(1, :)＝[0, 0, 0,  0.008142,  0.305078,  0.476712,  0.147822,  0.033026,
0.005618,  0.001502, 0, 0, 0, 0, 0, 0, 0, 0, 0]；
L(2, 1)＝1－0.007849；L(3, 2)＝1－0.00149；L(4, 3)＝1－0.001446；L(5, 4)＝
1－0.000904；L(6, 5)＝1－0.001188；L(7, 6)＝1－0.002074；L(8, 7)＝1－
0.002134；L(9, 8)＝1－0.003642；L(10, 9)＝1－0.004616；L(11, 10)＝1－
0.008722；L(12, 11)＝1－0.012992；L(13, 12)＝1－0.021602；L(14, 13)＝1－
0.035196；L(15, 14)＝1－0.065564；L(16, 15)＝1－0.10331；L(17, 16)＝1－
0.18917；L(18, 17)＝1－0.32072；L(19, 18)＝1－0.85184；% 对矩阵 L 中的元素
赋值。
[v, d]＝eig(L)；% 计算特征值和特征向量
[DmntEigVal, Index]＝max(max(d))；% 计算出主特征值
DmntEigVal
% 生育率提高一倍,建立一个新的 L 矩阵
Lnew＝L；
Lnew(1, :)＝L(1, :) * 2；% 生育率提高一倍,其他数据不变
[vnew, dnew]＝eig(Lnew)；% 计算特征值和特征向量
[DmntEigValnew, Indexnew]＝max(max(dnew))；% 计算出新的主特征值
DmntEigValnew
x＝[v(:, Index)./sum(v(:, Index)) vnew(:, Indexnew)./sum(vnew(:,
Indexnew))]
```

MATLAB 求解结果：

```
    DmntEigVal ＝
        0.9940
    DmntEigValnew ＝
        1.1185
    x ＝
        0.0585    0.1278
        0.0584    0.1134
        0.0586    0.1012
        0.0589    0.0904
        0.0592    0.0807
```

0.0595	0.0721
0.0597	0.0643
0.0599	0.0574
0.0601	0.0511
0.0602	0.0455
0.0600	0.0403
0.0596	0.0356
0.0586	0.0311
0.0569	0.0268
0.0535	0.0224
0.0483	0.0180
0.0394	0.0130
0.0269	0.0079
0.0040	0.0010

3) 结果分析

如果各年龄段妇女生育率和存活率保持 2005 年的状况,由于 $\lambda_0 = 0.994 < 1$,所以,从长远看城市女性人口总量呈递减趋势。若各年龄组的生育率提高 1 倍,则 $\lambda_0 = 1.1185 > 1$,从长远看城市女性人口总量呈递增趋势。

由式(5.32)可知,当时间充分长后,年龄分布向量趋于稳定,即各年龄组人数 $x_i(t)$ 占总数的百分比几乎等于对应特征向量中相应分量占分量总和的百分比。经 MATLAB 计算得到各年龄组人口占总人口的比例如表 5 - 6 所示。

表 5 - 6 2005 年城市女性人口统计数据

年龄组 i	年 龄 区 间	$\lambda_0 = 0.994$ 占总人口比例	$\lambda_0 = 1.1185$ 占总人口比例
1	$[0, 5)$	0.0585	0.1278
2	$[5, 10)$	0.0584	0.1134
3	$[10, 15)$	0.0586	0.1012
4	$[15, 20)$	0.0589	0.0904
5	$[20, 25)$	0.0592	0.0807
6	$[25, 30)$	0.0595	0.0721
7	$[30, 35)$	0.0597	0.0643
8	$[35, 40)$	0.0599	0.0574
9	$[40, 45)$	0.0601	0.0511
10	$[45, 50)$	0.0602	0.0455
11	$[50, 55)$	0.0600	0.0403
12	$[55, 60)$	0.0596	0.0356

（续　表）

年龄组 i	年 龄 区 间	$\lambda_0 = 0.994$ 占总人口比例	$\lambda_0 = 1.118\,5$ 占总人口比例
13	$[60, 65)$	0.058 6	0.031 1
14	$[65, 70)$	0.056 9	0.026 8
15	$[70, 75)$	0.053 5	0.024 4
16	$[75, 80)$	0.048 3	0.018 0
17	$[80, 85)$	0.039 4	0.013 0
18	$[85, 90)$	0.026 9	0.007 9
19	90+	0.004 0	0.001 0

由表 5-6 可以看出，从长远趋势看，与 $\lambda_0 < 1$ 相比，$\lambda_0 > 1$ 的年龄结构更偏年轻化，即年轻人口在整个人口中所占的比例更高。所以，提高生育率不仅可以保持人口总量的增长，也可改善人口结构，延缓老龄化。

习　题　5

1. 假如在某种疾病流行期间每天有 $x\%$ 的患者死亡，$y\%$ 的患者痊愈并获免疫力，$z\%$ 的健康人患病。请建立描述第 n 天患者人数 I_n 的模型，描述第 n 天时健康人数 S_n 的模型以及第 n 天时已恢复和获得免疫的人数 R_n 的模型。如果一开始在星期一时有 5 000 个健康人和 500 名患者，到星期五时这些人数有什么变化？

2. 某种野牛的雌性和雄性个体按其年龄可分成 3 个年龄组，每个年龄组的存活率如下表所示。

年龄组	0～1 岁（牛犊）	1～2 岁（小牛）	2 岁及 2 岁以上（成年牛）
存活率	0.6	0.75	0.95

假设每头成年母牛有相同的生育能力，平均每头母牛每年生育 0.44 头雌性牛犊和 0.46 头雄性牛犊，初始时刻有 80 头母牛和 20 头公牛。试建立该种野牛的数量模型，并预测 50 年后该种动物数量按年龄段分布的情况。

第6章
综合评价与决策方法

在实际生活中,经常遇到有关综合评价问题,如医疗质量和环境质量的综合评价等。所谓综合评价是指根据一个复杂系统同时受到多种因素影响的特点,在综合考察多个有关因素时,依据多个相关指标对复杂系统进行总评价的方法。目前,已经提出了很多综合评价的方法,如 TOPSIS 方法、数据包络分析法、层次分析法、模糊综合评价法、灰色系统法和综合指数法等。这些方法各具特色也各有利弊,由于受到多方面因素的影响,如何使评价更准确和更科学,一直是人们不断研究的课题。本章主要介绍 TOPSIS 法、数据包络分析法和层次分析法的基本原理、主要步骤以及它们在实际中的应用。

6.1 ▶ TOPSIS 法

TOPSIS 法的全称是"逼近于理想值的排序方法"(Technique for Order Preference by Similarity to an Ideal Solution),是 C. L. Hwang 和 K. Yoon 于 1981 年首次提出的一种适用于多项指标、对多个方案进行比较选择的分析方法。TOPSIS 法根据有限个评价对象与理想化目标的接近程度进行排序,是在现有的对象中进行相对优劣的评价方法。TOPSIS 法是有限方案多目标决策的一种常用的有效方法,它对原始数据进行同趋势和归一化的处理后,消除了不同指标量纲的影响。该方法能充分利用原始数据的信息,能反映各方案之间的差距,具有真实、直观、可靠的优点,而且对样本资料无特殊要求,故其应用日趋广泛。

6.1.1 TOPSIS 方法引例

例 6.1 某一教育评估机构对 5 个研究生院进行评估。该机构选取了 4 个评价指标:人均专著、生师比、科研经费、逾期毕业率。采集数据如表 6-1 所示。

表 6-1 研究生院评估数据

研究生院	人均专著/(本/人)	生 师 比	科研经费/(万/年)	逾期毕业率/%
1	0.1	5	5 000	4.7
2	0.2	6	6 000	5.6

（续　表）

研究生院	人均专著/(本/人)	生 师 比	科研经费/(万/年)	逾期毕业率/%
3	0.4	7	7 000	6.7
4	0.9	10	10 000	2.3
5	1.2	2	400	1.8

试用 TOPSIS 法进行综合评价,对 5 个研究生院进行排名。

解： 对 TOPSIS 方法来说,只需建立问题的决策矩阵然后按照步骤求解即可,本题由各研究生院的评估数据可得决策矩阵为

$$A = \begin{bmatrix} 0.1 & 5 & 5\,000 & 4.7 \\ 0.2 & 6 & 6\,000 & 5.6 \\ 0.4 & 7 & 7\,000 & 6.7 \\ 0.9 & 10 & 10\,000 & 2.3 \\ 1.2 & 2 & 400 & 1.8 \end{bmatrix}$$

6.1.2　TOPSIS 的求解方法

1）基本原理

TOPSIS 方法的基本思路是对归一化后的原始数据矩阵,确定出理想中的最佳方案和最差方案,然后通过计算各可行方案与最佳方案和最差方案之间的距离,得出该方案与最佳方案的接近程度,并以此作为评价各被评对象优劣的依据。

理想解一般是设想最好的方案,它所对应的各个属性至少达到各个方案中的最好值;负理想解是假定最坏的方案,其对应的各个属性至少不优于各个方案中的最劣值。方案排队的决策规则,是把实际可行解和理想解与负理想解作比较,若某个可行解最靠近理想解,同时又最远离负理想解,则此解是方案集的满意解。

2）计算步骤

（1）设某一决策问题有 m 个目标(有限个目标), n 个指标,其决策矩阵记为 A ,即

$$A = \begin{bmatrix} x_{11} & x_{12} & \cdots & x_{1n} \\ x_{21} & x_{22} & \cdots & x_{2n} \\ \vdots & \vdots & \vdots & \vdots \\ x_{i1} & \cdots & x_{ij} & \cdots \\ \vdots & \vdots & \vdots & \vdots \\ x_{m1} & x_{m2} & \cdots & x_{mn} \end{bmatrix}$$

式中 x_{ij} 表示第 i 个目标的第 j 项指标值。

（2）由于各个指标的量纲可能不同,需要对决策矩阵进行归一化处理:

$$A' = \begin{bmatrix} x'_{11} & x'_{12} & \cdots & x'_{1n} \\ x'_{21} & x'_{22} & \cdots & x'_{2n} \\ \vdots & \vdots & \vdots & \vdots \\ x'_{i1} & \cdots & x'_{ij} & \cdots \\ \vdots & \vdots & \vdots & \vdots \\ x'_{m1} & x'_{m2} & \cdots & x'_{mn} \end{bmatrix}$$

式中

$$x'_{ij} = \frac{x_{ij}}{\sqrt{\sum_{i=1}^{m} x_{ij}^2}} \tag{6.1}$$

针对不同类型的要求还有其他的归一化处理方法。

（3）构造规范化的加权决策矩阵 $\boldsymbol{Z}$，即

$$\boldsymbol{Z} = \boldsymbol{A}'\boldsymbol{W} = \begin{bmatrix} x'_{11} & x'_{12} & \cdots & x'_{1n} \\ x'_{21} & x'_{22} & \cdots & x'_{2n} \\ \vdots & \vdots & \vdots & \vdots \\ x'_{i1} & \cdots & x'_{ij} & \cdots \\ \vdots & \vdots & \vdots & \vdots \\ x'_{m1} & x'_{m2} & \cdots & x'_{mn} \end{bmatrix} \begin{bmatrix} w_1 & 0 & \cdots & 0 \\ 0 & w_2 & \cdots & 0 \\ \vdots & \vdots & \vdots & \vdots \\ 0 & & w_j & \\ \vdots & \vdots & \vdots & \vdots \\ 0 & 0 & \cdots & w_n \end{bmatrix} = \begin{bmatrix} z_{11} & z_{12} & \cdots & z_{1n} \\ z_{21} & z_{22} & \cdots & z_{2n} \\ \vdots & \vdots & \vdots & \vdots \\ z_{i1} & \cdots & z_{ij} & \cdots \\ \vdots & \vdots & \vdots & \vdots \\ z_{m1} & z_{m2} & \cdots & z_{mn} \end{bmatrix}$$

其中 w_j 为第 j 个指标的权重。

（4）根据加权判断矩阵获取评估目标的正、负理想解 $\boldsymbol{Z}^+$，$\boldsymbol{Z}^-$，即

$$z_j^+ = \begin{cases} \max_i(z_{ij}), & j \in J^* \\ \min_i(z_{ij}), & j \in J' \end{cases}, \quad z_j^- = \begin{cases} \min_i(z_{ij}), & j \in J^* \\ \max_i(z_{ij}), & j \in J' \end{cases} \tag{6.2}$$

式中，J^* 为效益型指标集（指标值越大越好）；J' 为成本型指标集（指标值越小越好）。

（5）计算每个方案到理想点的距离 S_i^+ 和到负理想点的距离 S_i^-：

$$S_i^+ = \sqrt{\sum_{j=1}^{n}(z_{ij} - z_j^+)^2}, \quad i = 1, 2, \cdots, m \tag{6.3}$$

$$S_i^- = \sqrt{\sum_{j=1}^{n}(z_{ij} - z_j^-)^2}, \quad i = 1, 2, \cdots, m \tag{6.4}$$

（6）计算各个方案的相对贴近度 C_i：

$$C_i = S_i^-/(S_i^+ + S_i^-), \quad i = 1, 2, \cdots, m \tag{6.5}$$

并按每个方案的相对贴近度 C_i 的大小进行排序，找出满意解。

3）数据的归一化处理

（1）0-1 标准化。

对于效益型指标

$$x'_{ij} = \begin{cases} (x_{ij} - x_{j\min})/(x_{j\max} - x_{j\min}), & x_{j\max} \neq x_{j\min} \\ 1, & x_{j\max} = x_{j\min} \end{cases} \quad (6.6)$$

对于成本型指标

$$x'_{ij} = \begin{cases} (x_{j\max} - x_{ij})/(x_{j\max} - x_{j\min}), & x_{j\max} \neq x_{j\min} \\ 1, & x_{j\max} = x_{j\min} \end{cases} \quad (6.7)$$

（2）中性指标。该类型指标最优值在某点处取得，指标值越靠近该点越好，越远离该点越差。这种指标数据可以采用下述方法进行归一化处理。

$$x'_{ij} = M/(M + |x_{ij} - M|) \quad (6.8)$$

其中 M 为取到最优值的点。

（3）区间型指标。该类型的指标最优值落在一个区间范围内。这种指标可以采用下述方法进行归一化处理。

设指标取值在区间 $[a, b]$ 是最优的，最差下限为 lb，最差上限为 ub，则

$$x'_{ij} = \begin{cases} \dfrac{x_{ij} - lb}{a - lb}, & lb \leqslant x_{ij} < a \\ 1, & a \leqslant x_{ij} < b \\ \dfrac{ub - x_{ij}}{ub - b}, & b \leqslant x_{ij} \leqslant ub \\ 0, & x_{ij} < lb \text{ 或 } x_{ij} > ub \end{cases} \quad (6.9)$$

下面给出例 6.1 的 TOPSIS 方法求解。

解：人均专著和科研经费是效益型指标，逾期毕业率是成本型指标，生师比为区间型指标，最优范围为 $[5, 6]$，最差下界 2，最差上界 12。4 个指标权重采用专家打分的结果，分别为 0.2、0.3、0.4 和 0.1。

编写 MATLAB 程序如下：

```
Clear;
A=[0.1 5 5000 4.7;0.2 6 6000 5.6;0.4 7 7000 6.7;0.9 10 10000 2.3;1.2 2 2 400
1.8];% 决策矩阵
[m, n]=size(A);

% 区间型指标归一化
A(:, 2)=NormIntIndex(A(:, 2), 5, 6, 2, 12);

% 规范化处理
```

```
B=zeros(m, n);
for j=1:n
    B(:, j)=A(:, j)/norm(A(:, j));   %规范化处理
end
w=[0.2 0.3 0.4 0.1];   %各指标的权重向量
Z=B*diag(w);%加权规范矩阵
Zpositive=max(Z);   %按列取最大值, 求正理想解
Zpositive(4)=min(Z(:, 4));   %第4个指标是负向指标(值越小越好)
Znegative=min(Z);   %按列取最小值, 求负理想解
Zpositive(4)=max(Z(:, 4));   %第4个指标是负向指标(值越大越差)
for i=1:m
    Spositive(i)=norm(Z(i, :)-Zpositive);   %求各样本到正理想解的距离
    Snegative(i)=norm(Z(i, :)-Znegative);   %求各样本到负理想解的距离
end
RefVal=Snegative./(Snegative+Spositive);   %求评价参考值
[RefVal, Index]=sort(RefVal, 'descend')   %求各研究生院的排名


function y=NormIntIndex(x, a, b, lb, ub)
% 区间型指标归一化处理子程序
% x 为数据, [a, b]为最优区间, lb 为最差下限, ub 为最差上限
n=length(x);
y=zeros(n, 1);
y((x>=lb)&(x<a))=(x((x>=lb)&(x<a))-lb)/(a-lb);
y((x>=a)&(x<=b))=1;
y((x>b)&(x<ub))=(ub-x((x>b)&(x<ub)))/(ub-b);
```

MATLAB 运行结果：

```
Refval  =    0.6866    0.6435    0.5865    0.5282    0.3026
Index =    4    3    2    1    5
```

可见这 5 所研究生院的从好到差的排名依次是：4，3，2，1，5。第 4 所研究生院最好，其评价参考值(评分)为 0.686 6。

6.1.3 改进的 TOPSIS 法

传统的 TOPSIS 法确定各方案权重通常采用主观方法，如专家打分法、层次分析法、经验判断法等。由于评价过程中指标的权重对被评价对象的最后得分影响很大，因此如果权重不准确会直接影响到最后的排序结果。针对上述问题，对原方法进行改进，将各方案的权重通过一个线性规划问题求解给出，这就是改进的 TOPSIS 方法。

设有 n 个指标，对应的权重分别为 w_1，w_2，$\cdots$，w_n，采用 0-1 标准化对数据进行归一

化处理,则各方案与正理想解和负理想解的加权距离平方和为

$$f_i(w) = f_i(w_1, w_2, \cdots, w_n) = \sum_{j=1}^{n} w_j^2 (1 - x'_{ij})^2 + \sum_{j=1}^{n} w_j^2 x'^2_{ij} \tag{6.10}$$

在距离意义下,$f_i(w)$ 越小越好,由此建立如下的多目标规划模型:

$$\min f(w) = (f_1(w), f_2(w), \cdots, f_m(w))$$

$$\text{s. t.} \quad \sum_{j=1}^{n} \omega_j = 1, \ \omega_j \geqslant 0, \ j = 1, 2, \cdots, n \tag{6.11}$$

由于 $f_i(w) \geqslant 0$, $i = 1, 2, \cdots, m$,多目标规划式(6.11)可以化为单目标规划

$$\min f(w) = \sum_{j=1}^{m} f_i(w)$$

$$\text{s. t.} \quad \sum_{j=1}^{n} \omega_j = 1, \ \omega_j \geqslant 0, \ j = 1, 2, \cdots, n \tag{6.12}$$

为求解单目标规划式(6.12),构造拉格朗日函数

$$F(w, \lambda) = \sum_{i=1}^{m} \sum_{j=1}^{n} w_j^2 ((1 - x'_{ij})^2 + x'^2_{ij}) - \lambda \left(1 - \sum_{j=1}^{n} w_j\right) \tag{6.13}$$

$$\begin{cases} \dfrac{\partial F}{\partial w_j} = 2 \sum_{i=1}^{m} w_j ((1 - x'_{ij})^2 + x'^2_{ij}) - \lambda = 0 \\ \dfrac{\partial F}{\partial \lambda} = 1 - \sum_{j=1}^{n} w_j = 0 \end{cases} \tag{6.14}$$

解上述方程组可得

$$w_j = \mu_j \Big/ \sum_{j=1}^{n} \mu_j, \ \mu_j = 1 \Big/ \sum_{i=1}^{m} ((1 - x'_{ij})^2 + x'^2_{ij}) \tag{6.15}$$

最后,根据式(6.2)—(6.5)计算各方案的贴近度,将其由大到小排序,即可得优劣顺序。

6.1.4 改进 TOPSIS 方法的应用

例 6.2 试根据表 6-2 数据,采用改进的 Topsis 法对某市人民医院 1995—1998 年的医疗质量进行综合评价。

表 6-2 某市人民医院 1995—1998 年的医疗质量

年度	床位周转次数	床位周转率/%	平均住院日	出入院诊断符合率/%	手术前后诊断符合率/%	三日确诊率/%	治愈好转率/%	病死率/%	危重病人抢救成功率/%	院内感染率/%
1995	20.97	113.81	18.73	99.42	99.80	97.28	96.08	2.57	94.53	4.60
1996	21.41	116.12	18.39	99.32	99.14	97.00	95.65	2.72	95.32	5.99
1997	19.13	112.85	17.44	99.49	99.11	96.20	96.50	2.02	96.22	4.79
1998	20.56	108.35	17.21	99.56	99.32	96.40	97.12	1.98	95.89	4.45

其中,平均住院日、病死率、院内感染率三个指标的数值越低越好,这三个指标为成本型指标;其他指标数值越高越好,为效益型指标。

解:由表 6-2,可得本题的决策矩阵为

$$A = \begin{bmatrix} 20.97 & 113.81 & 18.73 & 99.42 & 99.80 & 97.28 & 96.08 & 2.57 & 94.53 & 4.60 \\ 21.41 & 116.12 & 18.39 & 99.32 & 99.14 & 97.00 & 95.65 & 2.72 & 95.32 & 5.99 \\ 19.13 & 112.85 & 17.44 & 99.49 & 99.11 & 96.20 & 96.50 & 2.02 & 96.22 & 4.79 \\ 20.56 & 108.35 & 17.21 & 99.56 & 99.32 & 96.40 & 97.12 & 1.98 & 95.89 & 4.45 \end{bmatrix}$$

其中除第 1、第 3 列数据外,其余数据都是百分数。

采用改进 TOPSIS 法进行评价,编写 MATLAB 程序如下:

```
clear
A=[20.97 1.1381 18.73 0.9942 0.998 0.9728 0.9608 0.0257 0.9453 0.046;21.41
1.1612 18.39 0.9932 0.9914 0.97 0.9565 0.0272 0.9532 0.0599;19.13 1.1285 17.44
0.9949 0.9911 0.962 0.965 0.0202 0.9622 0.0479;20.56 1.0835 17.21 0.9956
0.9932 0.964 0.9712 0.0198 0.9589 0.0445];%决策矩阵
xmin=min(A);
xmax=max(A);
[m,n]=size(A);B=A;

% 效益型指标归一化
for j=[1 2 4 5 6 7 9]
    B(:,j)=(A(:,j)-xmin(j))/(xmax(j)-xmin(j));
end

% 成本型指标归一化
for j=[3 8 10]
    B(:,j)=(xmax(j)-A(:,j))/(xmax(j)-xmin(j));
end

% 计算权重
w=1./sum((1-B).^2+B.^2)./(sum(1./sum((1-B).^2+B.^2)));

%计算参考值
Z=B*diag(w);
Zpositive=max(Z);
Znegative=min(Z);
for i=1:m
    Spositive(i)=norm(Z(i,:)-Zpositive);
```

$$Snegative(i) = norm(Z(i, :) - Znegative);$$

end

$$RefVal = Snegative. / (Snegative + Spositive);$$

$$[RefVal, Index] = sort(RefVal, 'descend')$$

MATLAB 运行结果：

RefVal =

    0.6155   0.5282   0.5169   0.4194

Index =

    4   3   1   2

这四年医疗质量的排序依次是：1998 年、1997 年、1995 年、1996 年。1998 年的医疗质量最佳。

6.2　数据包络分析

数据包络分析(Data Envelopment Analysis，DEA)是由著名运筹学家 Charnes，Cooper 和 Rhodes 于 1978 年提出的一种效率评价方法。它是以凸分析和线性规划为工具的一种评价方法，适应于多投入多产出的多目标决策单元的绩效评价。这种方法以相对效率为基础，根据多指标投入与多指标产出对相同类型的决策单元进行相对有效性评价。

数据包络分析的原理主要是通过保持决策单元(Decision Making Units，DMU)的输入或者输入不变，借助于数学规划和统计数据确定相对有效的生产前沿面，将各个决策单元投影到 DEA 的生产前沿面上，并通过比较决策单元偏离 DEA 前沿面的程度来评价它们的相对有效性。它不需要以参数形式规定生产前沿函数，并且允许生产前沿函数可以因为单位的不同而不同，不需要弄清楚各个评价决策单元的输入与输出之间的关联方式，只需要最终用极值的方法，以相对效益这个变量作为总体上的衡量标准。

6.2.1　数据包络分析法模型的建立

假设有 n 个决策单元 DMU，每个 DMU 都有 m 种"输入"(表示该部门或单位对"资源"的耗费)以及 s 种"输出"(表示该部门或单位消耗了"资源"之后所得"成效"的数量)，其关系如图 6-1 所示。

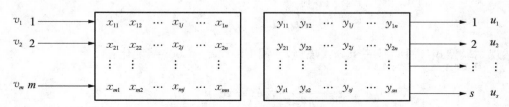

图 6-1　多输入多输出系统

其中，x_{ij} 表示第 j 个 DMU 对 i 个输入的投入量，$x_{ij} > 0$；y_{rj} 表示第 j 个 DMU 对第 r 个输出的投入量，$y_{ij} > 0$；v_i 表示对第 i 种输入的一种度量（或称"权"）；u_r 表示对第 r 个输出的一种度量（或称"权"）；$i = 1, 2, \cdots, m$，$j = 1, 2, \cdots, n$，$r = 1, 2, \cdots, s$。

x_{ij} 及 y_{rj} 为已知数据，可以根据历史资料得到；v_i 和 u_r 为变量，对应于权系数 $\boldsymbol{v} = (v_1, v_2, \cdots, v_m)^{\mathrm{T}}$，$\boldsymbol{u} = (u_1, u_2, \cdots, u_s)^{\mathrm{T}}$。第 j 个决策单元 DMU_j 的效率评价指数为

$$h_j = \frac{\sum_{r=1}^{s} u_r y_{rj}}{\sum_{i=1}^{m} v_i x_{ij}} \quad j = 1, 2, \cdots, n \tag{6.16}$$

式(6.16)可以适当地选取系数 $\boldsymbol{v}$ 及 $\boldsymbol{u}$，使其满足 $h_j \leqslant 1$，$j = 1, 2, \cdots, n$。

现在对第 j_0 个 DMU 进行效率评价。以权系数 $\boldsymbol{v}$ 和 $\boldsymbol{u}$ 为变量，第 j_0 个 DMU 的效率指数为目标，以所有的 DMU 的效率指数 $h_j \leqslant 1$，$j = 1, 2, \cdots, n$ 为约束，构成如下最优化模型（又称为 CCR 模型）：

$$\max \quad h_{j_0} = \frac{\sum_{r=1}^{s} u_r y_{rj_0}}{\sum_{i=1}^{m} v_i x_{ij_0}}$$

$$\text{s. t.} \quad \frac{\sum_{r=1}^{s} u_r y_{rj}}{\sum_{i=1}^{m} v_i x_{ij}} \leqslant 1, \quad j = 1, 2, \cdots, n \tag{6.17}$$

$$\boldsymbol{v} = (v_1, v_2, \cdots, v_m)^{\mathrm{T}} \geqslant 0$$

$$\boldsymbol{u} = (u_1, u_2, \cdots, u_s)^{\mathrm{T}} \geqslant 0$$

将模型式(6.17)写成对应的矩阵形式，可得

$$\max \quad h_{j_0} = \frac{\boldsymbol{u}^{\mathrm{T}} \boldsymbol{y}_{j_0}}{\boldsymbol{v}^{\mathrm{T}} \boldsymbol{x}_{j_0}}$$

$$\text{s. t.} \quad \frac{\boldsymbol{u}^{\mathrm{T}} \boldsymbol{y}_j}{\boldsymbol{v}^{\mathrm{T}} \boldsymbol{x}_j} \leqslant 1, \quad j = 1, 2, \cdots, n \tag{6.18}$$

$$\boldsymbol{v} \geqslant 0, \ \boldsymbol{u} \geqslant 0$$

显然规划模型式(6.18)是一个分式规划，使用 Charnes - Cooper 变化：

$$t = \frac{1}{\boldsymbol{v}^{\mathrm{T}} \boldsymbol{x}_{j_0}}, \ \boldsymbol{w} = t \boldsymbol{v}, \ \boldsymbol{\mu} = t \boldsymbol{u} \tag{6.19}$$

将式(6.18)变为如下形式的线性规划模型：

$$\max \quad h_{j_0} = \boldsymbol{\mu}^{\mathrm{T}} \boldsymbol{y}_{j_0}$$
$$\text{s. t.} \quad \boldsymbol{w}^{\mathrm{T}} \boldsymbol{x}_j - \boldsymbol{\mu}^{\mathrm{T}} \boldsymbol{y}_j \geqslant 0 (j = 1, 2, \cdots, n) \tag{6.20}$$
$$\boldsymbol{w}^{\mathrm{T}} \boldsymbol{x}_{j_0} = 1$$
$$\boldsymbol{w} \geqslant 0, \boldsymbol{\mu} \geqslant 0$$

6.2.2 数据包络分析法模型的求解

根据线性规划的相关基本理论,可知模型式(6.20)的对偶规划模型为

$$\min \quad \theta$$
$$\text{s. t.} \quad \sum_{j=1}^{n} \boldsymbol{x}_j \lambda_j \leqslant \theta \boldsymbol{x}_{j_0} \tag{6.21}$$
$$\sum_{j=1}^{n} \boldsymbol{y}_j \lambda_j \geqslant \boldsymbol{y}_{j_0}$$
$$\lambda_j \geqslant 0 \ (j = 1, 2, \cdots, n)$$

为了讨论和计算应用方便,进一步引入松弛变量 $\boldsymbol{s}^+$ 和剩余变量 $\boldsymbol{s}^-$ 将式(6.21)中的不等式约束变为等式约束:

$$\min \quad \theta$$
$$\text{s. t.} \quad \sum_{j=1}^{n} \boldsymbol{x}_j \lambda_j + \boldsymbol{s}^- = \theta \boldsymbol{x}_{j_0} \tag{6.22}$$
$$\sum_{j=1}^{n} \boldsymbol{y}_j \lambda_j - \boldsymbol{s}^+ = y_{j_0}$$
$$\theta \ \text{无约束}, \boldsymbol{s}^+ \geqslant 0, \boldsymbol{s}^- \geqslant 0$$
$$\lambda_j \geqslant 0, j = 1, 2, \cdots n$$

根据模型式(6.22)给出被评价决策单元 $DMU_j (j \in \{1, 2, \cdots, n\})$ 有效性的定义:

定义 6.1 (1) 若对偶模型的最优解满足 $\theta^* = 1$,则称 DMU_j 为**弱 DEA 有效**。

(2) 若对偶模型的最优解满足 $\theta^* = 1$,且有 $\boldsymbol{s}^- = 0, \boldsymbol{s}^+ = 0$ 成立,则称 DMU_j 为 **DEA 有效**。

(3) 若对偶模型的最优解满足 $\theta^* < 1$,则称 DMU_j 为**非 DEA 有效**。

除了定义 6.1 的有效性外,还可以利用 CCR 模型判定决策单元的经济活动是否同时技术有效和规模有效。所谓**技术有效**是指相对于最优生产效率水平的目前投入要素不存在浪费情况,所谓**规模有效**是指按照最优生产效率水平所能获得的产出达到最大。进而有下面的结论:

定理 6.1 (1) 若 DMU_j 为 DEA 有效,则该决策单元的经济活动同时为技术有效和规模有效。

(2) 若 DMU_j 为弱 DEA 有效,则该决策单元的经济活动不是同时为技术有效和规模有效。

（3）若 DMU_j 为非 DEA 有效，则该经济活动既不是技术有效，也不是规模有效。

对于非 DEA 有效的决策单元，有三种方式可以将决策单元改进为有效决策单元：保持产出不变，减少投入；保持投入不变增大产出；减小投入的同时也增大产出。对于 CCR 模型，可通过如下投影的方式将其投向效率前沿面，投影所得的点的投入产出组合即为 DEA 有效。

$$\hat{x}_{ij_0} = \theta^* x_{ij_0} - s^-, \quad i = 1, \cdots, m$$
$$\hat{y}_{rj_0} = y_{rj_0} + s^+, \quad r = 1, \cdots, s \tag{6.23}$$

其中 θ^*，s^-，s^+ 是对偶模型式（6.22）的最优解。投影所得值与原始投入产出值之间的差即为被评价决策单元欲达到有效应改善的数值，记投入的变化量为 Δx_{ij_0}，产出的变化量为 Δy_{rj_0}：

$$\Delta x_{ij_0} = x_{ij_0} - \hat{x}_{ij_0} = x_{ij_0} - (\theta^* x_{ij_0} - s^-), \quad i = 1, \cdots, m$$
$$\Delta y_{rj_0} = \hat{y}_{rj_0} - y_{rj_0} = (y_{rj_0} + s^+) - y_{rj_0}, \quad r = 1, \cdots, s \tag{6.24}$$

例 6.3 已知甲、乙、丙三个同行企业，为评价其相对生产率，取投入要素为固定资产和职工人数，产出项目为净产值，有关数据如表 6-3，试比较它们的有效性。

表 6-3 三个企业的评价数据

企业（DMU）	甲	乙	丙
固定资产/亿元	1.5	1	3
职工人数/千人	4	3	7
净产值/亿元	5	4	8

解：（1）甲企业对应的 DEA 模型为

$$\min \quad \theta_1$$
$$\text{s. t.} \begin{cases} 1.5\lambda_1 + \lambda_2 + 3\lambda_3 + s_1^- = 1.5\theta_1 \\ 4\lambda_1 + 3\lambda_2 + 7\lambda_3 + s_2^- = 4\theta_1 \\ 5\lambda_1 + 4\lambda_2 + 8\lambda_3 - s_3^+ = 5 \\ \lambda_j \geqslant 0, j = 1, 2, 3, s_1^- \geqslant 0, s_2^- \geqslant 0, s_3^+ \geqslant 0 \end{cases} \tag{6.25}$$

（2）乙企业对应的 DEA 模型为

$$\min \quad \theta_2$$
$$\text{s. t.} \begin{cases} 1.5\lambda_1 + \lambda_2 + 3\lambda_3 + s_1^- = \theta_2 \\ 4\lambda_1 + 3\lambda_2 + 7\lambda_3 + s_2^- = 3\theta_2 \\ 5\lambda_1 + 4\lambda_2 + 8\lambda_3 - s_3^+ = 4 \\ \lambda_j \geqslant 0, j = 1, 2, 3, s_1^- \geqslant 0, s_2^- \geqslant 0, s_3^+ \geqslant 0 \end{cases} \tag{6.26}$$

（3）丙企业对应的 DEA 模型为

$$\min \quad \theta_3$$

$$\text{s. t.} \begin{cases} 1.5\lambda_1 + \lambda_2 + 3\lambda_3 + s_1^- = 3\theta_3 \\ 4\lambda_1 + 3\lambda_2 + 7\lambda_3 + s_2^- = 7\theta_3 \\ 5\lambda_1 + 4\lambda_2 + 8\lambda_3 - s_3^+ = 8 \\ \lambda_j \geqslant 0, \ j = 1, 2, 3, \ s_1^- \geqslant 0, \ s_2^- \geqslant 0, \ s_3^+ \geqslant 0 \end{cases} \quad (6.27)$$

利用 MATLAB 对上述三个模型统一求解,程序如下:

```
X=[1.5, 1, 3; 4, 3, 7];
Y=[5, 4, 8];
n=size(X', 1); m=size(X, 1); s=size(Y, 1);
A=[X; Y];
A1=[A, diag([1, 1, −1])];
LB=zeros(6, 1); UB=[ ]; %上界和下界
for i=1:n;
    f=[zeros(1, 6), 1]'; %目标函数
    A=[ ]; b=[ ];
    Aeq=[A1, [−X(:, i); 0]]; %等式约束
    beq=[0, 0, Y(i)];
    w(:, i)=linprog(f, A, b, Aeq, beq, LB, UB);
end
lamda=w(1:3, :) %参数 lamda 的值
S=w(4:6, :) %参数 s^+,s^- 的值
theta=w(7, :) % 参数 theta 的值
```

MATLAB 程序的运行结果如下:

```
lamda =


    0.0000      0.0000      0.0000
    1.2500      1.0000      2.0000
    0.0000      0.0000      0.0000
S=


    0.1563      0.0000      0.5714
    0.0000      0.0000      0.0000
    0.0000      0.0000      0.0000
theta=


0.9375      1.0000      0.8571
```

对于甲企业,由于最优解 $\lambda^* = (0, 1.25, 0)$,$\theta_1^* = 0.9375 < 1$,$s_1^+ = 0.1563$,$s_2^+ = s_3^- = 0$,所以甲企业不是 DEA 有效。类似地,对丙企业,$\lambda^* = (0, 2, 0)$,$\theta_3^* = 0.8571 < 1$,$s_1^+ = 0.5741$,$s_2^+ = s_3^- = 0$,所以丙企业也不是 DEA 有效。最后,对乙企业,$\lambda^* = (0, 1, 0)$,$\theta_2^* = 1$,且 $s_1^+ = s_2^+ = s_3^- = 0$,因此乙企业是 DEA 有效。上述计算结果还表明,乙企业的相对生产率最高,丙企业的相对生产率最低。

6.2.3 数据包络分析法的应用

例 6.4 对北京、上海、天津和重庆四个直辖市的生产水平进行比较。研究这四个城市 2015 年的相对生产水平,选取固定资产投资、流动资产和就业人员数为评估模型的输入指标;地区生产总值和财政税收收入为输出指标。表 6-4 的数据来源于 2015 年中国统计年鉴。

表 6-4　2015 年四个直辖市经济统计数据

城　市	固定资产投资/亿元	流动资产/亿元	就业人员/万人	地区生产总值/亿元	财政税收收入/亿元
北　京	7 495.99	13 020.55	1 424.25	23 014.59	4 263.91
上　海	6 352.7	7 346.04	1 493.8	25 123.45	4 858.16
天　津	11 831.99	4 521.34	565.18	16 538.19	1 578.07
重　庆	14 353.24	4 026.33	849.29	15 717.27	1 450.93

解:(1) 模型建立

对北京地区建立如下 CCR 模型:

$$\min \quad \theta_1$$

$$\text{s.t.} \begin{cases} 7\,495.99\lambda_1 + 6\,352.7\lambda_2 + 11\,831.99\lambda_3 + 14\,353.24\lambda_4 + s_1^- = 7\,495.99\theta_1 \\ 13\,020.55\lambda_1 + 7\,346.04\lambda_2 + 4\,521.34\lambda_3 + 4\,026.33\lambda_4 + s_2^- = 13\,020.55\theta_1 \\ 1\,424.25\lambda_1 + 1\,493.8\lambda_2 + 565.18\lambda_3 + 849.29\lambda_4 + s_3^- = 1\,424.25\theta_1 \\ 23\,014.59\lambda_1 + 25\,123.45\lambda_2 + 16\,538.19\lambda_3 + 15\,717.27\lambda_4 - s_4^+ = 23\,014.59 \\ 4\,263.91\lambda_1 + 4\,858.16\lambda_2 + 1\,578.07\lambda_3 + 1\,450.93\lambda_4 - s_5^+ = 4\,263.91 \\ \lambda_j \geqslant 0, j = 1, 2, 3, 4, s_1^- \geqslant 0, s_2^- \geqslant 0, s_3^- \geqslant 0, s_4^+ \geqslant 0, s_5^+ \geqslant 0 \end{cases}$$

$$(6.28)$$

对上海地区建立如下 CCR 模型:

$$\min \quad \theta_2$$

$$\text{s.t.} \begin{cases} 7\,495.99\lambda_1 + 6\,352.7\lambda_2 + 11\,831.99\lambda_3 + 14\,353.24\lambda_4 + s_1^- = 6\,352.7\theta_2 \\ 13\,020.55\lambda_1 + 7\,346.04\lambda_2 + 4\,521.34\lambda_3 + 4\,026.33\lambda_4 + s_2^- = 7\,346.04\theta_2 \\ 1\,424.25\lambda_1 + 1\,493.8\lambda_2 + 565.18\lambda_3 + 849.29\lambda_4 + s_3^- = 1\,493.8\theta_2 \\ 23\,014.59\lambda_1 + 25\,123.45\lambda_2 + 16\,538.19\lambda_3 + 15\,717.27\lambda_4 - s_4^+ = 25\,123.45 \\ 4\,263.91\lambda_1 + 4\,858.16\lambda_2 + 1\,578.07\lambda_3 + 1\,450.93\lambda_4 - s_5^+ = 4\,858.16 \\ \lambda_j \geqslant 0, j = 1, 2, 3, 4, s_1^- \geqslant 0, s_2^- \geqslant 0, s_3^- \geqslant 0, s_4^+ \geqslant 0, s_5^+ \geqslant 0 \end{cases}$$

$$(6.29)$$

对天津地区建立如下 CCR 模型：

$$\min \quad \theta_3$$

$$\text{s. t.}\begin{cases} 7\,495.99\lambda_1 + 6\,352.7\lambda_2 + 11\,831.99\lambda_3 + 14\,353.24\lambda_4 + s_1^- = 11\,831.99\theta_3 \\ 13\,020.55\lambda_1 + 7\,346.04\lambda_2 + 4\,521.34\lambda_3 + 4\,026.33\lambda_4 + s_2^- = 4\,521.34\theta_3 \\ 1\,424.25\lambda_1 + 1\,493.8\lambda_2 + 565.18\lambda_3 + 849.29\lambda_4 + s_3^- = 565.18\theta_3 \\ 23\,014.59\lambda_1 + 25\,123.45\lambda_2 + 16\,538.19\lambda_3 + 15\,717.27\lambda_4 - s_4^+ = 16\,538.19 \\ 4\,263.91\lambda_1 + 4\,858.16\lambda_2 + 1\,578.07\lambda_3 + 1\,450.93\lambda_4 - s_5^+ = 1\,578.07 \\ \lambda_j \geqslant 0, j = 1, 2, 3, 4, s_1^- \geqslant 0, s_2^- \geqslant 0, s_3^- \geqslant 0, s_4^+ \geqslant 0, s_5^+ \geqslant 0 \end{cases}$$

$$(6.30)$$

对重庆地区建立如下 CCR 模型：

$$\min \quad \theta_4$$

$$\text{s. t.}\begin{cases} 7\,495.99\lambda_1 + 6\,352.7\lambda_2 + 11\,831.99\lambda_3 + 14\,353.24\lambda_4 + s_1^- = 14\,353.24\theta_4 \\ 13\,020.55\lambda_1 + 7\,346.04\lambda_2 + 4\,521.31\lambda_3 + 4\,026.33\lambda_4 + s_2^- = 4\,026.33\theta_4 \\ 1\,424.25\lambda_1 + 1\,493.8\lambda_2 + 565.18\lambda_3 + 849.29\lambda_4 + s_3^- = 849.29\theta_4 \\ 23\,014.59\lambda_1 + 25\,123.45\lambda_2 + 16\,538.19\lambda_3 + 15\,717.27\lambda_4 - s_4^+ = 15\,717.27 \\ 4\,263.91\lambda_1 + 4\,858.16\lambda_2 + 1\,578.07\lambda_3 + 1\,450.93\lambda_4 - s_5^+ = 1\,450.93 \\ \lambda_j \geqslant 0, j = 1, 2, 3, 4, s_1^- \geqslant 0, s_2^- \geqslant 0, s_3^- \geqslant 0, s_4^+ \geqslant 0, s_5^+ \geqslant 0 \end{cases}$$

$$(6.31)$$

（2）模型求解

编写 MATLAB 程序对上述模型求解，求解结果如表 6-5 所示。

表 6-5　计算结果

城　市	最　优　值	评价结果
北　京	$\lambda^* = (0, 0.84, 0.115, 0)$, $\theta_1^* = 0.927$, $s_1^- = 248.8$, $s_2^- = 5\,376.8$, $s_3^- = s_4^+ = s_5^+ = 0$	非 DEA 有效
上　海	$\lambda^* = (0, 1, 0, 0)$, $\theta_2^* = 1$	DEA 有效
天　津	$\lambda^* = (0, 0, 1, 0)$, $\theta_3^* = 1$	DEA 有效
重　庆	$\lambda^* = (0, 0, 0, 1)$, $\theta_4^* = 1$	DEA 有效

（3）结果分析

对于非 DEA 有效的 DMU，可将其投影到 DEA 有效面，即把非 DEA 有效的 DMU 变成有效的 DMU，以北京为例，要达到同样的总产值和财政税收收入，固定资产投资、流动资产和就业人员数分别可以减少到：

$$\hat{x}_1 = \theta_1^* x_1 - s_1^- = 0.927 \times 7\,495.99 - 248.8 = 6\,699.98 (亿元)$$

$$\hat{x}_2 = \theta_1^* x_2 - s_2^- = 0.927 \times 13\,020.55 - 5\,376.8 = 6\,693.24 (亿元)$$

$$\hat{x}_3 = \theta_1^* x_3 - s_3^- = 0.927 \times 1\,424.25 = 1\,320.28 (万人)$$

6.3 ▶ 层次分析法

日常生活中经常需要做出各种各样的决定，小到每天吃饭穿衣、出游、购物，大到进学、就职、结婚以及居住等问题，人的一生就是在不断决策中度过的。对于企业而言，各个部门需要不断对应于各级管理水平做出各种各样的决策，如新人的招聘、政策的制定等。大多数情况下，需要从一些候选的行动方案中选出一个方案，而能够参照评价基准选出的"这一个是最好的"情况又很少。人们往往根据自己的评价基准做出决定，而评价基准通常又有多个，层次分析法就是求解这类决策问题的一种方法。

6.3.1 层次分析法引例

下面用一个案例说明层次分析法求解的问题和模型的建立。

例 6.5(新车的选择) 现在考虑要买一辆新车。假设需要从 A 车、B 车、C 车之中选出一辆合意的车，评价基准包括价格、油耗、安全性、舒适性以及外观五个方面。

解： 首先对问题进行分层，目标是买一辆新车，这个是要解决的问题，所以将买车作为决策的目标，将其放置在层次分析结构的第一层或最高层。为了实现这个目标，需要选择新车，可供选择的对象有 A 车、B 车、C 车，这个作为备选方案构成方案层或最底层。同时选择新车不是没有条件的，我们的评价基准，即价格、油耗、安全性、舒适性和外观，这个作为准则层。这样就建立了层次分析法的分层结构(见图 6 - 2)。

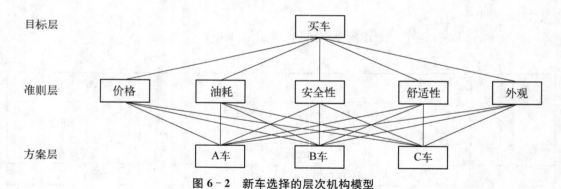

图 6 - 2　新车选择的层次机构模型

层次分析法(Analytic Hierarchy Process，AHP)是一种实用的多准则决策方法，它特别适用于那些难于完全定量分析的问题，是美国运筹学家 T. L. Saaty 于 20 世纪 70 年代初期首先提出的。应用这种方法，决策者通过将复杂问题分解为若干层次和若干因素，在各因素之间进行简单的比较和计算，就可以得出不同方案的权重，为最佳方案的选择提供依据。

6.3.2 层次分析法的求解方法

1) 层次分析法求解的具体步骤

层次分析法首先把问题层次化，按问题性质和总目标将此问题分解成不同层次，构成一个多层次的分析结构模型,分为最底层、中间层和最高层。再根据相对于最高层(总目标)的相对重要性确定权值或相对优劣次序进行排序,具体分为以下四步。

(1) 递阶层次结构的建立。应用 AHP 分析决策问题时,首先要把问题条理化、层次化,构造出一个有层次的结构模型。在这个模型下,复杂问题被分解为元素的组成部分。这些元素又按其属性及关系形成若干层次,上一层次的元素作为准则对下一层次有关元素起支配作用。这些层次可以分为三类:

① 最高层也称目标层:这一层次中只有一个元素,一般它是层次分析法要达到的总目标。

② 中间层也称准则层或策略层,是实现预定目标采取的某种原则、策略、方式等中间环节,它可以由若干个层次组成,包括所需考虑的准则、子准则。

③ 最底层也称措施层或方案层,这一层次包括了为实现目标可供选择的各种措施、决策方案等。

可以利用框图来描述层次的递阶结构与诸因素的从属关系,建立起的层次结构模型如图 6-3 所示。

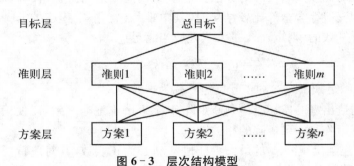

图 6-3　层次结构模型

(2) 建立两两比较的判断矩阵。层次结构反映了因素之间的关系,但准则层中的各准则在目标衡量中所占的比重并不一定相同,在决策者的心目中,它们各占有一定的比例。

Saaty 等人建议可以采取对因子进行两两比较建立成对比较矩阵的办法来确定影响某因素的诸因子在该因素中所占的比重。如针对图中准则 1,做方案 1 与方案 2,方案 1 与方案 3,……方案 1 与方案 n,方案 2 与方案 3,……方案 $n-1$ 与方案 n 等比较,从而得到判断矩阵 $A = (a_{ij})_{n \times n}$,这样 n 个准则就有 n 个判断矩阵。同样,对于目标层亦可构造相应的判断矩阵。

判断矩阵 A 的元素的值反映了人们对各因素相对重要性的认识。容易看出 A 中的元素满足关系:

① $a_{ij} > 0$;② $a_{ji} = \dfrac{1}{a_{ij}}(i, j = 1, 2, \cdots, n)$。

称满足关系式①,②的矩阵为**正互反矩阵**(易见 $a_{ii} = 1, i = 1, \cdots, n$)。

关于如何确定 a_{ij} 的值,Saaty 等建议引用数字 1~9 及其倒数作为标度。表 6-6 列出了 1~9 标度的含义。

表 6-6 评价标度的含义

标 度	含 义
1	表示两个因素相比,具有相同重要性
3	表示两个因素相比,前者比后者稍重要
5	表示两个因素相比,前者比后者明显重要
7	表示两个因素相比,前者比后者强烈重要
9	表示两个因素相比,前者比后者极端重要
2,4,6,8	表示上述相邻判断的中间值
倒数	若因素 i 与因素 j 的重要性之比为 a_{ij},那么因素 j 与因素 i 重要性之比为 $a_{ji} = \dfrac{1}{a_{ij}}$

（3）层次单排序及一致性检验。判断矩阵 A 的最大特征值 $\lambda_{\max}$ 对应的特征向量记为 W，W 经归一化后即为同一层次相应因素对于上一层次某因素相对重要性的排序权值，这一过程称为**层次单排序**。

上述构造成对比较判断矩阵的办法虽能减少其他因素的干扰，较客观地反映出一对因子影响力的差别。但综合全部比较结果时，其中难免包含一定程度的非一致性。如果比较结果是前后完全一致的，则矩阵 A 的元素还应当满足：

$$a_{ij}a_{jk} = a_{ik}, \quad \forall i, j, k = 1, 2, \cdots, n \tag{6.32}$$

定义 6.2　满足式（6.32）的正互反矩阵称为**一致矩阵**。

需要检验构造出来的（正互反）判断矩阵 A 是否严重地非一致，以便确定是否接受 A。下面给出正互反矩阵和一致矩阵的相关性质。

定理 6.2　正互反矩阵 A 的最大特征根 $\lambda_{\max}$ 必为正实数，其对应特征向量的所有分量均为正实数。A 的其余特征值的模均严格小于 $\lambda_{\max}$。

定理 6.3　若 A 为一致矩阵，则：

① A 必为正互反矩阵。

② A 的转置矩阵 A^{T} 也是一致矩阵。

③ A 的任意两行成比例，比例因子大于零，从而 $\mathrm{rank}(A) = 1$(同样，A 的任意两列也成比例)。

④ A 的最大特征值 $\lambda_{\max} = n$,其中 n 为矩阵 A 的阶。A 的其余特征根均为零。

⑤ 若 A 的最大特征值 $\lambda_{\max}$ 对应的特征向量为 $W = (w_1, \cdots, w_n)^{\mathrm{T}}$,则 $a_{ij} = \dfrac{w_i}{w_j}$, $\forall i$, $j = 1, 2, \cdots, n$, 即

$$A = \begin{bmatrix} \dfrac{w_1}{w_1} & \dfrac{w_1}{w_2} & \cdots & \dfrac{w_1}{w_n} \\[2mm] \dfrac{w_2}{w_1} & \dfrac{w_2}{w_2} & \cdots & \dfrac{w_2}{w_n} \\[2mm] \vdots & \vdots & \cdots & \vdots \\[2mm] \dfrac{w_n}{w_1} & \dfrac{w_n}{w_2} & \cdots & \dfrac{w_n}{w_n} \end{bmatrix} \tag{6.33}$$

定理 6.4 n 阶正互反矩阵 A 为一致矩阵当且仅当其最大特征根 $\lambda_{\max} = n$，且当正互反矩阵 A 非一致时，必有 $\lambda_{\max} > n$。

根据定理 6.4，可以由 $\lambda_{\max}$ 是否等于 n 来检验判断矩阵 A 是否为一致矩阵。由于特征根连续地依赖于 a_{ij}，故 $\lambda_{\max}$ 比 n 大得越多，A 的非一致性程度也就越严重，因此，对决策者提供的判断矩阵有必要作一次一致性检验，以决定是否能接受它。

下面介绍最大特征值 $\lambda_{\max}$ 和对应特征向量的计算。

由于判断矩阵 A 是一致矩阵，根据定理 6.3，A 只有一个非零的特征根，对应的特征向量 W 可用下列迭代序列来计算：

令 $W_0 = \left(\dfrac{1}{n}, \cdots, \dfrac{1}{n}\right)^{\mathrm{T}}$，当 $k = 0, 1, 2, \cdots$ 时，假设 W_k 已经求出，计算

$$\widetilde{W}_{k+1} = A W_k \tag{6.34}$$

记 $\parallel \widetilde{W}_{k+1} \parallel$ 为 $\widetilde{W}_{k+1}$ 的 n 个分量之和，计算

$$W_{k+1} = \frac{\widetilde{W}_{k+1}}{\parallel \widetilde{W}_{k+1} \parallel} \tag{6.35}$$

此时可以计算出向量 W_{k+1}，重复上面的计算过程，直到达到满意时为止。此外，在数学上可以证明，由式 (6.34) 和式 (6.35) 给出的迭代过程是收敛的，其极限就是 A 的最大特征根 $\lambda_{\max} = n$ 所对应的特征向量 $W = (w_1, \cdots, w_n)^{\mathrm{T}}$。在具体的计算问题中，如果小数点后取三位有效数字，且 $n \leqslant 7$，则一般情况下，当 $k \geqslant 7$ 时就有 $W_{k+1} = W_k$ 成立，即整个迭代过程的次数不会超过 7。所以，此方法具有快速、实用的特点。

A 的最大特征根 $\lambda_{\max}$ 的计算可利用下式：

$$\lambda_{\max} = \frac{1}{n} \sum_{i=1}^{n} \frac{(AW)_i}{w_i} \tag{6.36}$$

式中，$(AW)_i$ 是 AW 的第 i 个元素；w_i 是特征向量 W 的第 i 个元素。

对判断矩阵的一致性检验的步骤如下：

① 计算一致性指标

$$CI = \frac{\lambda_{\max} - n}{n - 1} \tag{6.37}$$

② 查找相应的平均随机一致性指标 RI。对 $n = 1, \cdots, 9$，Saaty 给出了 RI 的值，如表 6-7 所示。

表 6-7 平均随机一致性指标 RI

n	1	2	3	4	5	6	7	8	9
RI	0	0	0.58	0.90	1.12	1.24	1.32	1.41	1.45

RI 的值是这样得到的,用随机方法构造 500 个样本矩阵:随机地从 1~9 及其倒数中抽取数字构造正互反矩阵,求得最大特征根的平均值 $\lambda'_{\max}$,并定义:

$$RI = \frac{\lambda'_{\max} - n}{n - 1} \tag{6.38}$$

③ 计算一致性比例

$$CR = \frac{CI}{RI} \tag{6.39}$$

当 $CR < 0.10$ 时,认为判断矩阵的一致性是可以接受的,否则应对判断矩阵作适当修正。

(4) 层次总排序及一致性检验。层次单排序得到的是一组元素对其上一层中某元素的权重向量,我们最终要得到各元素,特别是最低层中各方案对于目标的排序权重,从而进行方案选择。为此要做层次总排序,总排序权重要自上而下地将单准则下的权重进行合成。

设上一层次(A 层)包含 A_1,$\cdots$,A_m 共 m 个因素,它们的层次总排序权重分别为 a_1,$\cdots$,a_m。设其后的下一层次(B 层)包含 n 个因素 B_1,$\cdots$,B_n,它们关于 A_j 的层次单排序权重分别为 b_{1j},$\cdots$,b_{nj}(当 B_i 与 A_j 无关联时,$b_{ij} = 0$)。现求 B 层中各因素关于总目标的权重,即求 B 层各因素的层次总排序权重 b_1,$\cdots$,b_n,计算按表 6-8 所示进行,即

$$b_i = \sum_{j=1}^{m} b_{ij} a_j, \quad i = 1, \cdots, n$$

表 6-8 总层次排序权值表

层次 A / 层次 B	A_1 a_1	A_2 a_2	$\cdots$	A_m a_m	B 层总排序权值
B_1	b_{11}	b_{12}	$\cdots$	b_{1m}	$\sum\limits_{j=1}^{m} a_j b_{1j}$
B_2	b_{21}	b_{22}	$\cdots$	b_{2m}	$\sum\limits_{j=1}^{m} a_j b_{2j}$
$\vdots$	$\vdots$	$\vdots$		$\vdots$	$\vdots$
B_n	b_{n1}	b_{n2}	$\cdots$	b_{mm}	$\sum\limits_{j=1}^{m} a_j b_{nj}$

对层次总排序也需做一致性检验,检验仍像层次总排序那样由高层到低层逐层进行。这是因为虽然各层次均已经过层次单排序的一致性检验,各成对比较判断矩阵都已具有较为满意的一致性。但当综合考察时,各层次的非一致性仍有可能积累起来,引起最终分析结果较严重的非一致性。

设 B 层中与 A_j 相关的因素的成对比较判断矩阵在单排序中经一致性检验,求得单排序一致性指标为 $CI(j)$($j = 1, \cdots, m$),相应的平均随机一致性指标为 $RI(j)$($CI(j)$、$RI(j)$

已在层次单排序时求得），则 B 层总排序随机一致性比例为

$$CR = \frac{\sum_{j=1}^{m} CI(j)a_j}{\sum_{j=1}^{m} RI(j)a_j} \tag{6.40}$$

当 $CR < 0.10$ 时，认为层次总排序结果具有较满意的一致性并接受该分析结果。

2）利用 MATLAB 求解层次分析模型

```
function AHP(A)
% 层次分析法
% 输入变量：判断矩阵 A
n=length(A);

% 幂法迭代求最大特征值和相应的特征向量
x=ones(n, 1)/n; Err=1; Tol=10^−4;
while Err>Tol
  xnew=A * x;
  lambda=sum(xnew);
  xnew=xnew/sum(xnew);
  Err=norm(xnew−x);
  x=xnew;
end
disp(x);disp(lambda);

%一致性检验
CI=(t−n)/(n−1); RI=[0 0 0.52 0.89 1.12 1.26 1.36 1.41 1.46 1.49 1.52 1.54 1.56 1.58 1.59];
CR=CI/RI(n);
if CR<0.10
    disp('此矩阵的一致性可以接受！');
    disp(' CI='); disp(CI);
    disp(' CR='); disp(CR);
end
```

6.3.3　层次分析法的应用

例 6.6　某单位拟从三名干部中提拔一人担任领导工作，干部的优劣（由上级人事部门提出）用六个属性来衡量：健康状况、业务知识、写作水平、口才、政策水平、工作作风，分别用 p1、p2、p3、p4、p5、p6 来表示。

解： 按层次分析法的求解步骤逐步进行：

1）建立层次结构模型

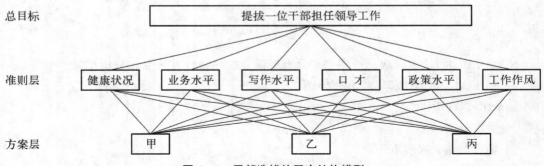

图 6 - 4　干部选拔的层次结构模型

2）建立 6 个要素间的成对比较矩阵

$$\boldsymbol{B} = \begin{bmatrix} 1 & 1 & 1 & 4 & 1 & 1/2 \\ 1 & 1 & 2 & 4 & 1 & 1/2 \\ 1 & 1/2 & 1 & 5 & 3 & 1/2 \\ 1/4 & 1/4 & 1/5 & 1 & 1/3 & 1/3 \\ 1 & 1 & 1/3 & 3 & 1 & 1 \\ 2 & 2 & 2 & 3 & 1 & 1 \end{bmatrix}$$

利用 MATLAB 计算：

A=[1 1 1 4 1 1/2；1 1 2 4 1 1/2；1 1/2 1 5 3 1/2；1/4 1/4 1/5 1 1/3 1/3；1 1 1/3 3 1 1；2 2 2 3 1 1]；

AHP(A)

得到最大特征值对应的特征向量

$(0.158\,4, 0.189\,2, 0.198, 0.048\,3, 0.150\,2, 0.255\,8)^{\mathrm{T}}$，

最大特征值 $6.420\,2$，$CI = 0.084\,1$，$CR = 0.066\,7 < 0.1$。

接着是组织部门给三个人，甲、乙、丙按每个准则进行打分，得到打分矩阵如下：

$$\boldsymbol{P}_1 = \begin{bmatrix} 1 & 1/4 & 1/2 \\ 4 & 1 & 3 \\ 2 & 1/3 & 1 \end{bmatrix}, \boldsymbol{P}_2 = \begin{bmatrix} 1 & 1/4 & 1/5 \\ 4 & 1 & 1/2 \\ 5 & 2 & 1 \end{bmatrix}, \boldsymbol{P}_3 = \begin{bmatrix} 1 & 3 & 1/5 \\ 1/3 & 1 & 1 \\ 5 & 1 & 1 \end{bmatrix}$$

$$\boldsymbol{P}_4 = \begin{bmatrix} 1 & 1/3 & 5 \\ 3 & 1 & 7 \\ 1/5 & 1/7 & 1 \end{bmatrix}, \boldsymbol{P}_5 = \begin{bmatrix} 1 & 1 & 7 \\ 1 & 1 & 7 \\ 1/7 & 1/7 & 1 \end{bmatrix}, \boldsymbol{P}_6 = \begin{bmatrix} 1 & 7 & 9 \\ 1/7 & 1 & 5 \\ 1/9 & 1/5 & 1 \end{bmatrix}$$

3）层次总排序

层次总排序如表 6 - 9 所示。

表6-9　层次总排序表

准　　则	健康状况	业务水平	写作水平	口才	政策水平	工作作风	总排序权值
准则层权值	0.158 4	0.189 2	0.198	0.048 3	0.150 2	0.255 8	
方案层单排序权值 甲	0.136 5	0.097 4	0.259 8	0.279 0	0.466 7	0.772	0.372 5
乙	0.625 0	0.333 1	0.213 5	0.649 1	0.466 7	0.173 4	0.350 1
丙	0.238 5	0.569 5	0.526 7	0.071 9	0.066 7	0.054 5	0.277 2

根据层次总排序权值,应该提拔甲到领导岗位上。

习　题　6

1. 某公司需要对其信息化建设方案进行评估,方案由4家信息咨询公司分别提供,记为方案一(S1)、方案二(S2)、方案三(S3)、方案四(S4)。每套方案的评估标准均包括以下6项内容:P1(目标指标)、P2(经济成本)、P3(实施可行性)、P4(技术可行性)、P5(人力资源成本)、P6(抗风险能力)。其中,P2和P5是成本型指标,其他为效益型指标。这里每个方案所对应的属性值均由评估专家打分给出,下表列出了专家对各方案属性的评分结果,请对四个方案进行综合评价。

方　案	属　性					
	P1	P2	P3	P4	P5	P6
S1	8.1	255	12.6	13.2	76	5.4
S2	6.7	210	13.2	10.7	102	7.2
S3	6.0	233	15.3	9.5	63	3.1
S4	4.5	202	15.2	13	120	2.6

2. 假设有5个生产任务相同的水泥工厂,每个工厂都有两种投入和一种产出,其具体数据如下表所示。

工厂(DMU)	A	B	C	D	E
投入1	10	5	1	3	1
投入2	17	1	1	2	2
产出	120	20	6	24	10

请对5个工厂生产情况的"好坏"进行评价。

3. 随着社会经济的快速发展,工业化水平的提高,人类活动对空气的污染越来越严重,空气污染威胁着人类的日常生活,危害人体健康。下表给出亚洲6个城市的空气质量调查情况,试根据所给数据,利用层次分析法对6个城市空气污染严重程度进行排名。

注1：!!!表示非常严重污染,超过WHO(世界卫生组织)指标100%以上;!!表示中度严重污染,超过WHO指标,但在100%以下;!表示低度污染,符合WHO指标或少量超过。

注2：在研究中发现二氧化硫也会导致死亡率上升,尤其是在悬浮颗粒物的协同作用下。1989年,研究人员对北京的两个居民区作了大气污染与死亡率的相关值研究。研究结果表明,大气中二氧化硫的浓度每增加1倍,总死亡率增加11%;总悬浮颗粒物浓度每增加1倍,总死亡率增加4%。由此可以说明二氧化硫的影响较颗粒物的影响大很多。SO_2,SPM,NO_x都会引起呼吸系统疾病,SO_2和NO_x的水溶物还是酸雨的主要成分。所以SO_2和NO_x对空气质量的影响比SPM的影响大。再从SO_2和NO_x的来源来比较,可以看出城市中的SO_2和NO的污染水平相当。SPM的污染水平次之,但也是紧随其后。而SO_2,SPM,NO_x,CO中CO对环境的影响最小。

污染物 城市	SO_2	SPM	NO_x	CO
曼 谷	!	!!!	!!	!
北 京	!!!	!!!	!	!
加尔各答	!	!!!	!	!
雅加达	!	!!!	!!	!!
上 海	!!	!!!	!	!
东 京	!	!	!	!

第7章
图论与网络模型

在现实生活、生产活动以及科学研究中，人们经常遇到各种事物之间的关系，要将各种关系形象而直观地描绘出来。人们常用点表示事物，用点之间是否有连线表示事物之间是否有某种关系，于是点和点之间的若干条连线就构成了图。图能直观明了地反映现实世界的各种关系，而且使用方便、容易掌握，因此图论方法是数学建模的重要方法。图论的研究起源于18世纪欧拉对哥尼斯堡七桥问题的研究，经过全世界许多数学工作者的努力，图论的理论和方法在物理、化学、运筹学、计算机科学、信息论、控制论、网络理论、社会科学以及经济管理等方面都得到了广泛的应用。本章将在介绍图的一些基本概念的基础上，介绍最短路、最小生成树、人员分配、最大流等问题的算法思想和具体实现。

7.1 图论方法引例

图论的研究对象是图，这里的"图"是一个抽象的数学概念。下面用一个例子说明图论模型的建立过程。

例7.1（哥尼斯堡七桥问题） 18世纪初，东普鲁士的哥尼斯堡城有一条河流穿过其中。河中有两个小岛，共有七座桥把河的两岸和河中的两个岛连接起来，如图7-1所示。该城的居民热衷于解决这样一个难题：一个人能否从一个地方出发，通过每座桥一次且仅通过一次，最后回到出发点？

欧拉于1736年，第一个利用一笔画的思想证明了这个问题是无解的。其基本做法是：用A、B、C、D四个点分别代表河的两岸和两个岛，每一座桥用连接相应两点的一条边表示。因此原问题就抽象为图7-2所示的形式。一次走遍七座桥的问题，就化为图7-2的一笔画问题，欧拉给出了一个定理，解决了这个问题。直观上讲，为了回到原出发点，必须从一条边进入，从另一条边出去，只有一进一出才能保证一笔画不重复，这就要求与每个点相关联的边的条数为偶数，而图7-2的所有点均不与偶数条边相关联，所以问题无解。图是为了解决一些具体问题而产生的模型，这可以从它的发源"哥尼斯堡七桥问题"看到。一个图表示了某些对象集合元素之间的关系，所以它被广泛用来作为许多与对象的离散安排有关问题的模型。

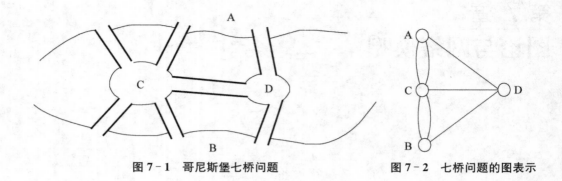

图 7-1 哥尼斯堡七桥问题   图 7-2 七桥问题的图表示

7.1.1 图的基本概念与表示

图论中所谓的"图"是指某类具体事物和这些事物之间的联系。如果用点表示这些具体事物,用连接两点的线段(直的或曲的)表示两个事物的特定联系,就得到了描述这个"图"的几何形象。图论为任何一个包含了一种二元关系的离散系统提供了一个数学模型,借助于图论的概念、理论和方法,可以对该模型求解。下面给出图的一些基本概念和矩阵表示。

1)图的定义

定义 7.1 (1)一个**图** G 是指一个二元组 $(V(G),E(G))$,其中 $V(G)=\{v_1,v_2,\cdots,v_n\}$ 是非空有限集,称为**顶点集**,其中元素 v_i 称为图 G 的**顶点**;$E(G)=\{e_1,e_2,\cdots,e_m\}$ 是顶点集 $V(G)$ 中的无序或有序的元素对 (v_i,v_j) 组成的集合,称为**边集**,其中的元素称为**边**。

(2)图 G 的顶点数用符号 $|V|$ 或 ν 表示,边数用 $|E|$ 或 ε 表示。若一个图的顶点集和边集都是有限集,则称其为**有限图**。只有一个顶点的图称为**平凡图**。

(3)边和它的两端点称为**互相关联**,与同一条边关联的两个端点称为**相邻的顶点**,与同一个顶点关联的两条边称为**相邻的边**。若一对顶点之间有两条以上的边联结,则这些边称为**重边**。端点重合为一点的边称为**环**,既没有环也没有重边的图,称为**简单图**。

(4)若图 G 中的边均为无序对,称 G 为**无向图**;若图 G 中的边均为有序对,称 G 为**有向图**,既有无向边又有有向边的图称为**混合图**。

(5)若图 G 的每一条边 e 都赋以一个实数 $w(e)$,称 $w(e)$ 为边 e 的**权**,G 连同边上的权称为**赋权图**。

(6)任意两顶点都相邻的简单图,称为**完全图**,记为 K_ν。

(7)若 $V(G)=X\bigcup Y$,$X\bigcap Y=\Phi$,图 G 中每条边依附的两个顶点都分属于 X 和 Y,则称 G 为**二分图**;特别地,若 X 中任一顶点与 Y 中每一顶点有且仅有一条边相邻,则称 G 为**完全二分图**,记成 $K_{|X|,|Y|}$。

(8)图 G' 称为图 G 的**子图**,记作 $G'\subseteq G$,如果 $V(G')\subseteq V(G)$,$E(G')\subseteq E(G)$。若 $V(G')=V(G)$,$E(G')\subseteq E(G)$,则称 G' 是 G 的**生成子图**。

(9)在无向图 G 中,与顶点 v 关联的边的数目(环算两次)称为**顶点 v 的度**,记为 $d(v)$ 或 $d_G(v)$。 称度为奇数的顶点为**奇点**,度为偶数的顶点为**偶点**。在有向图中,从顶点 v 引出的边的数目称为**顶点 v 的出度**,记为 $d^+(v)$,从顶点 v 引入的边的数目称为 v 的**入度**,记

为 $d^-(v)$。称 $d(v)=d^+(v)+d^-(v)$ 为**顶点 v 的度**。

关于顶点的度，有如下结果：

① $\sum_{v \in V} d(v)=2\varepsilon$；

② 任意一个图的奇点的个数是偶数。

2）图的矩阵表示

为了在计算机上实现网络优化算法，首先必须有一种方法在计算机上来描述图与网络。数学上对图的连接结构的量化方法是基于矩阵的方法进行的，下面介绍两种图的矩阵表示。

（1）**邻接矩阵**表示法

（以下均假设图为简单图）对无向图 G，设其邻接矩阵为 $\boldsymbol{A}=(a_{ij})_{v \times v}$，其中：

$$a_{ij}=\begin{cases}1, & \text{若 } v_i \text{ 与 } v_j \text{ 相邻} \\ 0, & \text{若 } v_i \text{ 与 } v_j \text{ 不相邻}\end{cases}$$

对有向图 $G=(V,E)$ 的邻接矩阵 $\boldsymbol{A}=(a_{ij})_{v \times v}$ 的定义如下：

$$a_{ij}=\begin{cases}1, & (i,j) \in E \\ 0, & (i,j) \notin E\end{cases}$$

对有向赋权图 $G=(V,E)$，其邻接矩阵 $\boldsymbol{A}=(a_{ij})_{v \times v}$ 定义为

$$a_{ij}=\begin{cases}w_{ij}, & \text{若}(v_i,v_j) \in E,\text{且 } w_{ij} \text{ 为其权} \\ 0, & i=j \\ \infty, & \text{若}(v_i,v_j) \notin E\end{cases}$$

例 7.2　对于如图 7-3 所示的有向图，可以用如下邻接矩阵表示：

$$\begin{bmatrix}0 & 1 & 1 & 0 & 0 \\ 0 & 0 & 0 & 1 & 0 \\ 0 & 1 & 0 & 0 & 0 \\ 0 & 0 & 1 & 0 & 1 \\ 0 & 0 & 1 & 1 & 0\end{bmatrix}$$

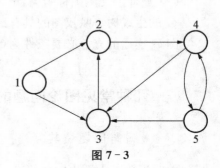

图 7-3

（2）**关联矩阵**表示法

对无向图 G，设其关联矩阵为 $\boldsymbol{M}=(m_{ij})_{v \times \varepsilon}$，其中

$$m_{ij}=\begin{cases}1, & \text{若 } v_i \text{ 与 } e_j \text{ 相关联} \\ 0, & \text{若 } v_i \text{ 与 } e_j \text{ 不关联}\end{cases}$$

对有向图 G，其关联矩阵 $\boldsymbol{M}=(m_{ij})_{v \times \varepsilon}$，其中

$$m_{ij}=\begin{cases}1, & \text{若 } v_i \text{ 是 } e_j \text{ 的尾} \\ -1, & \text{若 } v_i \text{ 是 } e_j \text{ 的头} \\ 0, & \text{若 } v_i \text{ 不是 } e_j \text{ 的头与尾}\end{cases}$$

例 7.3 对于例 7.2 中的图 7-3，如果关联矩阵中每列对应弧 e_i，$i=1,\cdots,8$ 的顺序依次为 $(1,2)$，$(1,3)$，$(2,4)$，$(3,2)$，$(4,3)$，$(4,5)$，$(5,3)$ 和 $(5,4)$，则关联矩阵可表示为

$$
\begin{array}{c}
\begin{array}{cccccccc} e_1 & e_2 & e_3 & e_4 & e_5 & e_6 & e_7 & e_8 \end{array} \\
\begin{array}{c} v_1 \\ v_2 \\ v_3 \\ v_4 \\ v_5 \end{array}
\left[
\begin{array}{cccccccc}
1 & 1 & 0 & 0 & 0 & 0 & 0 & 0 \\
-1 & 0 & 1 & -1 & 0 & 0 & 0 & 0 \\
0 & -1 & 0 & 1 & -1 & 0 & -1 & 0 \\
0 & 0 & -1 & 0 & 1 & 1 & 0 & -1 \\
0 & 0 & 0 & 0 & 0 & -1 & 1 & 1
\end{array}
\right]
\end{array}
$$

同样，对于网络中的权，也可以通过对关联矩阵的扩展来表示。例如，如果网络中每条弧有一个权，可以把关联矩阵增加一行，把每一条弧所对应的权存储在增加的行中。如果网络中每条弧赋有多个权，可以把关联矩阵增加相应的行数，把每一条弧所对应的权存储在增加的行中。

3）路与连通

定义 7.2 （1）点与边的交错序列 $W=v_0 e_1 v_1 e_2 \cdots e_k v_k$，称为图 G 的一条**途径**。若途径 W 的边互不相同但顶点可重复，则称 W 为**迹**；若途径 W 的顶点和边均互不相同，则称 W 为**路**。起点和终点重合的路称为**圈**。

（2）若图 G 的两个顶点 u,v 间存在途径，则称 u 和 v **连通**。若图 G 的任两个顶点均连通，则称 G 是**连通图**。

（3）连通的无圈图称为**树**，记为 T。若图 G 满足 $V(G)=V(T)$，$E(T)\subset E(G)$，则称 T 是 G 的**生成树**。赋权图的具有最小权的生成树称为**最小生成树**。

图 G 连通的充分必要条件为 G 有生成树。一个连通图的生成树的个数可以有很多。

7.2 几种常见图论问题的求解及其 MATLAB 实现

7.2.1 最短路问题及其算法

给定连接若干城市的公路网，找一条给定两城市间的最短路线，这就是所谓的最短路问题。用图论的语言描述就是在赋权图 G 中，找一条总权最小的顶点 v_i 至 v_j 的路。下面给出求解此类路问题的两个算法及其 MATLAB 实现。

1）求一个特定的顶点到其余各顶点的最短路径——Dijkstra 算法

求最短路已有成熟的算法，即狄克斯拉在 1959 年提出的 Dijkstra 算法，至今仍被认为是最好的算法之一。其基本思想是若 $v_1 v_2 \cdots v_i \cdots v_j \cdots v_n$ 是某赋权图 G 的从 v_1 到 v_n 的最短路，则其任一条子路 $v_i \cdots v_j$ 一定是从 v_i 到 v_j 的最短路。基于这一原理可由近及远地逐次求出 v_1 到其他各点的最短路。

下面给出 Dijkstra 的 MATLAB 程序。该算法是从一个特定的顶点到其余各顶点的最短路径算法，以起始点为中心向外层层扩展，一直扩展到终点。对于找到最短路径的顶点，

称其具有 P 编号。这里设置一个向量储存具有 P 编号的点，再设置一个向量记录最短通路中一个点的前置点的序号。

Dijkstra 算法的 MATLAB 程序：

```
function [d, index]=Dijkstra(A)
%输入：邻接矩阵 A
%输出：每个点到初始点的最短距离 d, 最短路中每个点的前置点编号 index
%初始化
P=zeros(1, length(A)); P(1)=1; %当第 k 个点具有 P 编号，则向量 P 的第 k 个分
    量赋值为 1,一开始只有第一个点，即初始点具有 P 编号
d(1:length(A))=inf; d(1)=0; %到初始点的最短距离存入向量 d, 一开始除了第一
    个分量为零，其余分量均为无穷大
index1=1; %index1 存放具有 P 编号的点
index=ones(1, length(A)); %存放始点到第 i 点最短通路中第 i 顶点前一顶点的序号

temp=1;
while sum(P)<length(A)    %看是否所有的点都标记为 P 标号
    T=find(P==0); %找到标号为 0 的所有点，即找到还没有存入 S 的点
    d(T)=min(d(T), d(temp)+A(temp, T)); %计算最短路，或者直接到这个点，
或者间接到达这个点
    temp=find(d(T)==min(d(T)));    %求 d(T) 序列最小值的下标
    temp=T(temp(1)); %可能有多条路径同时到达最小值，取其中一个
    P(temp)=1; %标记 P 编号
    index1=[index1, temp];    % 存放新的具有 P 编号的点
    temp2=find(d(index1)==d(temp)-A(temp, index1));
    index(temp)=index1(temp2(1)); %记录标号索引
end
```

例 7.4　求图 7-4 从顶点 u_0 到其余顶点的最短路。

解：MATLAB 程序如下：

A=[0 1 2 inf 7 inf 4 8; 1 0 2 3 inf inf inf 7; 2 2 0 1 5 inf inf inf; inf 3 1 0 3 6 inf inf; 7 inf 5 3 0 4 3 inf; inf inf inf 6 4 0 6 4; 4 inf inf inf 3 6 0 2; 8 7 inf inf inf 4 2 0];

[d, index]=Dijkstra(A)

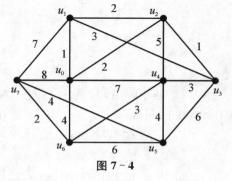

图 7-4

```
d =
     0     1     2     3     6     9     4     6
index =
     1     1     1     3     4     4     1     7
```

注意 MATLAB 数组编号从 1 开始，图中点的编号从 0 开始，为了将计算结果和图中的点对应起来，需将 index 减去 1

index＝index－1

index ＝

    0   0   0   2   3   3   0   6

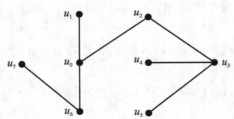

即 u_1，u_2，u_6 对应前置点的序号均为 u_0；u_4，u_5 对应前置点的序号均为 u_3；而 u_3 对应前置点的序号为 u_2，u_7 对应前置点的序号均为 u_6。将上述结果用图 7-5 表示。

图 7-5 u_0 到其余顶点的最短路径

2）求赋权图中各对顶点之间的最短路径——Floyd 算法

求赋权图中各对顶点之间的最短路径显然也可以调用 Dijkstra 算法。具体方法是：每次以不同的顶点作为起点，用 Dijkstra 算法求出从该起点到其余顶点的最短路。另一种解决这一问题的方法是由 Floyd R. W. 提出的算法，称为 Floyd 算法。该方法的基本思想是对于每一对顶点 u 和 v，判断是否存在一个顶点 w，使得从 u 到 w 再到 v 比已知的路径更短，如果有，更新它。以下是 Floyd 算法的 MATLAB 程序。

Floyd 算法的 MATLAB 程序：

```
function [dist，mypath]＝floyd(A，StartingPnt，EndPnt)
％ 输入：赋权邻接矩阵 A，起点 StartingPnt，终点 EndPnt
％ 输出：最短路的距离 dist；％ 最短路的路径 mypath
n＝length(A)；path＝zeros(n)；
for i＝1:n
    for j＝1:n
        if A(i，j)～＝inf
            path(i，j)＝j；％j 是 i 的后续点
        end
    end
end

％更新矩阵 A，若 A(i，j)大于 A(i，k)＋A(k，j)，则更新为后者
for k＝1:n
    for i＝1:n
        for j＝1:n
            if A(i，j)＞A(i，k)＋A(k，j)
                A(i，j)＝A(i，k)＋A(k，j)；
                path(i，j)＝path(i，k)；
            end
```

```
        end
      end
  end
```

％ 输出最短距离
dist＝A（StartingPnt，EndPnt）；

％回溯最短路径
mypath＝StartingPnt；t＝StartingPnt；
while t～＝EndPnt
    temp＝path（t，EndPnt）；
    mypath＝［mypath，temp］；
    t＝temp；
end

例 7.5　求加权图 $7-6$ 中 v_5 和 v_2 两点间的距离
与路径。

解：MATLAB 程序如下：
A＝［0 1 inf inf inf 2；1 0 4 inf inf 4；inf 4 0 2 inf 1；inf inf 2 0 3 3；inf inf inf 3 0 5；2 4 1 3 5 0］；
［dist，mypath］＝floyd（A，5，2）
dist ＝

　8

path ＝

　5　　6　　1　　2

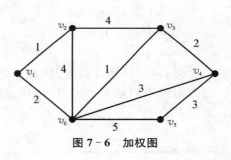

图 7 - 6　加权图

即 v_5 和 v_2 间最短路距离为 8，路径为 $v_5 v_6 v_1 v_2$。

7.2.2　最小生成树问题及其算法

欲修筑连接 n 个城市的公路，已知 i 城与 j 城之间的公路造价为 w_{ij}，设计一个线路图，使总造价最低。该问题的图论模型是在连通赋权图上求权最小的生成树。

求最小生成树的常用算法是 **Kruskal 算法**。其基本思想是每次添加权尽量小的边，使新的图无圈，直至生成一棵树为止，此树便是最小生成树。以下是 Kruskal 算法的 MATLAB 程序。

Kruskal 算法的 MATLAB 程序：
function Result＝Kruskal（A）

％输入：邻接矩阵 A

％输出：Result 第一、二行代表最小生成树边的端点编号，第三行代表边的权

[i, j, weight]＝find(A)；

data＝[i'；j'；weight']；％ data 的第一、二行代表边的端点编号，第三行代表边的权

index＝data(1:2，:)；

Result＝[ ]；％ 初始化

while length(Result)＜length(A)－1

    flag＝find(data(3，:)＝＝min(data(3，:)))；％ 寻找具有最小权的边的序号

    flag＝flag(1)；％ 可能最小权的边不唯一，取其中一条

    v1＝index(1，flag)；v2＝index(2，flag)；％ 找出最小权边的端点编号

    if v1～＝v2

        Result＝[Result，data(:，flag)]；

    end

    index(find(index＝＝v2))＝v1；

    data(:，flag)＝[ ]；

    index(:，flag)＝[ ]；

end

例 7.6 已知 8 口海井，相互之间的距离如表 7－1 所示。已知 1 号井离海岸最近，为 5 海里。问从海岸经 1 号井铺设油管将各油井连接起来，应如何铺设使油管长度最短。

表 7－1　各油井间距离(单位：海里)

	2	3	4	5	6	7	8
1	1.3	2.1	0.9	0.7	1.8	2.0	1.5
2		0.9	1.8	1.2	2.6	2.3	1.1
3			2.6	1.7	2.5	1.9	1.0
4				0.7	1.6	1.5	0.9
5					0.9	1.1	0.8
6						0.6	1.0
7							0.5

解： 这是一个最小生成树问题，利用 MATLAB 求解如下：

A＝[0 1.3 2.1 0.9 0.7 1.8 2.0 1.5；1.3 0 0.9 1.8 1.2 2.6 2.3 1.1；2.1 0.9 0 2.6 1.7 2.5 1.9 1.0；0.9 1.8 2.6 0 0.7 1.6 1.5 0.9；0.7 1.2 1.7 0.7 0 0.9 1.1 0.8；1.8 2.6 2.5 1.6 0.9 0 0.6 1.0；2.0 2.3 1.9 1.5 1.1 0.6 0 1.0；1.5 1.1 1.0 0.9 0.8 1.0 0.5 0]；

Result＝Kruskal(A)

Result =

8.0000	7.0000	5.0000	5.0000	8.0000	3.0000	8.0000
7.0000	6.0000	1.0000	4.0000	5.0000	2.0000	3.0000
0.5000	0.6000	0.7000	0.7000	0.8000	0.9000	1.0000

计算结果显示为一个矩阵,有七列,表示最小生成树有七条边,七条边的端点编号显示在第一行和第二行中,各条边的权显示在第三行中。

利用上述结果可画出,1 号井到其余各油井的连接如图 7-7 所示。

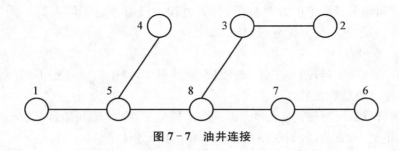

图 7-7　油井连接

利用 MATLAB 计算最短油管长度:

sum(Result(3,:))+5

ans =

　　10.2000

即所需最短油管长度为 10.2 海里。

7.2.3　匹配问题及其算法

在实际生活和工作中,总会涉及一些将两类不同的对象进行匹配的问题。例如,将不同任务分配给不同的人来完成,以期达到最优的效率;舞会中尽可能多的让男士和女士结成舞伴从而避免冷场等。这些问题可以用图来刻画并用匹配的相关理论进行研究,下面先介绍匹配的相关定义和结论。

定义 7.3　(1) 若 $M \subseteq E(G)$,且 M 中的边互不相邻,则称 M 是 G 的一个**匹配**。若顶点 v 与 M 中的某条边关联,则称 v 是 M **饱和的**;否则称 v 是 M 非饱和的。设 M 是 G 的一个匹配,若 G 的每个顶点都是 M 饱和的,则称 M 是 G 的**完备匹配**,含边数最多的匹配称为**最大匹配**。

(2) 若 M 是 G 的一个匹配,G 中有一条路,其边交替地在 M 与 $E-M$ 中出现,称这条路为 M **交错路**;若 M 交错路的起点和终点都是 M 非饱和的,则称之为 M **增广路**。

定理 7.1　设 M 是 G 的一个匹配,则 M 是最大匹配的充要条件是 G 不存在 M 增广路。

下面介绍匹配中常见的人员分派和最优分派问题。

1) 人员分派问题

某公司有 n 名工作人员 $x_1, x_2, \cdots, x_n$ 去做 n 件工作 $y_1, y_2, \cdots, y_n$，每人适合做其中一件或几件，问能否使每人都有一份适合的工作？如果不能，最多几人可以有适合的工作？这里假定每项工作最多只能由一人去做。

这个问题对应的图论模型是：设 G 是二分图，顶点集划分为 $V(G) = X \bigcup Y$，$X = \{x_1, \cdots, x_n\}$，$Y = \{y_1, \cdots, y_n\}$，当且仅当 x_i 适合做工作 y_i 时，$x_i y_i \in E(G)$，求 G 的最大匹配。

解决这个问题可以利用**匈牙利算法**。其基本思想是先任取一个匹配 M，看是否存在 M 增广路，若不存在，则 M 为最大匹配；若存在则将 M 增广路中 M 与非 M 的边对调，从而得到比 M 多一边的匹配 M'，再对 M' 重复上述过程即可找到最大匹配。

人员分派问题只是简单的人员分配，分派过程中没有考虑不同人做不同工作的效益。更复杂地，我们考虑下面的最优分派问题。

2) 最优分派问题

在人员分派问题中，若同一工作人员做不同的工作，产生的效益也不同，则需要制订一个分派方案，使公司总效益最大。

这个问题的数学模型是：在人员分派问题的模型中，图 G 的每边加了权 $w(x_i y_j) \geqslant 0$，表示 x_i 做工作 y_j 的效益，求加权图 G 上的权最大的完备匹配。

解决这个问题可以用 **Kuhn - Munkres 算法**。为此，需要引入可行顶点标号与相等子图的概念。

定义 7.4 若映射 $l: V(G) \to R$，满足 $\forall x \in X, y \in Y$，

$$l(x) + l(y) \geqslant w(xy)$$

则称 l 是二分图 G 的**可行顶点标号**。令

$$E_l = \{xy \mid xy \in E(G), l(x) + l(y) = w(xy)\}$$

称以 E_l 为边集的 G 的生成子图为**相等子图**，记作 G_l。

可行顶点标号是存在的。例如

$$l(x) = \max_{y \in Y} w(xy), \quad x \in X;$$
$$l(y) = 0, \qquad\qquad y \in Y。$$

定理 7.2 G_l 的完备匹配即为 G 的权最大的完备匹配。

Kuhn - Munkres 算法的基本思想是把权值转化为可行顶标，再用匈牙利算法求出一组完备匹配，如果无法求出完备匹配，则修改可行顶标，直至找到完备匹配为止，这时的完备匹配即为最佳匹配。下面给出 Kuhn - Munkres 算法的 MATLAB 程序。

Kuhn - Munkres 算法的 MATLAB 程序：

function M＝MaxMatching(W)

％输入 W 为顶点集 X 与 Y 的带权邻接矩阵，

$$w_{ij} = \begin{cases} w_{ij}, & \text{若 } x_i \text{ 与 } y_j \text{ 相邻，且 } w_{ij} \text{ 为其权} \\ 0, & \text{若 } x_i \text{ 与 } y_j \text{ 不相邻} \end{cases}$$

%输出 M 为最大权完备匹配的邻接矩阵

```
n=length(W);
lx=max(W'); ly=zeros(1, n);
Gl=double((lx'*ones(1, n)+ones(n, 1)*ly)==W);
M=diag(sum(Gl, 2)==1)*Gl*diag(sum(Gl)==1);
if (sum(sum(M))==0)
    pom=find(Gl==1);
    M(pom(1))=1;
end
while(sum(sum(M))~=n)
    pom=find(sum(M, 2)==0);
    x=pom(1); S=x; T=[ ];
    run=1; y=1;
    while ((sum(M(:, y))==1)||run)
    run=0;
    if (isempty(setdiff(find(sum(Gl(S, :),1)>0), T)))
        pom=lx'*ones(1, n)+ones(n, 1)*ly-W;
        alfa=min(min(pom(S,setdiff(1:n, T))));
        lx(S)=lx(S)-alfa; ly(T)=ly(T)+alfa;
        Gl=abs((lx'*ones(1, n)+ones(n, 1)*ly)-W)<0.00000001;
    end
     pom=setdiff(find(sum(Gl(S, :), 1)>0),T);
     y=pom(1);
     if (sum(M(:, y))==1)
        z=find(M(:, y)==1);
        S(length(S)+1)=z;
        T(length(T)+1)=y;
     end
    end
    S=augmentingpath(x, y, Gl, M);
    M(S(1), S(2))=1;
    for i=4:2:length(S)
        M(S(i-1), S(i-2))=0;
        M(S(i-1), S(i))=1;
```

```
            end
        end

    function S=augmentingpath(x, y, Gl, M)
    n=size(Gl, 2);
    cesty=zeros(n, 2*n);
    cesty(1,1)=x; uroven=1; pocetcest=1;
    while (ismember(y, cesty(:, 2:2:2*n))==0)
        if (mod(uroven, 2))
            pom=Gl−M;
            k=2;
        else
            pom=M';
            k=1;
        end
        novypocetcest=pocetcest;
        i=1;
        while (i<=pocetcest)
            sousedi=find(pom(cesty(i, uroven), :)==1);
            pridano=0;
            for j=1:length(sousedi)
                if (ismember(sousedi(j), cesty(:, k:2:2*n))==0)
                    if (pridano==0)
                        cesty(i,uroven+1)=sousedi(j);
                    else
                        novypocetcest=novypocetcest+1;
                        cesty(novypocetcest, 1:uroven+1)=[cesty(i, 1:uroven) sousedi(j)];
                    end
                    pridano=pridano+1;
                end
            end
            if (pridano==0)
                novypocetcest=novypocetcest−1;
                cesty=[cesty([1:i−1, i+1:n], :); zeros(1, 2*n)];
                i=i−1;
                pocetcest=pocetcest−1;
            end
            i=i+1;
```

```
        end
        pocetcest＝novypocetcest；
        uroven＝uroven＋1；
    end
    pom＝find(cesty(：, uroven)＝＝y)；
    S＝cesty(pom(1)，1：uroven)；
```

例 7.7 假设要分配 5 个人做 5 项不同工作,每个人做不同工作产生的效益由带权邻接矩阵 W 表示

$$W = \begin{bmatrix} 3 & 5 & 5 & 4 & 1 \\ 2 & 2 & 0 & 2 & 2 \\ 2 & 4 & 4 & 1 & 0 \\ 0 & 2 & 2 & 1 & 0 \\ 1 & 2 & 1 & 3 & 3 \end{bmatrix}$$

试求使效益达到最大的分配方案。

解：利用 MATLAB 求解如下：
```
w＝[3 5 5 4 1；2 2 0 2 2；2 4 4 1 0；0 2 2 1 0；1 2 1 3 3]；
M＝MaxMatching(w)
M ＝
        0     1     0     0     0
        1     0     0     0     0
        0     0     1     0     0
        0     0     0     1     0
        0     0     0     0     1
```

即分配第一个人去做第 2 项工作,第二个人去做第 1 项工作,第三个人去做第 3 项工作,第四个人去做第 4 项工作,第五个人去做第 5 项工作,此时获得效益最大。

7.2.4 Euler 图和 Hamilton 图及其算法

很多实际问题中需要考虑对图的边和点的遍历,为此先给出与遍历相关的图论知识。

定义 7.5 (1) 经过 G 的每条边一次且仅一次的路称为 G 的 **Euler 路**；起点和终点重合的 Euler 路称为 **Euler 回路**；含 Euler 回路的图称为 **Euler 图**。直观地讲,Euler 图就是能不重复地行遍所有的边再回到出发点的那种图。

(2) 经过 G 的每个顶点一次且仅一次的路称为 **Hamilton(哈密顿)路**；闭的 Hamilton 路称为 **Hamilton 圈**；含 Hamilton 圈的图称为 **Hamilton 图**。直观地讲,Hamilton 图就是能不重复地行遍所有的顶点再回到出发点的那种图。

定理 7.3 ① G 是 Euler 图的充分必要条件是 G 连通且每顶点皆为偶点。

② G 中有 Euler 路的充要条件是 G 连通且至多有两个奇点。

定义 7.6 设 G 连通,$e \in E(G)$,若 $G-e$ 不连通,则称边 e 为图 G 的**割边**。

求 Euler 回路可以采用 **Fleury 算法**，其基本思想是从任一点出发，每当访问一条边时，先进行检查，如果可访问的边不止一条，则应选一条不是未访问的边集的导出子图的割边作为访问边，直到没有边可选择为止。

利用 MATLAB 求欧拉回路可以采用由 Sergiy Iglin 编写的图论软件包中的函数 [eu,cEu]=grIsEulerian(E)。其中，输入 E 是一个 $m \times 2$ 的矩阵，每一行的第一个元素和第二个元素对应图 G 中某条边的两个顶点，m 是图 G 中边的个数。输出 eu=1 表示图 G 是欧拉图，cEu 给出了图 G 的 Euler 回路。

1) 中国邮递员问题

一名邮递员负责投递某个街区的邮件。如何为他（她）设计一条最短的投递路线（从邮局出发，经过投递区内每条街道至少一次，最后返回邮局）。由于这一问题是我国管梅谷教授 1960 年首先提出的，所以国际上称之为中国邮递员问题。

中国邮递员问题的数学模型是：在一个赋权连通图上求一个含所有边的回路，且使此回路的权最小。显然，若此连通赋权图是 Euler 图，则可用 Fleury 算法求 Euler 回路，此回路即为所求。

对于非 Euler 图，1973 年 Edmonds 和 Johnson 给出下面的解法：

设 G 是连通赋权图。

(1) 求 $V_0 = \{v \mid v \in V(G), d(v)$ 为奇数$\}$；

(2) 对每对顶点 $u, v \in V_0$，求 $d(u, v)$（$d(u, v)$ 是 u 与 v 的距离，可用 Floyd 算法求得）；

(3) 构造完备赋权图 $K_{|V_0|}$，以 V_0 为顶点集，以 $d(u, v)$ 为边 uv 的权；

(4) 求 $K_{|V_0|}$ 中权之和最小的完备匹配集 M；

(5) 求 M 中边的端点在 G 中的最短路；

(6) 在(5)中求得的最短路的每条边添加一条等权的所谓"倍边"（即共端点共权的边），记添加边后的图为 G'；

(7) 在(6)中得的图 G' 上求 Euler 回路即为中国邮递员问题的解。

例 7.8 求如图 7-8 所示投递区 G 的一条最佳邮递路线。

解：首先用 Floyd 算法求出各顶点之间的最短路径和距离如下：

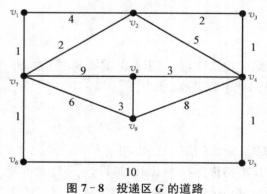

图 7-8 投递区 G 的道路

w=[0 4 inf inf inf inf 1 inf inf; 4 0 2 5 inf inf 2 inf inf; inf 2 0 1 inf inf inf inf inf; inf 5 1 0 1 inf inf 3 8; inf inf inf 1 0 10 inf inf inf; inf inf inf inf 10 0 1 inf inf; 1 2 inf inf inf 1 0 9 6; inf inf inf 3 inf inf 9 0 3; inf inf inf 8 inf inf 6 3 0];

[D,path]=floyd(w)

D =

0	3	5	6	7	2	1	9	7
3	0	2	3	4	3	2	6	8

$$
\begin{matrix}
5 & 2 & 0 & 1 & 2 & 5 & 4 & 4 & 7 \\
6 & 3 & 1 & 0 & 1 & 6 & 5 & 3 & 6 \\
7 & 4 & 2 & 1 & 0 & 7 & 6 & 4 & 7 \\
2 & 3 & 5 & 6 & 7 & 0 & 1 & 9 & 7 \\
1 & 2 & 4 & 5 & 6 & 1 & 0 & 8 & 6 \\
9 & 6 & 4 & 3 & 4 & 9 & 8 & 0 & 3 \\
7 & 8 & 7 & 6 & 7 & 7 & 6 & 3 & 0
\end{matrix}
$$

path =

$$
\begin{matrix}
1 & 7 & 7 & 7 & 7 & 7 & 7 & 7 & 7 \\
7 & 2 & 3 & 3 & 3 & 7 & 7 & 3 & 7 \\
2 & 2 & 3 & 4 & 4 & 2 & 2 & 4 & 4 \\
3 & 3 & 3 & 4 & 5 & 3 & 3 & 8 & 8 \\
4 & 4 & 4 & 4 & 5 & 4 & 4 & 4 & 4 \\
7 & 4 & 4 & 7 & 7 & 6 & 7 & 7 & 7 \\
1 & 2 & 2 & 2 & 2 & 6 & 7 & 7 & 7 \\
4 & 4 & 4 & 4 & 4 & 4 & 4 & 8 & 9 \\
7 & 7 & 8 & 8 & 8 & 7 & 7 & 8 & 9
\end{matrix}
$$

这里 D 是最短距离矩阵,D(i, j)表示顶点 i 到顶点 j 的最短距离,path(i, j)表示顶点 i 与顶点 j 之间的最短路径上顶点 i 的后继点。比如 path(4, 7)=3, path(3, 7)=2, path(2, 7)=7,即 v_4, v_7 两顶点间的最短路径为 v_4, v_3, v_2, v_7。

在图 7-8 中有 v_4, v_7, v_8, v_9 四个奇次顶点,以它们之间的最短路径为边权构造完备图如图 7-9 所示。

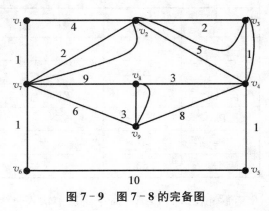

最后,利用 Fleury 算法求图 7-9 的欧拉回路,即为图 7-8 的一条最佳邮递路线。

E=[1 2; 1 7; 2 3; 2 3; 2 4; 2 7; 2 7; 3 4; 3 4; 4 5; 4 8; 4 9; 5 6; 6 7; 7 8; 7 9; 8 9; 8 9];

[E1,cEu]= grIsEulerian(E)

E1 =

    1

cEu =

    1 3 4 5 8 9 10 13 14 6 7 15 11 12 17 18 16 2

图 7-9 图 7-8 的完备图

最佳邮递路线为 $v_1 - v_2 - v_3 - v_2 - v_4 - v_3 - v_4 - v_5 - v_6 - v_7 - v_2 - v_7 - v_8 - v_4 - v_9 - v_8 - v_9 - v_7 - v_1$。

2) 旅行商(TSP)问题

一名推销员准备前往若干城市推销产品,然后回到出发地。如何为他设计一条最短的旅行路线(从驻地出发,经过每个城市恰好一次,最后返回驻地)。这个问题称为旅行商问题。用图论的术语说,就是在一个赋权完全图中,找出一个有最小权的 Hamilton 圈,称为最优圈。与最短路问题及连线问题相反,目前还没有求解旅行商问题的有效算法。

一个可行的办法是首先求一个 Hamilton 圈 C,然后适当修改 C 以得到具有较小权的另一个 Hamilton 圈。修改的方法称为**改良圈算法**。设初始圈 $C = v_1 v_2 \cdots v_n v_1$,

(1) 对于 $1 < i + 1 < j < n$,构造新的 Hamilton 圈:

$$C_{ij} = v_1 v_2 \cdots v_i v_j v_{j-1} v_{j-2} \cdots v_{i+1} v_{j+1} v_{j+2} \cdots v_n v_1,$$

它是由 C 中删去边 $v_i v_{i+1}$ 和 $v_j v_{j+1}$,并添加边 $v_i v_j$ 和 $v_{i+1} v_{j+1}$ 得到的。若 $w(v_i v_j) + w(v_{i+1} v_{j+1}) < w(v_i v_{i+1}) + w(v_j v_{j+1})$,则以 C_{ij} 代替 C,C_{ij} 称为 C 的改良圈。

(2) 转(1),直至无法改进,停止。

用改良圈算法得到的结果多半不是最优的。为了得到更高的精确度,可以选择不同的初始圈,重复进行几次算法,以求得较精确的结果。关于 TSP 的近似算法有很多,如模拟退火法和遗传算法等。

TSP 问题的求解可以采用图论软件包中的函数 [pTS, fmin] = grTravSale(C)。其中,输入 C 表示距离矩阵,可以是对称矩阵,也可以是不对称的。输出 pTS 给出了旅行路线,fmin 给出了最短距离。

例 7.9 从伦敦(L)乘飞机到墨西哥城(M)、纽约(N)、巴黎(Pa)、北京(Pe)、东京(T)五城市做旅游,每城市恰好去一次再回到伦敦,应如何安排旅游线,使旅程最短? 各城市之间的航线距离如表 7-2 所示。

表 7-2 各城市间的距离(百千米)

	L	M	N	Pa	Pe	T
L	0	56	35	21	51	60
M	56	0	21	57	78	70
N	35	21	0	36	68	68
Pa	21	57	36	0	51	61
Pe	51	78	68	51	0	13
T	60	70	68	61	13	0

解:在 MATLAB 命令窗口中输入:

C=[0 56 35 21 51 60；56 0 21 57 78 70；35 21 0 36 68 68；21 57 36 0 51 61；51 78 68 51 0 13；60 70 68 61 13 0];

[pTS, fmin]=grTravSale(C)

pTS=

    1   3   2   6   5   4   1

    fmin=

    211

安排旅行线路为:L-N-M-T-Pe-Pa-L,最短路程为 21 100 千米。

7.2.5 网络最大流问题及其算法

许多系统包含了流量问题,如公路系统中有车辆流、物资调配系统中有物资流、控制系统中有信息流、供水供电供热系统中有水流电流热水流、金融系统中有现金流等。这些流问题都可归结为网络流问题,且都存在一个如何安排使其流量最大的问题,即最大流问题。下面给出最大流问题的相关定义。

定义 7.7 给定一有向图 $G=(V, E)$,在 V 中指定一个点称为**发点**或**源**,该点只有发出的弧;同时指定一个点称为**收点**或**汇**,该点只有指向它的弧;其余的点称为**中间点**。对 E 中的每条弧 $e=(v_i, v_j)$,对应一个实数 $c_{ij} \geqslant 0$,称为弧 e 的**容量**。此时,我们称 G 为一个**网络**,并记 $G=(V, E, c)$。

定义 7.8 对于网络 $G=(V, E, c)$,其上的一个**流** f 是指从 G 的弧集 E 到 R 的一个函数,即对 E 中的每条弧 (i, j) 赋予一个实数 f_{ij}(称为弧 (i, j) 的流量)。如果流 f 满足:

(1) 每条弧上的流量是非负的且不超过该弧的最大通过能力(即该弧的容量);

(2) 起点发出的流的总和(称为流量)等于终点接收的流的总和,且各中间点流入的流量之和等于从该点流出的流量之和,则称 f 为**可行流**。至少存在一个可行流的网络称为**可行网络**。约束(1)称为流量守恒条件(也称流量平衡条件),约束(2)称为容量约束。

定义 7.9 设 f 是网络 $G=(V, E, c)$ 上的一个流,如果

$$f_{ij}=0, \ \forall (i, j) \in E,$$

则 f 称为**零流**,否则为非零流。如果某条弧 (i, j) 上的流量等于其容量 $(f_{ij}=c_{ij})$,则该弧称为**饱和弧**;如果某条弧 (i, j) 上的流量小于其容量 $(f_{ij}<c_{ij})$,则该弧称为**非饱和弧**;如果某条弧 (i, j) 上的流量为 $0(f_{ij}=0)$,则该弧称为**零弧**。

下面给出最大流问题的数学描述。

考虑网络 $G=(V, E, c, s, t)$,其中节点 s 为发点,t 为收点。对于这种单源单汇的网络,设网络中存在可行流 f,此时通常记流 f 的流量为 v 或 $v(f)$。如果存在可行流 f^*,使得对所有的可行流 f,都有 $v(f^*) \geqslant v(f)$,则称流 f^* 为**最大流**。

用线性规划的方法,最大流问题可以描述如下:

$$\max v$$

$$\text{s. t.} \quad \sum_{j: (i, j) \in E} x_{ij} - \sum_{j: (j, i) \in E} x_{ji} = \begin{cases} v, & i=s \\ -v, & i=t \\ 0, & i \neq s, t \end{cases} \tag{7.1}$$

$$0 \leqslant x_{ij} \leqslant c_{ij}, \quad \forall (i, j) \in E$$

实际问题往往是多源多汇网络(即存在多个发点和收点),通常可将多源多汇网络 G 化成单源单汇网络 G'。设 X 是 G 的源,Y 是 G 的汇,具体转化方法如下:

(1) 在原图 G 中增加两个新的顶点 x 和 y,令其分别为新图 G' 中之单源和单汇,则 G 中所有顶点 V 成为 G' 之中间顶点集;

(2) 用一条容量为 ∞ 的弧把 x 连接到 X 中的每个顶点;

（3）用一条容量为∞的弧把 Y 中的每个顶点连接到 y。

G 和 G' 中的流以一个简单的方式相互对应。若 f 是 G 中的流，则由

$$f'(a) = \begin{cases} f(a), & \text{若 } a \text{ 是 } G \text{ 的弧}' \\ f^+(v) - f^-(v), & \text{若 } a = (x, v) \\ f^-(v) - f^+(v), & \text{若 } a = (v, y) \end{cases} \tag{7.2}$$

所定义的函数 f' 是 G' 中使得 $v(f') = v(f)$ 的流。反之，G' 中的流在 G 的弧集上的限制就是 G 中具有相同值的流。

在网络 $G = (V, E, c, s, t)$ 中，从 s 到 t 的轨 P 上，若对所有的前向弧 (i, j) 都有 $f_{ij} < c_{ij}$，对所有的后向弧 (i, j) 恒有 $f_{ij} > 0$，则称这条轨 P 为从 s 到 t 的关于 f 的**可增广轨**。令

$$\delta_{ij} = \begin{cases} c_{ij} - f_{ij}, & \text{当}(i, j)\text{为前向弧} \\ f_{ij}, & \text{当}(i, j)\text{为后向弧} \end{cases} \tag{7.3}$$

$$\delta = \min\{\delta_{ij}\}$$

则在这条可增广轨上每条前向弧的流都可以增加一个量 δ，而相应的后向弧的流可减少 δ，这样就可使得网络的流量获得增加，同时可以使每条弧的流量不超过它的容量，而且保持为正，也不影响其他弧的流量。总之，若网络中存在 f 可增广轨，也就意味着 f 不是最大流。

下面给出最大流的一种算法——标号法。

标号法是由 Ford 和 Fulkerson 在 1957 年提出的。用标号法寻求网络中最大流的基本思想是寻找可增广轨，使网络的流量得到增加，直到最大为止。利用 Ford - Fulkerson 标号法求最大流算法的 MATLAB 程序代码如下：

```
function [flow, MaxFlow]=FordFulkerson(n, C)
% Ford - Fulkerson 算法计算最大流
% 输入：节点个数 n，容量矩阵 C
% 输出：最大流 flow，最大流量 MaxFlowfmax

%取初始可行流为零流
flow=zeros(n);

%纪录编号
Num=zeros(1, n); d=zeros(1, n);

while(1)
Num(1)=n+1;
d(1)=Inf；%给始点 vs 标号
    while(1)
        pd=1；%标号过程
```

```
        for i＝1:n
            if Num(i)  ％选择一个已标号的点 vi
                for j＝1:n
                    if(Num(j)＝＝0&&flow(i, j)＜C(i, j))  ％对于未标号的 vj,
检验 vivj 是否为非饱和弧
                        Num(j)＝i; d(j)＝C(i, j)－flow(i, j);
                        pd＝0;
                        if d(j)＞d(i)
                            d(j)＝d(i);
                        end
                    elseif(Num(j)＝＝0&&flow(j, i)＞0)  ％对于未标号的 vj,检
验 vjvi 是否为非零流弧
                        Num(j)＝－i;
                        d(j)＝flow(j, i);
                        pd＝0;
                        if d(j)＞d(i)
                            d(j)＝d(i);
                        end
                    end
                end
            end
        end
        if(Num(n)||pd)
            break;
        end
    end ％若点 vt 得到标号或者无法标号,终止标号过程
if(pd)
    break;
end ％vt 未得到标号,f 已是最大流,算法终止
Adjmnt＝d(n);  ％调整量
t＝n; ％进入调整过程
while(1)
    if Num(t)＞0
        flow(Num(t), t)＝flow(Num(t), t)＋Adjmnt;  ％前向弧调整
    elseif(Num(t)＜0)
        flow(Num(t), t)＝flow(Num(t), t)－Adjmnt;  ％后向弧调整
    end
    if Num(t)＝＝1
```

```
        for i=1:n
            Num(i)=0; d(i)=0;
        end
        break
    end
    t=Num(t);
  end
end
```

%计算最大流量

MaxFlow=sum(flow(1，:));

例 7.10 求如图 7-10 所示的网络的最大流。

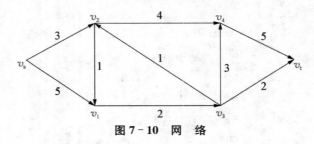

图 7-10 网 络

解： 在 MATLAB 命令窗口中输入：

C=[0 5 3 0 0 0；0 0 0 2 0 0；0 1 0 0 4 0；0 0 1 0 3 2；0 0 0 0 0 5；0 0 0 0 0 0];

[flow，MaxFlow]=FordFulkerson(6，C)

flow =

0	2	3	0	0	0
0	0	0	2	0	0
0	0	0	0	3	0
0	0	0	0	0	2
0	0	0	0	0	3
0	0	0	0	0	0

MaxFlow =

5

运行程序，计算出的最大流如图 7-11 所示，最大流量为 5。

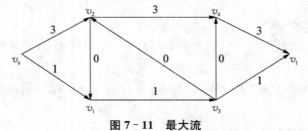

图 7-11 最大流

7.2.6　网络最小费用流问题及其算法

在许多实际问题中，往往还要考虑网络上流的费用问题。例如，在运输问题中，人们总是希望在完成运输任务的同时，寻求一个使总的运输费用最小的运输方案，即考虑网络在最大流情况下的最小费用，也就是下面要介绍的最小费用最大流问题。

设 f_{ij} 为弧 (i,j) 上的流量，u_{ij} 为弧 (i,j) 上的单位费用，c_{ij} 为弧 (i,j) 上的容量，则最小费用流问题可以用如下的线性规划问题描述：

$$\min \sum_{(i,j)\in E} u_{ij}f_{ij}$$

$$\text{s.t.}\quad \sum_{j:(i,j)\in E} f_{ij} - \sum_{j:(j,i)\in E} f_{ji} = \begin{cases} v(f), & i=s \\ -v(f), & i=t \\ 0, & i\neq s,t \end{cases} \tag{7.4}$$

$$0\leqslant f_{ij}\leqslant c_{ij}, \quad \forall (i,j)\in E$$

当 $v(f)=$ 最大流 $v(f_{\max})$ 时，本问题就是最小费用最大流问题；如果 $v(f)>v(f_{\max})$，本问题无解。

求最小费用最大流的方法是由 Busacker 和 Gowan 在 1961 年提出的，称为 **Busacker - Gowen** 算法。它采用的是来自 Ford - Fulkerson 方法中的最低成本的增广路径，这些路径的查找可以通过 **Bellman - Ford** 算法或（经过某些加权处理的）Dijkstra 算法来完成。利用 Busacker - Gowen 算法求最小费用最大流算法的 MATLAB 程序如下：

```
function [flow,MaxFlow,MinCost]=MinCostMaxFlow(Capacity,Cost)
% 求解最小费用最大流问题
% 输入：容量矩阵 Capacity,费用矩阵 Cost
% 输出：最大流 flow,最大流量 MaxFlow,最小费用 MinCost

% 初始化
n=length(Capacity);
flow=zeros(n);
MaxFlow=0;
MinCost=Inf;

while(1)
    % 调整容量矩阵,保证找到的每一条路径为增广链
    C=inf*ones(n);
    for i=1:n
        for j=1:n
            if Capacity(i,j)>0&&flow(i,j)==0
                C(i,j)=Cost(i,j);
```

```
                elseif Capacity(i, j)>0&&flow(i, j)==Capacity(i, j)
                    C(j, i)=-Cost(i, j);
                elseif Capacity(i, j)>0
                    C(i, j)=Cost(i, j);
                    C(j, i)=-Cost(i, j);
                end
            end
    end

    % 找最大容量链
    p=inf*ones(1, n); p(1)=0;
    s=1:n; s(1)=0;
    for k=1:n
        flag=1;
        for i=2:n
            for j=1:n
                if  p(i)>p(j)+C(j, i)
                    p(i)=p(j)+C(j, i); s(i)=j; flag=0;
                end
            end
        end
        if flag
            break
        end
    end
    if p(n)==Inf
        break
    end

    % 调整流量
    Adjmnt=Inf; t=n;
    while(1)
        if C(s(t), t)>0
            temp=Capacity(s(t), t)-flow(s(t), t);
        elseif C(s(t), t)<0
            temp=flow(t, s(t));
        end
        if Adjmnt>temp
```

```
                Adjmnt=temp;
            end
            if s(t)==1
                break
            end
            t=s(t);
        end
    end
    flag=0;
    if MaxFlow+Adjmnt>=MinCost
        Adjmnt=MinCost-MaxFlow;flag=1;
    end
    t=n;
    while(1)
        if C(s(t),t)>0
            flow(s(t),t)=flow(s(t),t)+Adjmnt;
        elseif C(s(t),t)<0
            flow(t,s(t))=flow(t,s(t))-Adjmnt;
        end
        if(s(t)==1)
            break
        end
        t=s(t);
    end
    if flag
        break
    end
end

% 计算最小费用最大流量
MaxFlow=sum(flow(1,:));

% 计算最小费用
MinCost=sum(sum(Cost.*flow));
end
```

例 7.11 如图 7-11 所示带有运费的网络，求从点 v_s 到 v_t 的最小费用最大流，其中第 1 个数字是网络的容量，第 2 个数字是网络的单位运费。

解： 在 MATLAB 命令窗口中输入：

Capacity=[0 8 7 0 0 0;0 0 5 9 0 0;0 0 0 0 9 0;0 0 2 0 0 5;0 0 0 6 0 10;0 0 0 0 0 0];

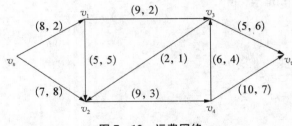

图7-12 运费网络

Cost=[0 2 8 0 0 0; 0 0 5 2 0 0; 0 0 0 0 3 0; 0 0 1 0 0 6; 0 0 0 4 0 7; 0 0 0 0 0 0];

[flow, MaxFlow, MinCost]=MinCostMaxFlow(Capacity, Cost)

flow =

0	8	6	0	0	0
0	0	1	7	0	0
0	0	0	0	9	0
0	0	2	0	0	5
0	0	0	0	0	9
0	0	0	0	0	0

MaxFlow =

    14

MinCost =

    205

运行程序,最大流如图7-13所示,最小费用为205。

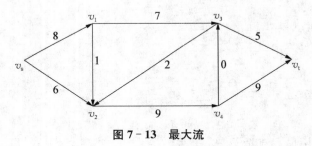

图7-13 最大流

7.3 图论模型的应用

例7.12 图7-14给出了某市中心城区A的交通网络和现有的20个交巡警服务平台的设置情况示意图。试建立数学模型分析研究下面的问题:

(1)请为各交巡警服务平台分配管辖范围,使其在所管辖的范围内出现突发事件时,尽量能在3分钟内有交巡警(警车的时速为60 km/h)到达事发地。

(2)对于重大突发事件,需要调度全区20个交巡警服务平台的警力资源,对进出该区的 13 条交通要道路口实现快速全封锁。实际中一个平台的警力最多封锁一个路口，请给出该区交巡警服务平台警力合理的调度方案。

题目中的具体数据来源于 2011 全国大学生数学建模竞赛 B 题。

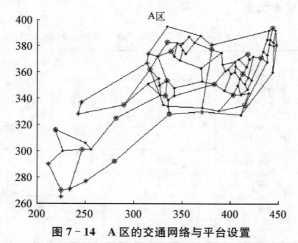

图 7 - 14　A 区的交通网络与平台设置

注：① 图中实线表示市区道路；线表示连接两个区之间的道路；② 实圆点"·"表示交叉路口的节点，没有实圆点的交叉线为道路立体相交；③ 星号"＊"表示出入城区的路口节点；④ 圆圈"○"表示现有交巡警服务平台的设置点；⑤ 圆圈加星号"⊛"表示在出入城区的路口处设置了交巡警服务平台。

1）基本假设

（1）交巡警平台都建在道路交叉路口；

（2）交巡警到达距离事发地点最近的公路上路口节点就认为交巡警已到达了事发地点；

（3）警车在每条道路上的行驶速度均为 60 km/h。

2）模型建立

首先建立 A 区交通网络赋权图。

设 x_i，$i = 1, 2, \cdots, 92$ 表示第 i 个路口，以路口为节点，路口之间的道路为边，其道路的长度为对应边的权重，可建立 A 区的一个交通网络赋权图。

设 y_j，$j = 1, 2, \cdots, 20$ 表示第 j 个交巡警服务平台。记 $\boldsymbol{X} = (x_{ij})_{13 \times 20}$ 为决策矩阵，其中

$$x_{ij} = \begin{cases} 1, & 交警平台 j 去封锁第 i 个交通要道路口 \\ 0, & 其他 \end{cases}$$

记 $\boldsymbol{D} = (d_{ij})_{13 \times 20}$，其中 d_{ij} 表示第 j 个平台到第 i 个交通要道口的最短距离。可以建立如下 0 - 1 规划模型：

$$\min Z = \sum_{i=1}^{13} \sum_{j=1}^{20} d_{ij} x_{ij}$$

$$\text{s. t.} \begin{cases} \sum_{i=1}^{13} x_{ij} \leqslant 1, \ i = 1, 2, \cdots, 13 \\ \sum_{j=1}^{20} x_{ij} = 1, \ j = 1, 2, \cdots, 20 \\ x_{ij} \in \{0, 1\} \end{cases}$$

3）模型求解

（1）利用 Flody 算法可得 A 区 92 个路口节点任意两点间的最短路径，构成一个邻接矩阵 **L**。

L 矩阵中的部分元素如表 7-3 所示。

表 7-3　A 区任意两节点间的最短距离（单位：mm）

节 点	1	2	3	4	5	6	…
1	0	18.987 5	38.838 8	45.352 2	93.742 9	95.375 2	…
2	18.987 5	0	21.116 5	56.850 7	78.337 1	98.420 7	…
3	38.838 8	21.116 5	0	40.433 9	57.220 6	77.304 2	…
4	45.352 2	56.850 7	40.433 9	0	49.200 4	50.023 0	…
5	93.742 9	78.337 1	57.220 6	49.200 4	0	29.426 3	…
6	95.375 2	98.420 7	77.304 2	50.023 0	29.426 3		…
…	…	…	…	…	…	…	…

考虑交警平台与路口节点存在多对一的关系，即对于任一路口节点，有唯一的平台与之对应，而每一个交警平台可管辖多个路口。因此可以按照最近邻原则为各平台分配管辖范围。

即对于每一个路口节点 i，利用上述邻接矩阵 **L** 在 20 个平台中找到距离 i 路径最短的平台 k，然后规定路口 i 被平台 k 所管辖。这样 A 区中每一个路口都被它距离最小的平台所管辖，具体结果如表 7-4 所示（交警平台通过在对应节点前面增加字母 A 来标识）。

表 7-4　20 个交警平台管辖范围

平　台	管 辖 范 围
A1	A1、67、68、69、71、73、74、75、76、78
A2	A2、39、40、43、44、70、72
A3	A3、54、55、65、66
A4	A4、57、60、62、63、64
A5	A5、49、50、51、52、53、58、59
A6	A6
A7	A7、30、32、47、48、61
A8	A8、33、46
A9	A9、31、34、35、45
A10	A10
A11	A11、26、27
A12	A12、25

(续 表)

平 台	管 辖 范 围
A13	A13、21、22、23、24
A14	A14
A15	A15、28、29
A16	A16、36、37、38
A17	A17、41、42
A18	A18、80、81、82、83
A19	A19、77、79
A20	A20、84、85、86、87、88、89、90、91、92

根据题意,警车行驶 3 分钟对应的坐标长度为 30 mm。经过计算发现有 6 个路口在 3 分钟内是无法达到的,即 28、29、38、39、61 和 92 号。它们分别分配给 15 号、16 号、2 号、7 号和 20 号平台管辖,占路口总结点数 92 的 6.52%。

（2）利用 LINGO 软件直接求解上述 0-1 规划模型可得平台最佳封锁方案如表 7-5 所示。

表 7-5 A 区最佳封锁方案

平 台	交通要道路口	路径长度/mm	封锁时间/min
A2	38	39.821	3.982 2
A4	62	3.5	0.35
A5	48	24.758 3	2.475 8
A7	29	80.154 6	8.015 5
A8	30	30.608 2	3.060 8
A9	16	15.325 4	1.532 5
A10	22	77.079 2	7.707 9
A11	24	38.052 7	3.805 3
A12	12	0	0
A13	23	5	0.5
A14	21	32.649 7	3.265
A15	28	47.518 4	4.751 8
A16	14	67.416 6	6.741 7

由表 7-5 可知,要实现 A 区全封锁的最长时间为 8.015 5 分钟,总平均封锁时间为 3.552 96 分钟。

习　题　7

1. 从城市 s 到城市 t 可经城市 1~6 到达,其间有直达客车的城际乘车费用依次为 $l_{s1}=4$, $l_{s2}=1$, $l_{s3}=3$, $l_{14}=2$, $l_{25}=6$, $l_{36}=1$, $l_{12}=3$, $l_{23}=5$, $l_{45}=5$, $l_{4t}=6$　$l_{56}=3$, $l_{5t}=4$, $l_{6t}=7$,单位是 10 元。试建立图模型以确定乘直达车从城市 s 到各城市间的最小乘车费用及相应的乘车路线。

2. 某公司要为客户设计一个有 9 个通信站点的局部网络,这 9 个站点的直角坐标如下表所示。

站　点	1	2	3	4	5	6	7	8	9
x	0	5	16	20	33	23	35	25	10
y	15	20	24	20	25	11	7	0	3

假定通信站之间的线路费用正比于两点间的直角折线距离,即

$$d=\mid x_1-x_2\mid+\mid y_1-y_2\mid$$

在不允许通信线在非站点处连接的条件下,如何布线使总费用最低?

第8章
统计方法建模

随着计算机技术的发展和普及,人们得到越来越多的数据信息,如何从这些庞大的数据群中挖掘出有用的信息,是亟待解决一个重大课题。本章针对这个问题介绍一些常用的统计分析方法,读者能借助这些方法对数据进行系统地处理和分析,得到有用的信息。

8.1 统计方法建模引例

例8.1 某饮料公司发现饮料的销售量与气温之间存在着相关关系,即气温越高,人们对饮料的需求量越大。表8-1记录了饮料销售量和气温的观察数据。

表8-1 不同气温下饮料销售量

气温 x/摄氏度	30	21	35	42	37	20	8	17	35	25
销量 y/箱	430	335	520	490	470	210	195	270	400	480

试建立销售量与气温之间的关系。

解: 首先画出散点图,由图8-1可以看出,这些点大致分布在一条直线上。

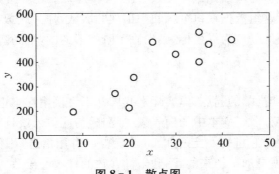

图8-1 散点图

模型假设

(1) 销量只与气温有关,忽略其他因素对销量的影响;

(2) 销售量和气温大致呈线性关系;

（3）随机误差服从正态分布。

基于上述假设，建立一元回归线性模型

$$Y = \beta_0 + \beta_1 x + \varepsilon, \varepsilon \sim N(0, \sigma^2) \tag{8.1}$$

式中 β_0，β_1 为未知参数。

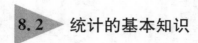

8.2 统计的基本知识

数理统计研究的对象是受随机因素影响的数据，简称**统计**。统计是以概率论为基础的一门应用学科。数据样本少则几个，多则成千上万，人们希望能用少数几个包含其最多相关信息的数值来体现数据样本总体的规律。描述性统计就是搜集、整理、加工和分析统计数据，使之系统化、条理化，以显示出数据资料的趋势、特征和数量关系。它是统计推断的基础，实用性较强，在统计工作中经常使用。下面介绍统计的基本概念。

8.2.1 总体和样本

在数理统计中，把所研究的对象的全体称为**总体**。通常指研究对象的某项数量指标，一般记为 X。如全体在校生的身高 X，某批灯泡的寿命 Y。把总体的每一个基本单位称为**个体**。对不同的个体，X 的取值是不同的。所以，X 可以看成是一个随机变量或随机向量。从总体 X 中抽出若干个个体称为**样本**，一般记为 $(X_1, X_2, \cdots, X_n)$，n 称为**样本容量**。而对这 n 个个体的一次具体的观察结果记为 $(x_1, x_2, \cdots, x_n)$，它是完全确定的一组数值，但又随着每次抽样观察而改变，称 $(x_1, x_2, \cdots, x_n)$ 为**样本观察值**。统计的任务是从手中已有的资料——样本观察值出发，去推断总体的情况——总体分布。

8.2.2 频数表和直方图

一组数据（样本观察值）虽然包含了总体的信息，但往往是杂乱无章的，作出它的频数表和直方图，可以看作是对这组数据的一个初步整理和直观描述。将数据的取值范围划分为若干个区间，然后统计这组数据在每个区间中出现的次数，称为**频数**，由此得到一个频数表。以数据的取值为横坐标，频数为纵坐标，画出一个阶梯形的图，称为**直方图**，或频数分布图。

8.2.3 统计量

样本是进行分析和推断的起点，但实际上我们并不直接用样本进行推断，而需对样本进行"加工"和"提炼"，将分散于样本中的信息集中起来，为此引入统计量的概念。假设有一个容量为 n 的样本，需要对它进行一定的加工，才能提出有用信息，用作对总体（分布）参数的估计和检验。**统计量**就是加工出来的、不含未知参数的样本的函数。

几种常用的统计量：

1）算术平均值和中位数

算术平均值（简称均值）$\overline{X} = \dfrac{1}{n} \sum\limits_{i=1}^{n} X_i$，中位数是将数据由小到大排序后位于中间位置的那个数值（n 为偶数时，取值为中间两数的算术平均值）。

2）样本标准差、方差和极差

样本标准差 $s = \left[\dfrac{1}{n-1}\sum\limits_{i=1}^{n}(X_i - \overline{X})^2\right]^{\frac{1}{2}}$，它是各个数据与均值偏离程度的度量。样本方差是样本标准差的平方，记为 s^2。极差是 $x_1, x_2, \cdots, x_n$ 的最大值与最小值之差。

3）偏度和峰度

偏度和峰度是表示数据分布形状的统计量。偏度 $g_1 = \dfrac{1}{s^3}\sum\limits_{i=1}^{n}(X_i - \overline{X})^3$ 反映数据分布对称性的指标，当 $g_1 > 0$ 时，称为右偏态，此时数据位于均值右边的比位于左边的多；当 $g_1 < 0$ 时称为左偏态，情况相反；而 g_1 接近 0 时，则可认为分布是对称的。

峰度 $g_2 = \dfrac{1}{s^4}\sum\limits_{i=1}^{n}(X_i - \overline{X})^4$ 是数据分布形状的另一种度量。正态分布的峰度为 3，若 g_2 比 3 大得多，表示分布有沉重的尾巴，说明样本中含有较多远离均值的数据，因而峰度可以用作衡量偏离正态分布的尺度之一。

将样本的观测值 $(x_1, x_2, \cdots, x_n)$ 代入以上各定义式后，即可求得对应统计量的观测值。

8.2.4　利用 MATLAB 计算

下面列出用于数据的统计描述和分析的常用 MATLAB 命令。其中，x 为原始数据行向量。

（1）用 hist 命令实现作频数表及直方图，其用法是：

$$[n, y] = \text{hist}(x, k)$$

返回 x 的频数表。它将区间 $[\min(x), \max(x)]$ 等分为 k 份（缺省时 k 设定为 10），n 返回 k 个小区间的频数，y 返回 k 个小区间的中点。

$$\text{hist}(x, k)$$

返回 x 的直方图。

（2）算术平均值和中位数。MATLAB 中 mean(x) 返回 x 的均值，median(x) 返回中位数。

（3）标准差、方差和极差。MATLAB 中 std(x) 返回 x 的标准差，var(x) 返回方差，range(x) 返回极差。

（4）偏度和峰度。MATLAB 中 skewness(x) 返回 x 的偏度，kurtosis(x) 返回峰度。

例 8.2　某学校随机抽取 100 名学生，测量他们的身高，所得数据如表 8 - 2 所示。

表 8 - 2　100 名学生的身高（单位：厘米）

172	169	169	171	167	178	177	170	167	169
171	168	165	169	168	173	170	160	179	172
166	168	164	170	165	163	173	165	176	162

（续　表）

160	175	173	172	168	165	172	177	182	175
155	176	172	169	176	170	170	169	186	174
173	168	169	167	170	163	172	176	166	167
166	161	173	175	158	172	177	177	169	166
170	169	173	164	165	182	176	172	173	174
167	171	166	166	172	171	175	165	169	168
173	178	163	169	169	177	184	166	171	170

解：用 MATLAB 计算例 8.2 的频数表、直方图及均值等统计量，程序如下：

X＝[172 169 169 171 167 178 177 170 167 169 171 168 165 169 168 173 170 160 179
172 166 168 164 170 165 163 173 165 176 162 160 175 173 172 168 165 172 177 182 175
155 176 172 169 176 170 170 169 186 174 173 168 169 167 170 163 172 176 166 167 166
161 173 175 158 172 177 177 169 166 170 169 173 164 165 182 176 172 173 174 167 171
166 166 172 171 175 165 169 168 173 178 163 169 169 177 184 166 171 170]；

[n，y]＝hist(X) ％ 返回频数表

n ＝

    2   3   6   18   26   22   11   8   2   2

y ＝

  156.5500   159.6500   162.7500   165.8500   168.9500   172.0500   175.1500
178.2500   181.3500   184.4500

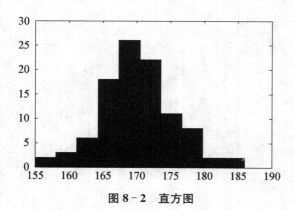

图 8-2　直方图

hist(X) ％ 绘制直方图（见图 8-2）

x1＝mean(X) ％ 返回平均值

x1 ＝

  170.2500

x2＝median(X) ％ 返回中位数

x2 ＝

  170

x3＝range(X) ％ 返回极差

x3 ＝

  31

x4＝std(X) ％ 返回标准差

x4 ＝

  5.4018

x5＝skewness(X) ％ 返回偏度

x5 ＝

  0.1545

x6＝kurtosis(X) ％ 返回峰度

x6 ＝

    3.557 3

（5）几个重要的概率分布的 MATLAB 实现。MATLAB 统计工具箱中提供了约 20 种概率分布，对每一种分布提供了 5 种运算功能。表 8-3 给出了常见 8 种分布对应的 MATLAB 命令字符；表 8-4 给出了每一种运算功能所对应的 MATLAB 命令字符。当需要某一分布的某类运算功能时，将分布字符与功能字符连接起来，就可得到所要的命令。

表 8-3　常用分布对应的 MATLAB 命令

分　布	均　匀	指　数	正　态	χ^2 分布	t 分布	F 分布	二　项	泊　松
字　符	unif	exp	Norm	chi2	t	f	bino	poiss

表 8-4　常用运算对应的 MATLAB 命令

功　能	概率密度	分布函数	逆概率密度	均值与方差	随机数生成
字　符	pdf	Cdf	Inv	stat	rnd

例 8.3　（1）求正态分布 $N(-1, 2)$ 在 $x=1.2$ 处的概率密度。

y＝normpdf(1.2, -1, 2)

y ＝

    0.108 9

（2）求泊松分布 $P(3)$ 在 $k=5, 6, 7$ 处的概率。

y＝poisspdf([5 6 7], 3)

y ＝

    0.100 8　　0.050 4　　0.021 6

（3）求均匀分布 $U(1, 3)$ 在 $x=2$ 处的分布函数值。

y＝unifcdf(2, 1, 3)

y ＝

    0.500 0

（4）求概率 $\alpha=0.995$ 的正态分布 $N(1, 2)$ 的分位数 X_α。

y＝norminv(0.995, 1, 2)

y ＝

    6.151 7

（5）求 t 分布 $t(10)$ 的期望和方差。

[m, v]＝tstat(10)

m ＝

    0

v ＝

  1.250 0

(6) 生成一个 2×3 的随机矩阵,其中,第一行 3 个数分别服从均值为 1,2,3;第二行 3 个数分别服从均值为 4,5,6,且标准差均为 0.1 的正态分布。

A=normrnd([1 2 3; 4 5 6], 0.1, 2, 3)

A =

  1.118 9 2.032 7 2.981 3

  3.996 2 5.017 5 6.072 6

(7) 生成一个服从均匀分布 $U(1, 3)$ 的 2×3 随机矩阵。

B=unifrnd(1, 3, 2, 3)

B =

  1.820 5 1.115 8 2.626 3

  2.787 3 1.705 7 1.019 7

另外,对于标准正态分布,可用命令 randn(m, n);对均匀分布 $U(0, 1)$,可用命令 rand(m, n)。

8.3 常用统计方法

8.3.1 参数估计及其 MATLAB 实现

参数估计是利用样本对总体进行统计推断的一类问题,即假定总体的概率分布类型已知,由样本估计参数的分布。参数估计的方法主要有点估计和区间估计两种。

(1) 点估计。点估计是用样本统计量确定总体参数的一个数值。估计的方法有矩法、极大似然法等。

(2) 区间估计。点估计虽然给出了待估参数的一个数值,却没有告诉我们这个估计值的精度和可信程度。通俗地说,区间估计给出了点估计的误差范围。

在 MATLAB 统计工具箱中,有专门计算总体均值、标准差的点估计和区间估计的函数。对于正态总体,命令是

$$[mu, sigma, muci, sigmaci] = normfit(x, alpha)$$

其中 x 为样本,alpha 为显著性水平 α(alpha 缺省时设定为 0.05),返回总体均值 μ 和标准差 σ 的点估计 mu 和 sigma,及区间估计 muci 和 sigmaci。当 x 为矩阵时返回行向量。此外,MATLAB 统计工具箱中还提供了一些具有特定分布总体的区间估计的命令,如 expfit, poissfit,分别用于指数分布和泊松分布的区间估计,具体用法可参见 MATLAB 的帮助系统。

例 8.4 假定例 8.2 中学生的身高服从正态分布,求总体均值、标准差的点估计和区间估计 ($\alpha = 0.05$)。

解:在 MATLAB 命令窗口中输入:

[mu sigma muci sigmaci]=normfit(X, 0.05)

mu =

 170.250 0

sigma =

    5.401 8

muci =

    169.178 2

    171.321 8

sigmaci =

    4.742 8

    6.275 1

8.3.2 假设检验及其 MATLAB 实现

假设检验是统计推断的另一类重要问题。在总体的分布函数完全未知或只知其形式但不知其参数的情况下,为了推断总体的某些性质,提出某些关于总体的假设,然后,根据样本对所提出的假设做出判断:是接受还是拒绝。这类统计推断问题就是所谓的**假设检验**问题。

1) 参数假设检验

如果总体的分布函数类型已知,只是对总体分布中的参数做某种假设,用样本检验此假设是否成立,这种检验称为**参数检验**。表 8-5 给出几种参数检验对应的 MATLAB 命令。

表 8-5　假设检验的类型及相应的 MATLAB 命令

假 设 检 验		MATLAB 命令
单个总体均值 (σ^2 已知)	$H_0: \mu = \mu_0$ $H_1: \mu \neq \mu_0 (\mu > \mu_0, \mu < \mu_0)$	[h, p, ci]=ztest(x, mu, sigma, alpha, tail)
单个总体均值 (σ^2 未知)	$H_0: \mu = \mu_0$ $H_1: \mu \neq \mu_0 (\mu > \mu_0, \mu < \mu_0)$	[h, p, ci]=ttest(x, mu, alpha, tail)
两个总体均值 ($\sigma_1^2 = \sigma_2^2$ 已知)	$H_0: \mu_1 = \mu_2$ $H_1: \mu_1 \neq \mu_2 (\mu_1 > \mu_2, \mu_1 < \mu_2)$	[h, p, ci]=ttest2(x, y, alpha, tail)

注 1: x 是样本,mu 是 H_0 中的 μ_0,sigma 是总体标准差 σ,alpha 是显著性水平 α(alpha 缺省时设定为 0.05),tail 是对备择假设 H_1 的选择:H_1 为 $\mu \neq \mu_0$ 时, 令 tail=0(可缺省);H_1 为 $\mu > \mu_0$ 时, 令 tail=1;H_1 为 $\mu < \mu_0$ 时, 令 tail=-1。输出参数 h=0 表示接受 H_0, h=1 表示拒绝 H_0, p 表示在假设 H_0 下样本均值出现的概率,若 $p < \alpha$, 则拒绝 H_0, ci (confidence interval)是 μ_0 的置信区间。

注 2: ttest2 输入的是两个样本 x, y,长度可以不同。

例 8.5　某种电子元件的寿命 X(以小时计)服从正态分布,σ^2 未知。现测得 16 只元件的寿命如下:

    159 280 101 212 224 379 179 264 222 362 168 250 149 260 485 170

问是否有理由认为元件的平均寿命大于 225(小时)?($\alpha = 0.05$)

解:需要检验 $H_0: \mu = 225$, $H_1: \mu > 225$

x=[159 280 101 212 224 379 179 264 222 362 168 250 149 260 485 170];

[h, p, ci]＝ttest(x, 225, 0.05, 1)

h ＝

   0

p ＝

   0.2570

ci ＝

  198.2321   Inf

h＝0，p＝0.2570，说明在显著水平为 0.05 的情况下，不能拒绝原假设，认为元件的平均寿命不大于 225 小时。

例 8.6 在平炉上进行一项试验以确定改变操作方法的建议是否会增加钢的得率，试验是在同一平炉上进行的。每炼一炉钢时除操作方法外，其他条件都尽可能做到相同。先用标准方法炼一炉，然后用建议的新方法炼一炉，以后交换进行，各炼了 10 炉，其得率分别为：

标准方法 78.1 72.4 76.2 74.3 77.4 78.4 76.0 75.6 76.7 77.3

新方法   79.1 81.0 77.3 79.1 80.0 79.1 79.1 77.3 80.2 82.1

设这两个样本相互独立且服从标准差相同的正态分布，问建议的新方法能否提高得率？（取 $\alpha=0.05$）

解：需要检验 $H_0: \mu_1=\mu_1$，$H_1: \mu_1 < \mu_2$

x＝[78.1 72.4 76.2 74.3 77.4 78.4 76.0 75.6 76.7 77.3]；

y＝[79.1 81.0 77.3 79.1 80.0 79.1 79.1 77.3 80.2 82.1]；

[h, p, ci]＝ttest2(x, y, 0.05, −1)

h ＝

   1

p ＝

  2.2126e−004

ci ＝

   −Inf   −1.9000

h＝1，p＝2.2126×10^{-4}。表明在 $\alpha=0.05$ 的显著水平下，可以拒绝原假设，即认为建议的新操作方法能提高得率。

2）分布拟合检验

在实际问题中，有时不能预知总体服从什么类型的分布，这时就需要根据样本来检验关于分布的假设。表 8-6 给出几种检验总体是否服从正态分布对应的 MATLAB 命令。

表 8-6　几种检验总体是否服从正态分布对应的 MATLAB 命令

总体分布正态性检验	MATLAB 命令	备　注
H_0：总体服从 $N(\mu, \sigma^2)$	[h, p]＝jbtest(x, alpha)	适用于大样本
H_0：总体服从 $N(\mu, \sigma^2)$	[h, p]＝lillietest(x, alpha)	适用于小样本
H_0：总体服从 $N(0, 1)$	h＝kstest(x)	

例 8.7 试检验例 8.2 中的学生身高数据是否来自正态总体(取 $\alpha = 0.1$)。

解: 在 MATLAB 命令窗口中输入:

[h, p]=jbtest(x, 0.1)

h =

    0

p =

  0.5303

h=0,因此,接受总体服从正态分布的假设。

8.3.3 方差分析及其 MATLAB 实现

方差分析是用于两个及两个以上样本均数差别的显著性检验。例如,生产某种产品,为了使生产过程稳定,达到优质、高产,需要对影响产品质量的因素进行分析,找出有显著影响的那些因素,方差分析就是鉴别各因素效应的一种有效的统计方法。

1) 单因素方差分析及其 MATLAB 实现

若在一项试验中,只考虑一个因素 A 的变化,其他因素保持不变,称这种试验为单因素试验。具体做法是:A 取几个水平,在每个水平上作若干个试验,试验过程中除 A 外其他影响指标的因素都保持不变(只有随机因素存在),我们的任务是从试验结果推断,因素 A 对指标有无显著影响,即当 A 取不同水平时指标有无显著差别。A 取某个水平下的指标可视为随机变量,判断 A 取不同水平时指标有无显著差别,相当于检验若干总体的均值是否相等。

MATLAB 统计工具箱中单因素方差分析的命令是 anoval,用法为:

$$p = anoval(x, group)$$

输入参数 x 是一个向量,从第 1 个总体的样本到第 r 个总体的样本依次排列,group 是一个与 x 有相同长度的向量,反映了 x 中数据的分组情况。如可以用数字 i 代表第 i 个总体的样本。输出值 p 是一个概率值(p 值),当 $p > \alpha$ 时接受原假设,即认为因素 A 对指标无显著影响。另外,该命令还给出一个标准的方差分析表和一个盒子图。

例 8.8 用 4 种工艺生产灯泡,从各种工艺制成的灯泡中各抽出了若干个测量其寿命,结果如表 8-7 所示,试推断这几种工艺制成的灯泡寿命是否有显著差异。

表 8-7 4 种工艺生产的灯泡寿命(单位: 小时)

序号 \ 工艺	A1	A2	A3	A4
1	1 620	1 580	1 460	1 500
2	1 670	1 600	1 540	1 550
3	1 700	1 640	1 620	1 610
4	1 750	1 720	1 680	
5	1 800			

解: 在 MATLAB 命令窗口中输入:

x=[1620 1670 1700 1750 1800 1580 1600 1640 1720 1460 1540 1620 1680 1500 1550 1610];

g=[ones(1, 5), 2*ones(1, 4), 3*ones(1, 4), 4*ones(1, 3)];

p=anova1(x, g)

p =

  0.042

运行结果如图 8-3 所示，p=0.042<0.05，所以这几种工艺制成的灯泡寿命有显著差异。

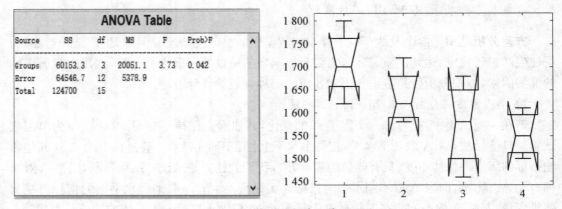

图 8-3　方差分析表和盒子图

2）双因素方差分析及其 MATLAB 实现

如果要考虑两个因素对指标的影响，就要采用双因素方差分析。它的基本思想是：对每个因素各取几个水平，然后对各因素不同水平的每个组合作一次或若干次试验，对所得数据进行方差分析。对双因素方差分析可分为无重复和等重复试验两种情况，无重复试验只需检验两因素是否分别对指标有显著影响；而对等重复试验还要进一步检验两因素是否对指标有显著的交互影响。下面只给出 MATLAB 求解方法，理论知识可参考相关教材。

双因素方差分析的 MATLAB 命令为

$$p=anova2(x, reps)$$

输入参数 x 为矩阵，其元素表示两因素在某个水平组合下的试验结果，其中行对应因素 A，列对应因素 B。如果每一种水平组合都有不止一个的观测值，则用参数 reps 来表明，即 reps 给出重复试验的次数。当 reps=1（缺省值）时，输出 p 是一个向量包含两个概率值（p 值），第 1 个对应因素 A，第 2 个对应因素 B。p 值接近于零（小于 0.05）时，拒绝原假设，即认为该因素对指标有显著影响。当 reps>1 时，输出 p 还包含另外一个概率值，该值接近于零（小于0.05）时，认为两个因素交互作用的效应是显著的。

例 8.9　表 8-8 给出某种化工过程在三种浓度、四种温度水平下得率的数据。试在水平 $\alpha=0.05$ 下，检验在不同浓度（因素 A）、不同温度（因素 B）下的得率是否有显著差异？交互作用是否显著？

表 8-8　某化工过程在三种浓度、四种温度下的得率

浓度(B)	温　度(A)			
	10	24	38	52
2	11 10	11 11	13 9	10 12
4	9 7	10 8	7 11	6 10
6	5 11	13 14	12 13	14 10

解：在 MATLAB 命令窗口中输入：

```
x=[11 11 13 10; 10 11 9 12; 9 10 7 6; 7 8 11 10; 5 13 12 14; 11 14 13 10];
p=anova2(x, 2)
p =
   0.3104    0.0419    0.7010
```

运行结果如图 8-4 所示，p＝0.310 4 0.041 9 0.701 0，即认为温度因素不显著，而浓度因素有显著差异，交互作用不显著。

ANOVA Table

Source	SS	df	MS	F	Prob>F
Columns	19.125	3	6.375	1.33	0.3104
Rows	40.083	2	20.0417	4.18	0.0419
Interaction	18.25	6	3.0417	0.63	0.701
Error	57.5	12	4.7917		
Total	134.958	23			

图 8-4　双因素方差分析表

8.3.4　回归分析及其 MATLAB 实现

变量间的关系有两类：一类可用函数关系表示，称为确定性关系；另一类关系不能用函数来表示，称为相关关系。具有相关关系的变量虽然不具有确定的函数关系，但可以借助函数关系来表示它们之间的统计规律。回归分析方法是处理变量之间相关关系的一种统计方法，它不仅提供建立变量间关系的数学表达式——经验公式，而且利用概率统计知识进行了分析讨论，从而判断经验公式的正确性。回归分析主要解决以下几方面的问题：

（1）确定几个特定变量之间是否存在相关关系，如果存在的话，找出它们之间合适的数学表达式。

（2）根据一个或几个变量的值，预报或控制另一个变量的取值，并且要知道这种预报或

控制的精确度。

（3）进行因素分析，确定因素的主次以及因素之间的相互关系等。

1）多元线性回归

当一个随机变量与多个随机变量存在相关关系时，可采用多元回归分析的方法来建模。多元线性回归的数学模型：

$$Y = \beta_0 + \beta_1 x_1 + \beta_2 x_2 + \cdots + \beta_m x_m + \varepsilon, \varepsilon \sim N(0, \sigma^2)$$

记 n 组样本数据为 $(x_{i1}, x_{i2}, \cdots, x_{im}, y_i)$，$i = 1, 2, \cdots, n$，则有

$$\begin{cases} y_1 = \beta_0 + \beta_1 x_{11} + \beta_2 x_{12} + \cdots + \beta_m x_{1m} + \varepsilon_1 \\ y_2 = \beta_0 + \beta_1 x_{21} + \beta_2 x_{22} + \cdots + \beta_m x_{2m} + \varepsilon_2 \\ \cdots\cdots\cdots\cdots\cdots\cdots\cdots\cdots \\ y_n = \beta_0 + \beta_1 x_{n1} + \beta_2 x_{n2} + \cdots + \beta_m x_{nm} + \varepsilon_n \end{cases} \tag{8.2}$$

其中 $\varepsilon_i \sim N(0, \sigma^2)$，$i = 1, 2, \cdots, n$。将方程组(8.2)写成矩阵方程形式：$y = X\beta + \varepsilon$，式中：

$$y = \begin{pmatrix} y_1 \\ y_2 \\ \vdots \\ y_n \end{pmatrix}, \quad X = \begin{pmatrix} 1 & x_{11} & \cdots & x_{1m} \\ 1 & x_{21} & \cdots & x_{2m} \\ \vdots & \vdots & & \vdots \\ 1 & x_{n1} & \cdots & x_{nm} \end{pmatrix}, \quad \beta = \begin{pmatrix} \beta_0 \\ \beta_1 \\ \vdots \\ \beta_n \end{pmatrix}, \quad \varepsilon = \begin{pmatrix} \varepsilon_1 \\ \varepsilon_2 \\ \vdots \\ \varepsilon_n \end{pmatrix}。$$

采用最小二乘法进行参数估计，首先定义残差平方和：

$$Q(\beta) = (y - X\beta)^{\mathrm{T}} (y - X\beta) \tag{8.3}$$

令 $\dfrac{\partial Q}{\partial \beta_0} = 0$，$\dfrac{\partial Q}{\partial \beta_1} = 0$，$\cdots$，$\dfrac{\partial Q}{\partial \beta_m} = 0$，可得

$$\hat{\beta} = (X^{\mathrm{T}} - X)^{-1} X^{\mathrm{T}} Y \tag{8.4}$$

即得所求的回归方程为 $\hat{Y} = \hat{\beta}_0 + \hat{\beta}_1 x_1 + \hat{\beta}_2 x_2 + \cdots + \hat{\beta}_m x_m$。

2）最优逐步线性回归

在多元线性回归分析中，若经过检验，$\beta_i = 0$ 为显著，说明变量 x_i 不起作用，要从方程中剔除出去，一切都要从头算起，很麻烦。为此，一种方法是先对变量 x_1，x_2，$\cdots$，x_m 逐个检验，确认它们在方程中作用的显著程度，然后依大到小逐次引入变量到方程，并及时进行检验，去掉作用不显著的变量。依次进行，直到不能引入和移出为止，这个方法称为最优逐步回归法。

3）多项式回归

多项式回归可以看作是非线性回归的一个类型，多项式回归本质上仍然属于多元线性回归，也可分为一元多项式回归和多元多项式回归两种。在实际应用中，最常用的多元多项式回归是多元二项式回归，下面我们只简单的介绍它们的数学模型，参数估计可以参考前面的最小二乘估计。

一元多项式回归的数学模型为

$$\hat{Y}=\beta_0+\beta_1 x+\beta_2 x^2+\cdots+\beta_p x^p+\varepsilon \tag{8.5}$$

多元二项式回归的数学模型为

$$\hat{Y}=\beta_0+\beta_1 x_1+\beta_2 x_2+\cdots+\beta_m x_m+\sum_{1\leqslant i,\,j\leqslant m}\beta_{ij}x_i x_j+\varepsilon \tag{8.6}$$

4) 非线性式回归

一般的非线性回归数学模型为

$$\hat{Y}=f(x_1,\,x_2,\,\cdots,\,x_m,\,\beta_1,\,\beta_2,\,\cdots,\,\beta_k)+\varepsilon \tag{8.7}$$

其中 f 对参数 β_1，β_2，$\cdots$，β_k 是非线性的。此时，参数估计须采用非线性最小二乘估计。

在第 1 章中我们介绍过一些可以通过变量代换，化为线性回归的非线性回归类型，其参数也可通过线性最小二乘法来确定。

5) 回归分析的 MATLAB 实现

(1) 多元线性回归的 MATLAB 实现。MATLAB 统计工具箱用命令 regress 实现多元线性回归，用的方法是最小二乘法，其 MATLAB 命令为

$$[b，bint，r，rint，stats]=regress(y，x，alpha)$$

其中 y、x 为输入数据；alpha 是显著性水平（缺省值为 0.05）；输出 b 为回归系数 β 的估计值；bint 是 β 的置信区间；r 是残差向量；rint 是 r 的置信区间；stats 中包含了三个检验量：决定系数 R^2、F 值和 p 值。它们的用法如下：R^2 值反映了变量间的线性相关的程度，R^2 越接近 1，则变量间的线性关系越强；如果满足 $F_{1-\alpha}(1,\,n-2)<F$，同样可以认为 Y 与 x 显著地有线性关系；若 $p<\alpha$，则线性模型可用。残差及其置信区间还可以用 rcoplot(r，rint) 画图。若某个数据的残差置信区间不包含零点，则该数据可视为异常点，通常可将其剔除后重新计算。

例 8.10　根据表 8-9 的数据（完整数据见后面的程序），建立血压与年龄、体重指数、吸烟习惯之间的关系。

表 8-9　已知数据

序号	血　压	年　龄	体重指数	吸烟习惯	序号	血　压	年　龄	体重指数	吸烟习惯
1	144	39	24.2	0	21	136	36	25	0
2	215	47	31.1	1	22	142	50	26.2	1
3	138	45	22.6	0	23	120	39	23.5	0
…	…	…	…	…	…	…	…	…	…
10	154	56	19.3	0	30	175	69	27.4	1

注：体重指数=体重(kg)/身高(m)的平方；吸烟习惯：0 表示不吸烟，1 表示吸烟。

解：首先画出散点图（略），从散点图中可以看出，血压与年龄、血压与体重指数之间存在一定线性相关性。所以，可以考虑采用多元线性回归模型。

在 MATLAB 命令窗口中输入：

y=[144 215 138 145 162 142 170 124 158 154 162 150 140 110 128 130 135 114 116 124 136 142 120 120 160 158 144 130 125 175];

x1=[39 47 45 47 65 46 67 42 67 56 64 56 59 34 42 48 45 18 20 19 36 50 39 21 44 53 63 29 25 69];

x2=[24.2 31.1 22.6 24 25.9 25.1 29.5 19.7 27.2 19.3 28 25.8 27.3 20.1 21.7 22.2 27.4 18.8 22.6 21.5 25 26.2 23.5 20.3 27.1 28.6 28.3 22 25.3 27.4];

x3=[0 1 0 1 1 0 1 0 1 0 1 0 0 0 0 1 0 0 0 0 1 0 0 1 1 0 1 0 1];

X=[ones(30, 1), x1', x2', x3'];

[b, bint, r, rint, s]=regress(y', X);

b, bint

b =

   45.3636

    0.3604

    3.0906

   11.8246

bint =

   3.5537   87.1736

  −0.0758   0.7965

   1.0530   5.1281

  −0.1482   23.7973

p=s(3)

p =

1.0366e−006

$p < 0.05$,但是发现第 2 和第 4 个置信区间包含零点,对应第 2 和第 4 个参数不显著。

接下来画残差分布图(见图 8-5)。

rcoplot(r, rint)

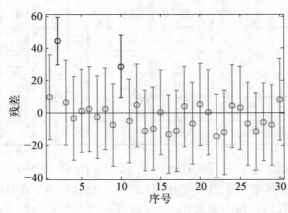

图 8-5 残差分布图

由残差分布图可知,除第 2 个和第 10 个数据外其余残差的置信区间均包含零点。因此,第 2 个和第 10 个点应视为异常点,将其剔除后重新计算,可得

a=[1, 3:9, 11:30];

y1=y(:, a);

X1=X(a, :);

[b1, bint1, r1, rint1, s1]=regress(y1', X1);

b1, bint1

b1 =

   58.5101

    0.4303

    2.3449

   10.3065

bint1 =

  29.9064   87.1138

   0.1273   0.7332

   0.8509   3.8389

   3.3878   17.2253

p=s(3)

p=

  1.0366e−006

所有置信区间都不包含零点,且 p 值小于原模型的 p 值,所以应该用修改后的模型。最终得到的回归模型为

$$\hat{y}=58.51+0.43x_1+2.345x_2+10.31x_3$$

由回归模型的系数可知,血压与吸烟习惯的相关性最大,与体重指数的相关性次之,与年龄的相关性最小。最后可以通过检验残差是否服从正态分布来对模型进行检验,在 MATLAB 中输入命令:

h=jbtest(r1)

h =

    0

结果 h=0 表明残差服从正态分布。

（2）多项式回归的 MATLAB 实现。一元多项式回归的 MATLAB 命令为

$$[p, s]=ployfit(x, y, n)$$

其中输入 x, y 是样本数据,n 表示多项式的阶数,输出 p 是回归多项式的系数,s 是一个数据结构,可用于其他函数的计算,如[y delta]=polyconf(p, x0, s)可用于计算 x0 处的预测值 y 及其置信区间的半径 delta。

一元多项式回归还可以采用如下命令:

$$\text{polytool}(x, y, n, \text{alpha})$$

该命令输出一个交互式画面,画面显示回归曲线及其置信区间,通过图左下方的 export 下拉式菜单,还可以得到回归系数的估计值及其置信区间、残差等。还可以在正下方左边的窗口中输入 x,即可在右边窗口得到预测值 y 及其对应的置信区间。

例 8.11 将 17 岁至 29 岁的运动员每两岁一组分为 7 组,每组两人,测量其旋转定向能力,以考察年龄对这种运动能力的影响。现得到一组数据如表 8 - 10 所示。

表 8 - 10　不同年龄运动员的旋转定向值

年　龄	17	19	21	23	25	27	29
第一人	20.48	25.13	26.15	30.0	26.1	20.3	19.35
第二人	24.35	28.11	26.3	31.4	26.92	25.7	21.3

试建立两者之间的关系。

解：数据的散点图(略)明显地呈现两端低中间高的形状,所以可拟合一条二次曲线。

x＝17:2:29;

X＝[x, x];

y＝[20.48 25.13 26.15 30.0 26.1 20.3 19.35 24.35 28.11 26.3 31.4 26.92 25.7 21.3];

[p, s]＝polyfit(X, y, 2)

p ＝

　　－0.2003　　8.9782　　－72.2150

即所求的回归模型为

$$\hat{Y} = -0.200\,3x^2 + 8.987\,2x - 72.215$$

下面的命令给出了年龄为 26 岁时的预测值及其置信区间的半径。

x0＝26;

[y0, delta]＝polyconf(p, x0, s)

y0 ＝

　　25.8073

delta ＝

　　5.0902

(3) 多元二项式回归的 MATLAB 实现。MATLAB 中提供了一个多元二项式回归的命令 rstool,该命令和 polytool 命令类似也可产生一个交互式画面,并输出有关信息,用法是

$$\text{rstool}(x, y, \text{model}, \text{alpha})$$

其中输入数据 x, y 分别为 $n \times m$ 矩阵和 n 维向量,alpha 为显著性水平(缺省时设定为 0.05),model 对应 4 个模型(用字符串输入,缺省时设定为线性模型),分别为：linear(只包含线性项);purequadratic(包含线性项和纯二次项);interaction(包含线性项和纯交叉项);

quadratic(包含线性项和完全二次项)。

例 8.12 对表 8 - 11 中的数据采用多元二项式回归确定它们之间的关系。

表 8 - 11

x1	120	140	190	130	155	175	125	145	180	150
x2	100	110	90	150	210	150	250	270	300	250
y	102	100	120	77	46	93	26	69	65	85

解： 在 MATLAB 命令窗口中输入：

x1＝[120 140 190 130 155 175 125 145 180 150];
x2＝[100 110 90 150 210 150 250 270 300 250];
y＝[102 100 120 77 46 93 26 69 65 85];
x＝[x1' x2'];
rstool(x, y, 'quadratic')

得到一个如图 8 - 6 所示的交互式画面。

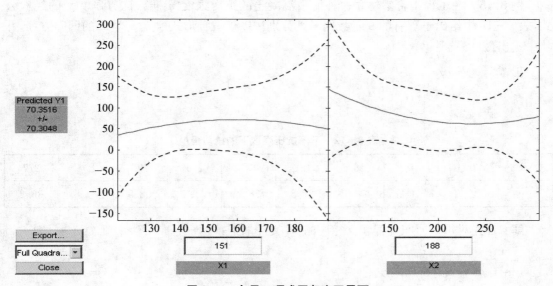

图 8 - 6 多元二项式回归交互界面

通过按钮 Export 向 MATLAB 工作区传送：beta(回归系数)，rmse(剩余标准差)和 residuals(残差)等数据，可得：

beta ＝ －307.3600 7.2032 －1.7374 0.0001 －0.0226 0.0037
rmse ＝18.6064

对应的回归模型为

$$\hat{Y} = -307.36 + 7.2032x_1 - 1.7374x_2 + 0.0001x_1x_2 - 0.0226x_1^2 + 0.0037x_2^2$$

利用图左下方的下拉式菜单，选择不同的模型并通过按钮 Export 向 MATLAB 工作区传送数据，就可以比较它们的剩余标准差，发现模型(purequadratic)的 rmse＝16.6436 最小，对

应的回归模型为

$$\hat{Y} = -312.587 + 7.27x_1 - 1.7337x_2 - 0.0228x_1^2 + 0.0037x_2^2$$

（4）非线性回归的 MATLAB 实现。MATLAB 提供的非线性回归命令有 nlinfit，nlparci，nlpredci，nlintool。它们的具体用法如下：

$$[b, R, J] = nlinfit(x, y, 'model', b0)$$

式中，输入数据 x、y 分别为 $n \times m$ 矩阵和 n 维向量；b0 是 β 的初值；model 是事先用 M 文件定义的非线性函数，其形式为 $y = f(x, \beta)$，β 为待估参数；输出 b 是 β 的估计值；R 是残差；J 是用于估计误差的 Jacobi 矩阵。进一步，将以上输出代入命令 bi=nlparci(b, R, J)可得 β 的置信区间 bi。若代入命令[y0 delta]=nlpredci('model', x0, b, R, J)则可得回归函数在 x0 处的预测值 y0 及其置信区间。

命令 nlintool 可产生一个交互式画面，并输出有关信息，用法是：

$$nlintool(x, y, 'model', b0, alpha)$$

例 8.13 在工程中希望建立一种能由混凝土的抗压强度 x 推算抗剪强度 y 的经验公式，表 8-12 中给出了现有的 9 对数据。试分别按以下三种形式建立 y 对 x 的回归方程，并从中选出最优模型：

① $y = a + b\sqrt{x}$；

② $y = a + b\ln x$；

③ $y = cx^b$。

表 8-12 不同抗压强度下的抗剪强度

x	141	152	168	182	195	204	223	254	277
y	23.1	24.2	27.2	27.8	28.7	31.4	32.5	34.8	36.2

解：首先对每个回归方程建立相应的 M 文件如下：

f1.m：

function y=f1(beta, x);

y=beta(1)+beta(2)*sqrt(x);

f2.m：

function y=f2(beta, x);

y=beta(1)+beta(2)*log(x);

f3.m：

function y=f3(beta, x);

y=beta(1)*x.^beta(2);

然后，用 nlinfit 计算回归系数

x=[141 152 168 182 195 204 223 254 277];

y=[23.1 24.2 27.2 27.8 28.7 31.4 32.5 34.8 36.2];

```
b0=[1, 2];
[b1, r1, j1]=nlinfit(x, y, 'f1', b0)
b1 =
     -9.8806    2.8068
r1 =
     -0.3483   -0.5240    0.7003   -0.1852   -0.6142    1.1915    0.4661
  -0.0524   -0.6338
[b2, r2, j2]=nlinfit(x, y, 'f2', b0)
b2 =
   -75.2844   19.8789
r2 =
  0.0083   -0.3850    0.6254   -0.3657   -0.8372    0.9658    0.2955
  0.0081   -0.3151
[b3, r3, j3]=nlinfit(x, y, 'f3', b0)
b3 =
    0.8963    0.6610
r3 =
     -0.5071   -0.6088    0.6945   -0.1455   -0.5494    1.2651    0.5381
  -0.0334   -0.6875
```

通过比较三个模型的残差和可得：sum(r2)＜sum(r1)＜sum(r3)。因此，模型 2 的拟合程度最好，对应的回归模型为

$$\hat{Y} = -75.284\,4x + 19.878\,9\ln x$$

回归系数的置信区间可用如下命令得到：

```
bi=nlparci(b2, r2, j2)
bi =
    -75.6405   -74.9284
     19.8045    19.9534
```

（5）逐步回归的 MATLAB 实现。用作逐步回归的 MATLAB 命令是 stepwise，它提供了一个交互式的画面，通过这个工具可以自由地选择变量，进行统计分析。其通常用法是：

$$\text{stepwise}(x, y, \text{inmodel}, \text{alpha})$$

式中，x、y 分别是 $n \times m$ 矩阵和 n 维向量；inmodel 是矩阵 x 的列数的指标，给出初始模型中包括的子集（缺省时设定为全部自变量）；alpha 为显著性水平。stepwise 命令会产生一个图形窗口，显示回归系数及其置信区间，蓝色的线代表在模型中的变量，红色的线代表从模型中移去的变量，可以用鼠标单击某条线改变其状态达到移去或选中该变量的目的。除此之外，该窗口还给出了跟模型有关的统计量（RMSE R-square，F，p 等，其含义与

regress,rstool 相同),可以通过这些统计量的变化来确定模型。Model History 窗口显示每一步 RMSE 的值,单击 Export 按钮产生一个菜单,表明了要传送给 MATLAB 工作区的参数。

例 8.14 某种水泥在凝固时放出的热量 y 与水泥中 4 种化学成分含量 $3Cao \cdot Al_2O_3$, $3Cao \cdot SiO_2$, $4Cao \cdot Al_2O_3 \cdot Fe_2O_3$, $2Cao \cdot SiO_2$ 有关,今测得一组数据(见表 8 - 13),试用逐步回归来确定一个线性模型。

表 8 - 13 某种水泥凝固时放出的热量与四种化学成分含量的关系

序　号	x_1	x_2	x_3	x_4	y
1	7	26	6	60	78.5
2	1	29	15	52	74.3
3	11	56	8	20	104.3
4	11	31	8	47	87.6
5	7	52	6	33	95.9
6	11	55	9	22	109.2
7	3	71	17	6	102.7
8	1	31	22	44	72.5
9	2	54	18	22	93.1
10	21	47	4	26	115.9
11	1	40	23	34	83.8
12	11	66	9	12	113.3
13	10	68	8	12	109.4

解: 在 MATLAB 命令窗口中输入:

x=[7 26 6 60;1 29 15 52;11 56 8 20;11 31 8 47;7 52 6 33;11 55 9 22;3 71 17 6; 1 31 22 44;2 54 18 22;21 47 4 26;1 40 23 34;11 66 9 12;10 68 8 12];

y=[78.5 74.3 104.3 87.6 95.9 109.2 102.7 72.5 93.1 115.9 83.8 113.3 109.4]';

stepwise(x, y, [1, 2, 3, 4])

得到一个图形窗口(见图 8 - 7)。

根据回归系数 p 值的大小,选取 p 值最大的变量 x3 从模型中移去,可得图 8 - 8。

再选取 p 值最大的变量 x4 从模型中移去,可得图 8 - 9。

此时,剩下 x1 和 x2 的回归系数的 p 值均为 0,说明这两个变量是显著的,对应的回归模型为

$$\hat{Y} = 52.5773 + 1.46831x_1 + 0.6623x_2$$

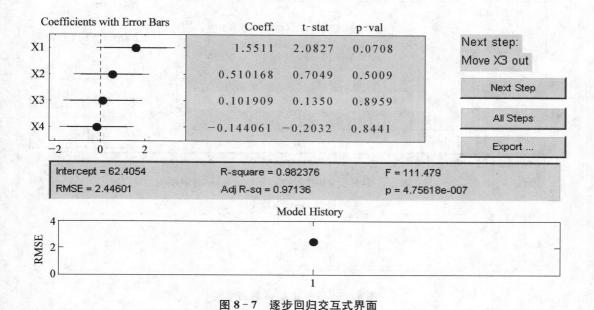

图 8-7　逐步回归交互式界面

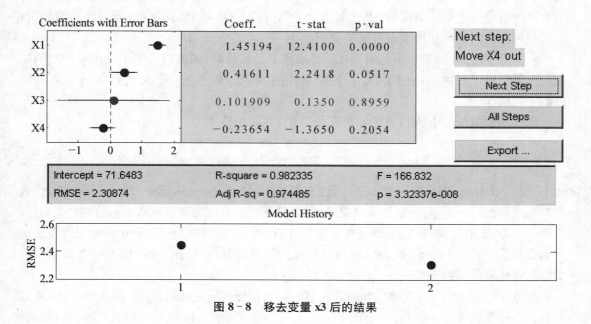

图 8-8　移去变量 x3 后的结果

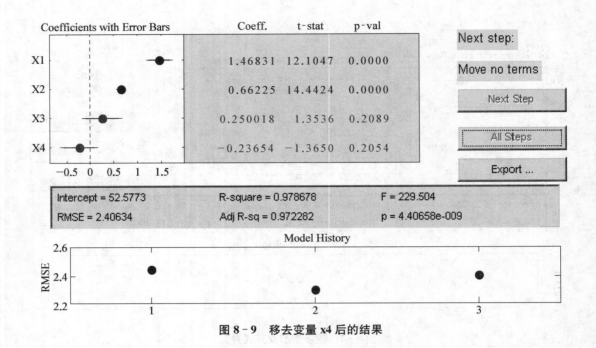

图 8 - 9　移去变量 x4 后的结果

8.3.5　判别分析及其 MATLAB 实现

判别分析是根据所研究个体的观察指标来推断个体属于何种类型的一种统计分析方法。它产生于 20 世纪 30 年代，在自然科学、社会学及经济管理学科中都有广泛的应用。判别分析的特点是根据已掌握的、历史上每个类别的若干样本的数据信息，求出判别函数，再根据判别函数判别未知样本点所属的类别。

从统计学的角度，要求判别函数在某种准则下是最优的，如错判的概率最小或错判的损失最小等。由于判别函数的不同，有各种不同的判别分析方法：距离判别、Bayes 判别和 Fisher 判别等。

用作判别分析的 MATLAB 命令是 classify，其调用格式为

$$[class, err] = classify(sample, training, group, type, prior)$$

式中，输入 training 是一个 $n \times p$ 矩阵，代表训练样本数据；sample 是一个 $m \times p$ 矩阵，代表待判样品数据；group 是一个 n 维列向量，每个分量代表对应的训练样本数据所在的类；type 代表分类方法，有三种选择：'linear'（缺省设置）代表线性判别分析法，'quadratic'代表二次判别分析法，'mahalanobis'代表使用马氏距离进行判别分析；输出 class 代表待判样品的分类结果；err 表示误判率的估计。

例 8.15　从健康人群、硬化症患者和冠心病患者分别随机选取 10 人、6 人和 4 人，考察了各自心电图的 5 个不同指标（记作 $x_1, x_2, \cdots, x_5$）如表 8-14 所示，试对两个待判样品做出判断。

表 8 - 14 已知数据和样本

序 号	类 型	x_1	x_2	x_3	x_4	x_5
1	1	8.11	261.01	13.23	5.46	7.36
2	1	9.36	185.39	9.02	5.66	5.99
3	1	9.85	249.58	15.61	6.06	6.11
4	1	2.55	137.13	9.21	6.11	4.35
5	1	6.01	231.34	14.27	5.21	8.79
6	1	9.46	231.38	13.03	4.88	8.53
7	1	4.11	260.25	14.72	5.36	10.02
8	1	8.90	259.51	14.16	4.91	9.79
9	1	7.71	273.84	16.01	5.15	8.79
10	1	7.51	303.59	19.14	5.7	8.53
11	2	6.8	308.9	15.11	5.52	8.49
12	2	8.68	258.69	14.02	4.79	7.16
13	2	5.67	355.54	15.13	4.97	9.43
14	2	8.1	476.69	7.38	5.32	11.32
15	2	3.71	316.12	17.12	6.04	8.17
16	2	5.37	274.57	16.75	4.98	9.67
17	3	5.22	330.34	18.19	4.96	9.61
18	3	4.71	331.47	21.26	4.3	13.72
19	3	4.71	352.5	20.79	5.07	11
20	3	3.36	347.31	17.9	4.65	11.19
样品 1		8.06	231.03	14.41	5.72	6.15
样品 2		9.89	409.42	19.47	5.19	10.49

解： 在 MATLAB 命令窗口中输入：

training＝[8.11 261.01 13.23 5.46 7.36；9.36 185.39 9.02 5.66 5.99；9.85 249.58 15.61 6.06 6.11；2.55 137.13 9.21 6.11 4.35；6.01 231.34 14.27 5.21 8.79；9.46 231.38 13.03 4.88 8.53；4.11 260.25 14.72 5.36 10.02；8.90 259.51 14.16 4.91 9.79；7.71 273.84 16.01 5.15 8.79；7.51 303.59 19.14 5.7 8.53；6.8 308.9 15.11 5.52 8.49；8.68 258.69 14.02 4.79 7.16；5.67 355.54 15.13 4.97 9.43；8.1 476.69 7.38 5.32 11.32；3.71 316.12 17.12 6.04 8.17；5.37 274.57 16.75 4.98 9.67；5.22 330.34 18.19 4.96 9.61；4.71 331.47 21.26 4.3 13.72；4.71 352.5 20.79 5.07 11；3.36 347.31 17.9 4.65 11.19]；

sample＝[8.06 231.03 14.41 5.72 6.15；9.89 409.42 19.47 5.19 10.49]；

```
group＝[ones(10,1)；2 * ones(6，1)；3 * ones(4，1)]；
[class，err]＝classify(sample，training，group)％采用线性判别分析法
class ＝
     1
     2
err ＝
0
```

即样品 1 属于第 1 类,样品 2 属于第 2 类。

8.3.6　聚类分析及其 MATLAB 实现

聚类分析是研究分类问题的一种多元数据分析方法。与判别分析不同的是,聚类分析研究对象的类别通常是未知的或知之甚少。通过分析,找出某些能区分研究对象的数量指标,然后依据一定的准则把研究对象的总体分成若干个类别,这就是聚类分析研究的问题。

聚类分析从基本思想看可分为系统聚类法、分解法和动态法这三大类。其中,系统聚类法是目前使用最多的一种方法,其基本思想是在样品之间和类与类之间定义距离(或相似系数)。开始时,将每个样品各自看成一类,将距离(或相似程度)最小的一对样品合并成一个新类,然后计算新类和其他类间的距离,再将距离最近的类合并。依次类推,每次减少一类直至满足聚类要求为止。

MATLAB 提供了两种方法进行聚类分析。一种是利用 clusterdata 函数对样本数据进行一次聚类,其缺点是可供用户选择的面较窄,不能更改距离的计算方法。其调用格式为:

$$T＝clusterdata(x，Cutoff)$$

式中,输入 x 是一个 $n×p$ 矩阵,n 代表样品的个数,p 代表样品的指标数;当 Cutoff 取(0，1)间的实数时,取值越接近于 1,则分出的类越少,当 Cutoff 取大于等于 2 的正整数时,其值代表分出类的个数;输出 T 是一个正整数列向量,其数值对应每个样品所在的类别。

另一种是分步聚类,不仅可以选择不同的距离,还可以看到直观的图形结果。但需要综合使用多个命令:

(1) 用 pdist 函数计算样本间的距离,其调用格式为

$$Y＝pdist(x，'metric')$$

式中,'metric'为按指定方法计算 x 数据矩阵中样品间的距离,'metric'取值如下:'euclidean':欧氏距离(默认);'seuclidean':标准化欧氏距离;'mahalanobis':马氏距离;'cityblock':绝对距离;'minkowski':明可夫斯基距离。

(2) 用 linkage 函数进行聚类,其调用格式为

$$Z＝linkage(Y，'method')$$

式中,'method'为聚类所采用的算法,可取值如下:'single':最短距离法(默认);'complete':最长距离法;'average':未加权平均距离法;'weighted':加权平均法;'ward':内平方距离法(最小方差算法)。输出 Z 为一个包含聚类树信息的(m－1)×3 的矩阵,每一行代表一个连

接,前两个元素代表连接的类,第三个元素代表两个类之间的距离。

（3）用 cluster 函数创建聚类,其调用格式为

$$T = cluster(Z, m)$$

根据 linkage 函数的输出 Z 将全部样品分为 m 类。

（4）用 dendrogram 函数画出聚类的谱系图,其调用格式为

$$H = dendrogram(Z)$$

（5）利用 cophenet 函数计算聚类树信息与原始数据之间相关性,通常这个值越大聚类效果越好,其调用格式为

$$C = cophenet(Z, Y)$$

$T = clusterdata(X, cutoff)$ 与下面的一组命令等价:

$$Y = pdist(X, 'euclid'); Z = linkage(Y, 'single'); T = cluster(Z, cutoff)。$$

例 8.16　为了研究世界各国森林、草原资源的分布规律,共抽取了 21 个国家的数据,每个国家 4 项指标,原始数据如表 8-15 所示。试使用该原始数据对国别进行聚类分析。

表 8-15　各国森林、草原资源分布数据表

国　别	森林面积/万公顷	森林覆盖率/%	林木蓄积量/亿立方米	草原面积/万公顷
中　国	11 978	12.5	93.5	31 908
美　国	28 446	30.4	202.0	23 754
日　本	2 501	67.2	24.8	58
德　国	1 028	28.4	14.0	599
英　国	210	8.6	1.5	1 147
法　国	1 458	26.7	16.0	1 288
意大利	635	21.1	3.6	514
加拿大	32 613	32.7	192.8	2 385
澳大利亚	10 700	13.9	10.5	45 190
苏　联	92 000	41.1	841.5	37 370
捷　克	458	35.8	8.9	168
波　兰	868	27.8	11.4	405
匈牙利	161	17.4	2.5	129
南斯拉夫	929	36.3	11.4	640
罗马尼亚	634	26.7	11.3	447
保加利亚	385	34.7	2.5	200
印　度	6 748	20.5	29.0	1 200

(续　表)

国　别	森林面积/万公顷	森林覆盖率/%	林木蓄积量/亿立方米	草原面积/万公顷
印　尼	2 180	84.0	33.7	1 200
尼日利亚	1 490	16.1	0.8	2 090
墨西哥	4 850	24.6	32.6	7 450
巴　西	57 500	67.6	238.0	15 900

解：在 MATLAB 命令窗口中输入：

X＝[11978 12.5 93.5 31908；28446 30.4 202.0 23754；2501 67.2 24.8 58；1028 28.4 14.0 599；210 8.6 1.5 1147；1458 26.7 16.0 1288；635 21.1 3.6 514；32613 32.7 192.8 2385；10700 13.9 10.5 45190；92000 41.1 841.5 37370；458 35.8 8.9 168；868 27.8 11.4 405；161 17.4 2.5 129；929 36.3 11.4 640；634 26.7 11.3 447；385 34.7 2.5 200；6748 20.5 29.0 1200；2180 84.0 33.7 1200；1490 16.1 0.8 2090；4850 24.6 32.6 7450；57500 67.6 238.0 15900]；

```
y1＝pdist(X)；
z1＝linkage(y1)；
y2＝pdist(X, 'seuclid')；
z2＝linkage(y2)；
y3＝pdist(X, 'mahal')；
z3＝linkage(y3)；
y4＝pdist(X, 'cityblock')；
z4＝linkage(y4)；
c1＝cophenet(z1, y1)
c1 ＝
    0.9393
c2＝cophenet(z2, y2)
c2 ＝
    0.9470
c3＝cophenet(z3, y3)
c3 ＝
    0.9131
c4＝cophenet(z4, y4)
c4 ＝
0.9613
```

通过比较 c_4 最大，说明使用 cityblock 距离最好，下面我们画出谱系图（见图 8 - 10），并给出将上述国家聚成六类的结果。

h4＝dendrogram(z4)；
T4＝cluster(z4，6)；

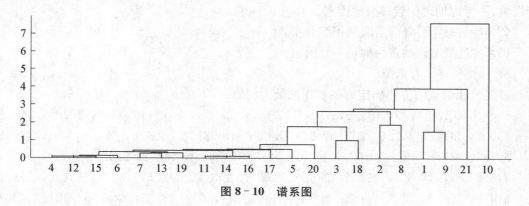

图 8-10　谱系图

分类结果：{加拿大}，{中国，澳大利亚}，{美国}，{巴西}，{苏联}，剩余的为一类。

8.4　统计方法应用举例

某地区内有几个气象观测站，根据 10 年来各观测站测得的年降雨量如表 8-16 所示，由于经济原因，要适当减少气象站。如何设计一个方案：尽量减少观测站，而所得到的年降水量的信息量仍足够大。

表 8-16　10 年来各观测站测得的年降雨量数据

	x1	x2	x3	x4	x5	x6	x7	x8	x9	x10	x11	x12
1981	276.2	324.5	158.6	412.5	292.8	258.4	334.1	303.2	292.9	243.2	159.7	331.2
1982	251.6	287.3	349.5	297.4	227.8	453.6	321.5	451	466.2	307.5	421.1	455.1
1983	192.7	433.2	289.9	366.3	466.2	239.1	357.4	219.7	245.7	411.1	357	353.2
1984	246.2	232.4	243.7	372.5	460.4	158.9	298.7	314.5	256.6	327	296.5	423
1985	291.7	311	502.4	254	245.6	324.8	401	266.5	251.3	289.9	255.4	362.1
1986	466.5	158.9	223.5	425.1	251.4	321	315.4	317.4	246.2	277.5	304.2	410.7
1987	258.6	327.4	432.1	403.9	256.6	282.9	389.7	413.2	466.5	199.3	282.1	387.6
1988	453.4	365.5	357.6	258.1	278.8	467.2	355.2	228.5	453.6	315.6	456.3	407.2
1989	158.5	271	410.2	344.2	250	360.7	376.3	179.4	159.5	342.4	331.2	377.7
1990	324.8	406.5	235.7	288.8	192.6	284.9	290.5	343.7	283.4	281.2	243.7	411.1

1) 问题分析

注意到减少观测站的同时还要保证拥有足够大的信息量，所以，在站数和信息量之间，信息量是主要因素。由于不同站之间年降水量的相关性不仅取决于地理位置的远近，而且取决于地理气象环境的相似性。因此，该问题的主要依据是降雨量信息。

2）模型假设

（1）降水量的信息反映了各观测站地理气象环境的相似性。所以，只考虑各观测站的降雨量，不考虑地理位置等其他因素。

（2）各站每年的降雨量服从正态分布。

（3）各观测站建站费用都是一样的。

3）模型的建立与求解

首先采用聚类的方法确定哪些观测站最为相似。

$x = [276.2, 324.5, 158.6, 412.5, 292.8, 258.4, 334.1, 303.2, 292.9, 243.2, 159.7, 331.2; 251.6, 287.3, 349.5, 297.4, 227.8, 453.6, 321.5, 451, 466.2, 307.5, 421.1, 455.1; 192.7, 433.2, 289.9, 366.3, 466.2, 239.1, 357.4, 219.7, 245.2, 411.1, 357, 353.2; 246.1, 232.4, 243.7, 372.5, 460.4, 158.9, 298.7, 314.5, 256.6, 327, 296.5, 423; 291.7, 311, 502.4, 254, 245.6, 324.8, 401, 266.5, 251.3, 289.9, 255.4, 362.1; 466.5, 158.9, 223.5, 425.1, 251.4, 321, 315.4, 317.4, 246.2, 277.5, 304.2, 410.7; 258.6, 327.4, 432.1, 403.9, 256.6, 282.9, 389.7, 413.2, 466.5, 199.3, 282.1, 387.6; 453.4, 365.5, 357.6, 258.1, 278.8, 467.2, 355.2, 228.5, 453.6, 315.6, 456.3, 407.2; 158.5, 271, 410.2, 344.2, 250, 360.7, 376.4, 179.4, 159.2, 342.4, 331.2, 377.7; 324.8, 406.5, 235.7, 288.8, 192.6, 284.9, 290.5, 343.7, 283.4, 281.2, 243.7, 411.1]';$

$y = pdist(x);$

$z = linkage(y);$

$h = dendrogram(z);$

由图 8-11 可以看出：x_6 和 x_{11}，x_5 和 x_{10}，x_4 和 x_7，x_8 和 x_9 都可看作一类。那么从中去掉哪些站比较合适呢？

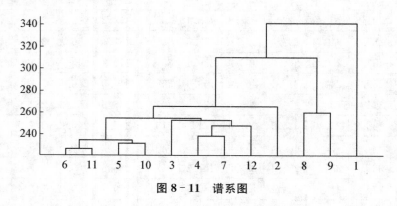

图 8-11 谱系图

其次，考虑各站降水量的标准差，结果如表 8-17 所示。

表 8-17 各站降水量的标准差

站 号	x1	x2	x3	x4	x5	x6	x7	x8	x9	x10	x11	x12
标准差	100.2	80.93	108.24	63.97	94.1	94.2	38.05	85.07	109.4	57.25	86.5	36.83

可以认为,标准差较大的站,包含的降水量信息量更多。所以,在减少观测站时,应优先选择标准差较少的观测站。结合聚类分析的结果,可以选择去掉 x_{11}, x_{10}, x_7, x_8 这几个观测站。

最后,计算减少上述四个观测站后,降雨量的信息损失。通过逐步回归分析的方法确定去掉的 4 个观测站的最佳回归方程如下:

$$x_7 = 363.28 + 0.02x_1 + 0.31x_3 + 0.15x_4 + 0.05x_5 + 0.09x_6 + 0.03x_9 - 0.58x_{12}$$
$$x_8 = 121.95 - 0.48x_5 - 0.71x_6 + 0.55x_9 + 0.95x_{12}$$
$$x_{10} = -222.18 + 0.31x_2 + 0.55x_5 + 0.49x_6 - 0.45x_9 + 0.63x_{12}$$
$$x_{11} = -1\,225.04 + 0.16x_1 + 0.47x_2 + 0.3x_3 + 0.56x_4 + 0.71x_5 + 0.95x_6 -$$
$$0.24x_9 + 1.59x_{12}$$

上述四个回归方程对应的剩余标准差分别为: $\sigma_7 = 1.402\,87$, $\sigma_8 = 49.896\,3$, $\sigma_{10} = 11.983\,2$, $\sigma_{11} = 11.191\,1$。 定义信息损失比率:

$$\delta_i = \frac{\sigma_i}{\bar{x}_i}, \quad i = 7, 8, 10, 11$$

利用上式计算出删除 7, 8, 10, 11 四个观测站的信息损失比率分别为 $\delta_7 = 0.41\%$, $\delta_8 = 16.41\%$, $\delta_{10} = 4\%$, $\delta_{11} = 3.6\%$。 平均信息损失为 $\delta = 6.1\%$, 所以,在删除 7、8、10、11 四个观测站后,降水量的信息仍然保留了约 94%,结果比较令人满意。

习 题 8

1. 为研究工资水平与工作年限和性别之间的关系,在某行业中随机抽取 10 名职工,所得数据如下表所示,试通过回归方程分析月工资收入与性别和工作年限有何关系。

10 名职工工资水平、工作年限和性别数据

月工资收入	工作年限	性 别	月工资收入	工作年限	性 别
2 900	2	男	4 900	7	男
3 000	6	女	4 200	9	女
4 800	8	男	4 800	8	女
1 800	3	女	4 400	4	男
2 900	2	男	4 500	6	男

2. 为了解 2000 年江苏省 13 个地区的经济发展水平,现选取 4 项指标: 人均 GDP (X_1),第一产业 GDP 占总 GDP 的比例(X_2),第二产业 GDP 占总 GDP 的比例(X_3),第三产业 GDP 占总 GDP 的比例(X_4)。数据资料如下表所示,要求使用聚类分析方法,将江苏 13 个地区分成 4 类。

	苏州	无锡	常州	南京	镇江	南通	扬州	泰州	徐州	淮阴	盐城	连云港	宿迁
X_1	22 683	23 595	15 906	16 671	15 889	9 802	10 289	8 468	7 230	5 777	6 940	6 371	3 964
X_2	21	23	29	26	31	45	36	43	56	56	54	58	57
X_3	50	48	44	35	39	32	34	28	23	17	20	20	16
X_4	29	29	27	39	30	23	30	29	21	27	26	22	27

第9章
神经网络与遗传算法

20世纪70年代初期,随着计算复杂性理论的逐步形成,科学工作者发现并证明了大量来源于实际的组合最优化问题是非常难解的问题,即所谓的NP完全问题和NP难问题。20世纪80年代初期产生了一系列现代优化算法,如人工神经网络、遗传算法、模拟退火和禁忌搜索等。目前,这些算法在理论和实际应用方面都得到了较大的发展,近几年的数学建模问题也有不少采用这类算法求解。这里着重讲述在网络设计、优化、性能分析、通信路由优化、选择等问题中有重要应用的神经网络和遗传算法。

9.1 ▶ 神经网络

人工神经网络(Artificial Neural Networks,ANNs)简称神经网络(NNs)或连接模型(Connectionist Model),是对人脑或自然神经网络(Natural Neural Network)若干基本特性的抽象和模拟。它的特点主要是具有非线性特性、学习能力和自适应性,是模拟人的智能的一条重要途径。20世纪80年代以来,神经网络的理论和应用研究都取得了很大的成绩,在模式识别、信号处理、知识工程、专家系统、优化组合、智能控制等领域都得到了广泛的应用。

9.1.1 神经网络建模引例

例9.1 某商贩有一个存储各种水果和蔬菜的货仓。当将水果放进货仓时,不同类型的水果可能会混淆在一起,所以商贩非常希望有一台能够帮他将水果自动分类摆放的机器。假设从水果卸车的地方到货仓之间有一条传送带。传送带要通过一组特定的传感器,这组传感器可以分别测量水果的三个特征:外形、质地、重量。这些传感器功能比较简单。如果水果基本上是圆的,外形传感器的输出就为1;如果水果更接近于椭圆,那么外形传感器的输出就为-1。如果水果表面光滑,质地传感器的输出就是1;如果水果表面比较粗糙,那么质地传感器的输出就为-1。当水果重量超过1磅时,重量传感器的输出就为1;如果水果重量轻于1磅,重量传感器的输出就为-1。

下面需要设计这样一个网络(分类器),当水果从传感器通过时,根据传感器的相应输出,判断传送带上是什么水果。

在介绍例9.1的求解之前,先介绍一个简单的两输入单神经元分类问题。神经元如图

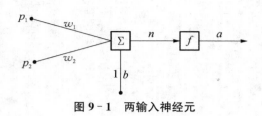

图 9-1 两输入神经元

9-1所示。

图中 p_1，p_2 是输入；a 是输出；w_1，w_2 是权系数；$n=w_1p_1+w_2p_2+b$。激活传输函数 $f(n)$ 选用极限传输函数，即

$$a=f(n)=\begin{cases}1, & n\geqslant 0 \\ -1, & n<0\end{cases} \tag{9.1}$$

确定这一神经网络，实质上就是求解 w_1、w_2 和 b。按照神经网络的求解方法，设计训练样本，假设样本值如下：

$$\{\boldsymbol{P}=\begin{bmatrix}0 & 2\end{bmatrix}^{\mathrm{T}}, t_1=1\}, \{\boldsymbol{P}=\begin{bmatrix}1 & 0\end{bmatrix}^{\mathrm{T}}, t_2=1\},$$
$$\{\boldsymbol{P}=\begin{bmatrix}0 & -2\end{bmatrix}^{\mathrm{T}}, t_3=0\}, \{\boldsymbol{P}=\begin{bmatrix}2 & 0\end{bmatrix}^{\mathrm{T}}, t_4=0\}$$

代入网络模型，即可得一个训练结果为

$$\boldsymbol{W}=\begin{bmatrix}-2 & 3\end{bmatrix}^{\mathrm{T}}, b=3$$

解：现在回到要介绍的例子上，假设有两种水果，苹果和橘子，用三维矢量来描述任一水果：

$$\boldsymbol{P}=\begin{bmatrix}外形 \\ 质地 \\ 重量\end{bmatrix}=\begin{bmatrix}1(圆形)，-1(非圆) \\ 1(光滑)，-1(非光滑) \\ 1(大于1磅)，-1(小于1磅)\end{bmatrix}$$

因此，标准的苹果和橘子可表示为 $\boldsymbol{P}_{苹果}=\begin{bmatrix}1 & 1 & 1\end{bmatrix}^{\mathrm{T}}$，$\boldsymbol{P}_{橘子}=\begin{bmatrix}1 & -1 & -1\end{bmatrix}^{\mathrm{T}}$。可以设计一个三输入的单神经元网络，将苹果和橘子分开，这是一个简单的二分问题（见图9-2）。

这里的参数意义同图 9-1，$n=w_1p_1+w_2p_2+w_3p_3+b$，激活传输函数 $f(n)$ 同式（9.1）。规定神经网络的输出为 $a=1$，苹果；$a=-1$，橘

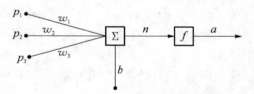

图 9-2 三输入的单神经元网络

子。训练得 $\boldsymbol{W}=\begin{bmatrix}1 & 1 & 0\end{bmatrix}$，$b=0$。当输入 $\boldsymbol{P}=\begin{bmatrix}-1 & -1 & -1\end{bmatrix}^{\mathrm{T}}$ 时，$a=-1$，此输入比较接近橘子，结果也恰好是橘子。

1）神经网络的简单原理

神经网络是由简单信息处理单元（人工神经元，简称神经元）互联组成的网络，能接受并处理信息。网络的信息处理由单元之间的相互作用来实现，通过把问题表达成处理单元之间的连接权来处理。假如我们现在只有一些输入和相应的输出，而对如何由输入得到输出的机理并不清楚，那么可以把输入与输出之间的未知过程看成是一个"网络"，通过不断地给这个网络输入和相应的输出来"训练"这个网络，网络根据输入和输出不断地调节自己各节点之间的权值来满足输入和输出。这样，当训练结束后，给定一个输入，网络便会根据自己已调节好的权值计算出一个输出。这就是神经网络的简单原理。

2）神经元和神经网络的结构

人脑神经元由细胞体、树突和轴突三部分组成，如图 9-3 所示，是一种根须状蔓延物。神经元的中心有一闭点，称为细胞体，它能对接收到的信息进行处理。细胞体周围的纤维有两类，轴突是较长的神经纤维，是发出信息的。树突的神经纤维较短，而分支众多，是接收信息的。一个神经元的轴突末端与另一神经元的树突之间密切接触，传递神经元冲动的地方称为突触。经过突触的信息传递是有方向性的，不同的突触进行的冲动传递效果不一样，有的使后一神经元发生兴奋，有的使其发生抑制。

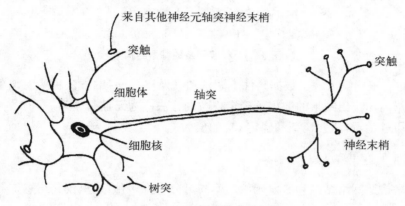

图 9-3　人脑神经元结构

由人脑神经元的工作机理，人们构造了人工神经元的数学模型，它是人脑的模拟和简化，如图 9-4 所示。

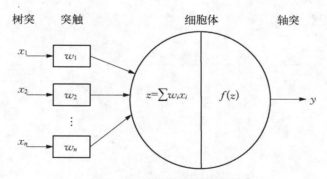

图 9-4　神经元的数学模型

在图 9-4 中，w_i 表示神经元对信息 x_i 的感知能力，称为关联权；$f(z)$ 称为输出函数或激活函数。一般来说，一个人工神经元有多个输入和一个输出，另外有一个激活函数，不同的激活函数对应了不同的网络，也决定了网络的用途。将神经元连接到一起，就形成了一个神经元网络，神经网络的基本结构如图 9-5 所示。

这个网络有输入层、输出层和隐藏层。隐藏层可以是一层，也可以是多层。层数越多，计算结果越精确，但所需的时间也就越长，所以实际应用中要根据要求设计网络层数。

神经网络的工作原理大致是这样的：对给定的输入，确定权数 w_i，使得通过方程计算出来的输出尽可能与实际值吻合，这即是学习的过程。学习也称为训练，分为有监督学习和无

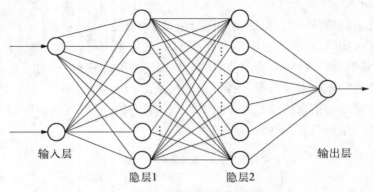

图 9-5　神经网络的基本结构

监督学习：在有正确输入输出数据条件下调整和确定权数 w_i 的方法称为**有监督学习**；而在只知输入数据不知输出结果的前提下确定权数的方法称为**无监督学习**。人工神经网络的主要工作就是通过学习，建立模型和确定 w_i 的值。

9.1.2　神经网络模型及其求解

神经网络按照网络结构和激发函数的不同可分为许多种，这里仅介绍感知器和 BP 神经网络。

1）感知器

感知器是由美国计算机科学家 Frank Rosenblatt 于 1957 年提出的。感知器可谓是最早的人工神经网络。单层感知器是一个具有一层神经元、采用阈值激活函数的前向网络，模型结构如图 9-6 所示。

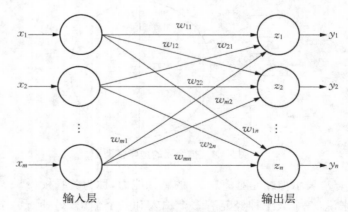

图 9-6　感知器神经元模型

用矩阵表示为

$$Y = f(W^{\mathrm{T}}X - \boldsymbol{\theta})$$

式中，$W = (w_{ij})_{m \times n}$ 为权系数矩阵；X、Y、$\boldsymbol{\theta}$ 分别为输入向量、输出向量及阈值向量。感知器的学习规则属于梯度下降法，确定权数 w_{ij} 的基本思想是修正 w_{ij} 使得输入输出偏差尽可

能小。权的修正公式为

$$\boldsymbol{W}(t+1) = \boldsymbol{W}(t) + \delta \boldsymbol{W}(t), \delta \boldsymbol{W}(t) = (\delta w_{ij}(t))$$

式中，$\delta w_{ij}(t) = \varepsilon_t((d_j(t) - y_j(t))x_i(t))_{m \times n}$；$x_i(t)$ 和 $d_j(t)$ $(i=1,\cdots,m,j=1,\cdots,n)$ 分别表示第 t 组用于学习的输入和期望输出数据；ε_t 称为学习效率，用于控制调整速度。与权值修正原理类似，阈值修正公式可假设为

$$\boldsymbol{\theta}(t+1) = \boldsymbol{\theta}(t) + \delta \boldsymbol{\theta}(t), \delta \boldsymbol{\theta}(t) = \varepsilon_t(d_j(t) - y_j(t))_{n \times 1}, j = 1, 2, \cdots, n$$

通过更新权数和阈值使得输入输出偏差趋于零。若将激活函数 $f(\cdot)$ 取为阶跃函数，上述思想即是感知器原理。

例 9.2 采用单一感知器神经元解决简单的分类问题：将四个输入矢量分为两类，其中两个矢量对应的目标值为 1，另外两个矢量对应的目标值为 0，即输入矢量

$$\boldsymbol{P} = \begin{bmatrix} -0.5 & -0.5 & 0.3 & 0.0; -0.5 & 0.5 & -0.5 & 1.0 \end{bmatrix}$$

目标分类矢量 $\boldsymbol{T} = \begin{bmatrix} 1.0 & 1.0 & 0.0 & 0.0 \end{bmatrix}$。试预测新输入矢量 $\boldsymbol{p} = [-0.5; 0.2]$ 的目标值。

解： 以下为 MATLAB 环境下感知器的分类程序。

P=[−0.5 −0.5 0.3 0.0; −0.5 0.5 −0.5 1.0]; ％输入矢量
T=[1 1 0 0]; ％输出矢量
net=newp(minmax(P), 1); ％建立一个感知器神经元
A=sim(net, P) ％对感知器神经元仿真
net=train(net, P, T); ％训练感知器神经元
plotpv(P, T) ％绘制神经元的输入输出矢量
plotpc(net.iw{1, 1}, net.b{1}); ％在神经元的输入输出矢量图上画出分类线
p=[−0.5; 0.2]; ％新的输入矢量
a=sim(net, p); ％新输入的目标值

训练结束后得到如图 9-7 所示的分类结果，其相应的训练过程如图 9-8 所示。这说明经过 3 步训练后，就达到了误差指标的要求。对新的输入矢量 $\boldsymbol{p} = [-0.5; 0.2]$，预测其输出值为 1。

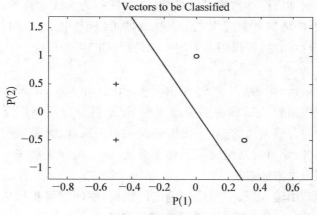

图 9-7 感知器分类结果

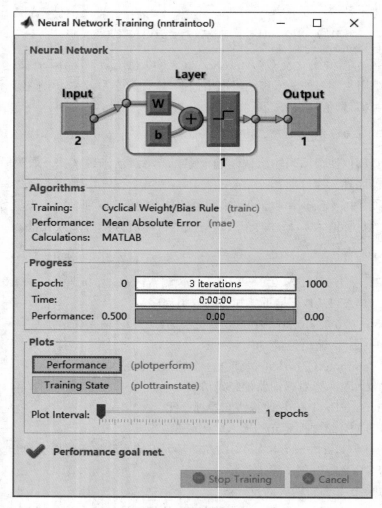

图 9-8 感知器训练图

如果对给定的两类样本数据（通常就是用于学习的输入数据），在空间中可以用一条直线（平面）将其分开，则称该样本数据是线性样本，否则称为非线性样本，对样本进行分类或识别即属于人工神经网络的重要应用之一。感知器可以识别二值逻辑加问题，而不能识别异或问题。对于非线性问题，可以用下面的反向传播（BP）模型解决。

2）BP 网络

BP(Back Propagation)网络是 1986 年由 Rumelhart 和 McCelland 为首的科学家小组提出，是一种按误差逆传播算法训练的多层前馈网络，是目前应用最广泛的神经网络模型之一。BP 网络能学习和存储大量的输入-输出模式映射关系，而无需事前揭示描述这种映射关系的数学方程。它的学习规则是使用最速下降法，通过反向传播来不断调整网络的权值和阈值，使网络的误差平方和最小。

BP 神经网络模型由输入层、中间层和输出层组成，中间层可扩展为多层。一般的多层前向神经网络结构如图 9-9 所示，相邻层之间各神经元进行全连接，而各层神经元之间无连接,网络按有监督的方式进行学习。当一对学习模式提供给网络后,各神经元获得网络的输入响应产生连接权值,然后按减小希望输出与实际输出误差的方向,从输出层经各中间层逐层修正各连接权,回到输入层。此过程反复交替进行,直至网络的全局误差趋于给定的极小值,即完成学习的过程。

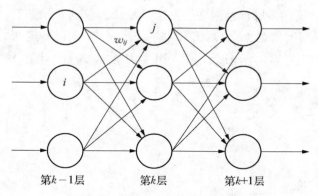

第 $k-1$ 层　　　　第 k 层　　　　第 $k+1$ 层

图 9-9　多层前向神经网络结构

现介绍采用 S 型函数的多层前向神经网络的学习方法,即网络的激活函数采用 S 型函数:

$$f(z) = \frac{1}{1+\mathrm{e}^{-z}}$$

这是因为 S 型函数有很好的函数特性,其效果又近似于符号函数。

假设有一个 K 层的神经网络,从第 0 层到第 1 层的原始输入向量、权矩阵、第 1 层神经元接受向量和第 1 层输出向量以及它们之间的关系分别为

$$\boldsymbol{X} = \begin{bmatrix} x_1 \\ x_2 \\ \vdots \\ x_{n_0} \end{bmatrix}, \boldsymbol{W}^{(1)} = (w_{ij}^{(1)})_{n_0 \times n_1}, \boldsymbol{Z}^{(1)} = \begin{bmatrix} z_1^{(1)} \\ z_2^{(1)} \\ \vdots \\ z_{n_1}^{(1)} \end{bmatrix} = \boldsymbol{W}^{(1)T}\boldsymbol{X}, \boldsymbol{Y}^{(1)} = \begin{bmatrix} y_1^{(1)} \\ y_2^{(1)} \\ \vdots \\ y_{n_1}^{(1)} \end{bmatrix} = f(\boldsymbol{Z}^{(1)})$$

第 $k-1$ 层到第 k 层的权矩阵、神经元接受向量和输出向量以及它们之间的关系分别为

$$\boldsymbol{W}^{(k)} = (w_{ij}^{(k)})_{n_{k-1} \times n_k}, \boldsymbol{Z}^{(k)} = \begin{bmatrix} z_1^{(k)} \\ z_2^{(k)} \\ \vdots \\ z_{n_k}^{(k)} \end{bmatrix} = \boldsymbol{W}^{(k)T}\boldsymbol{Y}^{(k-1)}, \boldsymbol{Y}^{(k)} = \begin{bmatrix} y_1^{(k)} \\ y_2^{(k)} \\ \vdots \\ y_{n_k}^{(k)} \end{bmatrix} = f(\boldsymbol{Z}^{(k)})$$

式中, $y_i^{(k)} = f(z_i^{(k)})$, n_k 为第 k 层的神经元个数, $k=1, 2, \cdots, K$ 。

这里只介绍单样本学习规则。学习规则是:确定 $\boldsymbol{W}$,使得

$$E(\boldsymbol{W}) = \frac{1}{2}(\boldsymbol{D} - \boldsymbol{Y}^{(K)})^{\mathrm{T}}(\boldsymbol{D} - \boldsymbol{Y}^{(K)})$$

最小,其中 $\boldsymbol{D} = (d_1, d_2, \cdots, d_{n_K})^{\mathrm{T}}$ 为理想输出,$\boldsymbol{W} = \{\boldsymbol{W}^{(1)}, \boldsymbol{W}^{(2)}, \cdots, \boldsymbol{W}^{(K)}\}$ 为各层权矩阵。

采用 S 型函数的前向多层神经网络的反推学习(BP)算法步骤如下:

第 1 步:选定学习的数组 $\{X(t), D(t)\}_{t=1}^{N}$,令 $t = 0$,随机确定初始权矩阵 $\boldsymbol{W}(0)$;

第 2 步:$t = t + 1$,确定学习效率 ε_t,用学习数据 $X(t)$ 计算 $\boldsymbol{Y}^{(1)}(t)$,$\boldsymbol{Y}^{(2)}(t)$,$\cdots$,$\boldsymbol{Y}^{(K)}(t)$;

第 3 步:计算

$$① \left(\frac{\partial E(\boldsymbol{W})}{\partial w_{ij}^{(K)}}\right)_{n_{K-1} \times n_K} = - \begin{bmatrix} y_1^{(K-1)} \\ y_2^{(K-1)} \\ \vdots \\ y_{n_{K-1}}^{(K-1)} \end{bmatrix} (\boldsymbol{B}_K)^{\mathrm{T}},$$

$$\boldsymbol{B}_K = \mathrm{diag}\left[\frac{\mathrm{d}y_1^{(K)}}{\mathrm{d}z_1^{(K)}}, \frac{\mathrm{d}y_2^{(K)}}{\mathrm{d}z_2^{(K)}}, \cdots, \frac{\mathrm{d}y_{n_K}^{(K)}}{\mathrm{d}z_{n_K}^{(K)}}\right] \boldsymbol{W}^{(K+1)} \boldsymbol{B}_{K+1}$$

其中,$\boldsymbol{B}_{K+1} = [d_1 - y_1^{(K)}, d_2 - y_2^{(K)}, \cdots, d_{n_K} - y_{n_K}^{(K)}]^{\mathrm{T}}$,$\boldsymbol{W}^{(K+1)} = I$。

$$② \text{ 当 } k \leqslant \boldsymbol{K} - 1 \text{ 时,} \left(\frac{\partial E(\boldsymbol{W})}{\partial w_{ij}^{(k)}}\right)_{n_{k-1} \times n_k} = - \begin{bmatrix} y_1^{(k-1)} \\ y_2^{(k-1)} \\ \vdots \\ y_{n_{k-1}}^{(k-1)} \end{bmatrix} (\boldsymbol{B}_k)^{\mathrm{T}}$$

其中,$\boldsymbol{B}_k = \mathrm{diag}\left[\frac{\mathrm{d}y_1^{(k)}}{\mathrm{d}z_1^{(k)}}, \frac{\mathrm{d}y_2^{(k)}}{\mathrm{d}z_2^{(k)}}, \cdots, \frac{\mathrm{d}y_{n_k}^{(k)}}{\mathrm{d}z_{n_k}^{(k)}}\right] \boldsymbol{W}^{(k+1)} \boldsymbol{B}_{k+1}$。

第 4 步:反向修正 $\boldsymbol{W}(t)$,修正公式为 $\boldsymbol{W}^{(k)}(t+1) = \boldsymbol{W}^{(k)}(t) + \delta \boldsymbol{W}^{(k)}(t)$,$t = K$,$K - 1, \cdots, 1$,其中,$\delta \boldsymbol{W}^{(k)}(t) = -\varepsilon_t \left(\frac{\partial E(\boldsymbol{W})}{\partial w_{ij}^{(k)}}(t)\right)_{n_{k-1} \times n_k}$。

第 5 步:若 $t < N$,重复第 2~4 步。循环利用 N 个学习样本,对网络权数进行调整,直到整个训练集误差最小(网络达到稳定状态)。

需要说明的一点是,BP 网络属于随机性方法,所以每次运行得到的结果未必完全相同。

BP 网络的用途十分广泛,可用于以下几个方面:① 函数逼近:用输入矢量和相应的输出矢量训练一个网络逼近一个函数;② 模式识别:用一个特定的输出矢量将它与输入矢量联系起来;③ 分类:把输入矢量以所定义的合适方式进行分类;④ 数据压缩:减少输出矢量维数以便于传输或存储。

3)利用 MATLAB 求解神经网络模型

MATLAB 中 BP 神经网络的常用函数如表 9 - 1 所示。

另外,在 MATLAB 中有神经网络工具箱,它几乎完整地概括了现有的神经网络的新成果。对各种网络模型,神经网络工具箱集成了许多学习算法,为用户提供了极大的方便。

表 9 - 1　BP 神经网络常用函数表

函 数 类 型	函 数 名 称	函 数 用 途
前向网络创建函数	Newff	创建前向 BP 神经网络
传递函数	logsig	S 型的对数函数
	tansig	S 型的正切函数
	purelin	纯线性函数
学习函数	learngd	基于梯度下降法的学习函数
	learngdm	梯度下降动量学习函数
性能函数	mse	均方误差函数
	mesreg	均方误差规范化函数
显示函数	plotperf	绘制网络的性能
	plotes	绘制一个单独神经元的误差曲面
	plotep	绘制权值和阈值在误差曲面上的位置
	errsurf	计算单个神经元的误差曲面

　　例 9.3　利用三层 BP 神经网络来完成表 9 - 2 所给样本数据的非线性函数逼近,其中隐层神经元个数为五个。

表 9 - 2　样本数据

输入 X	输出 D	输入 X	输出 D	输入 X	输出 D
−1.000 0	−0.960 2	−0.300 0	0.133 6	0.400 0	0.307 2
−0.900 0	−0.577 0	−0.200 0	−0.201 3	0.500 0	0.396 0
−0.800 0	−0.072 9	−0.100 0	−0.434 4	0.600 0	0.344 9
−0.700 0	0.377 1	0	−0.500 0	0.700 0	0.181 6
−0.600 0	0.640 5	0.100 0	−0.393 0	0.800 0	−0.312 0
−0.500 0	0.660 0	0.200 0	−0.164 7	0.900 0	−0.218 9
−0.400 0	0.460 9	0.300 0	−0.098 8	1.000 0	−0.320 1

　　解:注意到期望输出的范围是(−1,1),所以利用双极性 Sigmoid 函数作为转移函数。
MATLAB 程序如下:

```
clear;
clc;
X=−1:0.1:1;
D=[−0.9602 −0.5770 −0.0729 0.3771 0.6405 0.6600 0.4609…
    0.1336 −0.2013 −0.4344 −0.5000 −0.3930 −0.1647 −0.0988…
```

　　　　0. 3072 0. 3960 0. 3449 0. 1816 －0. 3120 －0. 2189 －0. 3201];

figure;

plot(X,D,'*')；%绘制原始数据分布图

net ＝ newff([－1 1],[5 1],{' tansig',' tansig'})；

net. trainParam. epochs ＝ 100 %训练的最大次数

net. trainParam. goal ＝ 0. 005；%全局最小误差

net ＝ train(net，X，D)；

O ＝ sim(net，X)；

figure;

plot(X，D，'*'，X，O)；%绘制训练后得到的结果和误差曲线

V ＝ net. iw{1，1}%输入层到中间层权值

theta1 ＝ net. b{1}%中间层各神经元阈值

W ＝ net. lw{2，1}%中间层到输出层权值

theta2 ＝ net. b{2}%输出层各神经元阈值

所得结果如图 9－10 和图 9－11 所示。

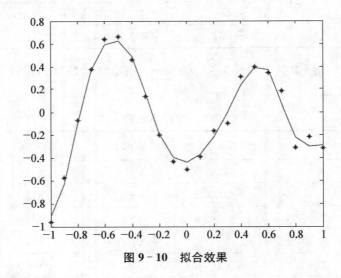

图 9－10　拟合效果

各层的权值及阈值如下：

输入层到中间层的权值：$V = (-4.798\ 5\quad 7.518\ 2\quad 2.408\ 5\quad -3.876\ 6\quad 1.801\ 6)^\mathrm{T}$

中间层各神经元的阈值：$\boldsymbol{\theta}_1 = (9.158\ 8\quad -5.154\ 8\quad -0.855\ 4\quad -1.267\ 3\quad 2.033\ 8)^\mathrm{T}$

中间层到输出层的权值：$W = (-0.499\ 8\quad 0.707\ 8\quad 1.022\ 0\quad 1.553\ 9\quad 4.879\ 5)$

输出层各神经元的阈值：$\theta_2 = -3.359\ 4$

也可借助神经网络工具箱来完成。在命令窗口输入 nntool 可得如图 9－12 所示的交互式界面。

在交互界面单击左下角的"import"按钮,弹出如图 9－13 的导入数据界面。

在导入数据界面中导入 input Data 和 Target Data 等数据。数据导入后在交互界面中单击左下角的"New"按钮,创建一个新的神经网络模型(见图 9－14)。

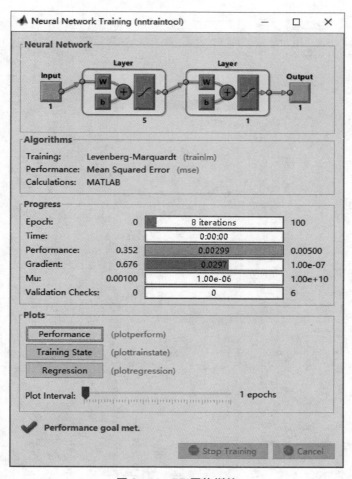

图 9 - 11　BP 网络训练

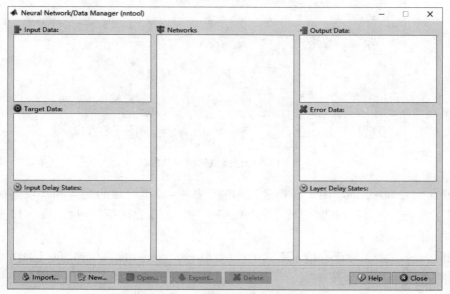

图 9 - 12　神经网络工具箱交互界面

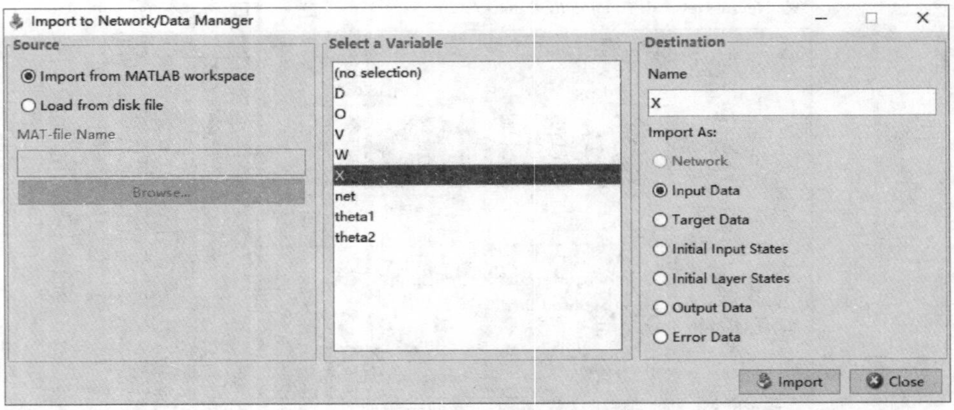

图 9-13　导入数据界面

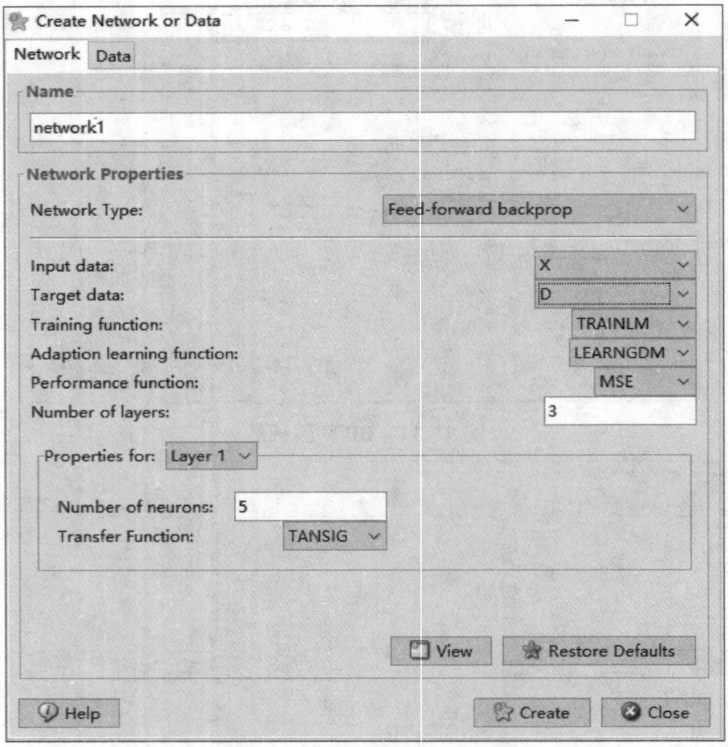

图 9-14　神经网络结构设置界面

在如图 9-14 所示的界面中选择输入和输出数据,设置网络的层数和每层的神经元数目等参数后单击"Create"按钮,即可完成网络的创建。创建完成后返回如图 9-15 所示的交互界面。

在如图 9-15 所示界面中单击刚刚创建的网络名"Network1"按钮,可得如图 9-17 所示的网络结构图。

在图 9-16 中单击上方的"Trian"按钮,然后在如图 9-17 所示的界面中选择训练参数,

图 9‐15　神经网络参数设置完成后的交互界面

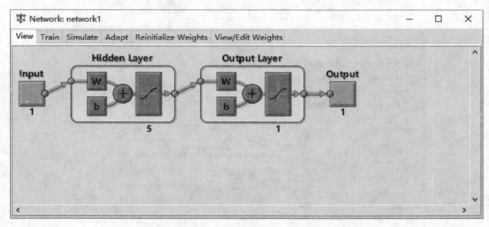

图 9‐16　网络结构

进行网络参数的训练。

在图 9‐17 中选择训练数据后,单击右下角"Train Network"按钮,即可得训练结果,如图 9‐18 所示。

可以在图 9‐18 的下方单击"Performance"按钮,绘制相应的参数图。

9.1.3　神经网络模型应用实例

例 9.4　公路运量主要包括公路的客运量和公路货运量两个方面。据研究,某地区的公路运量主要与该地区的人数、机动车数量和公路面积有关,表 9‐3 给出了该地区 1990 年至 2009 年 20 年间公路运量的相关数据。根据有关部门数据,该地区 2010 年和 2011 年的人数

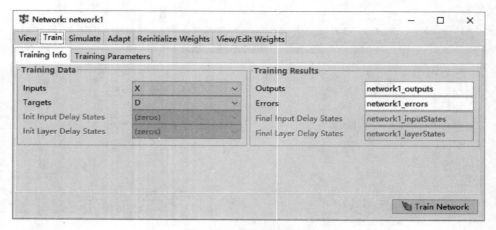

图 9-17 导入参数界面

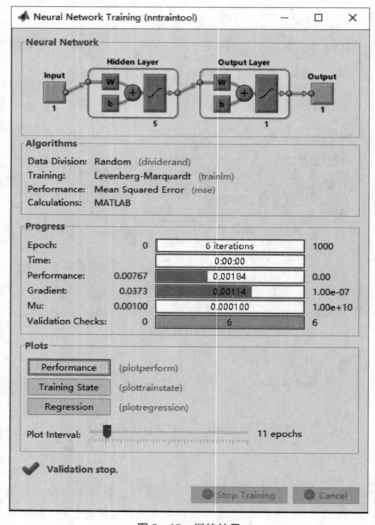

图 9-18 训练结果

分别为 73.39 万人、75.55 万人,机动车数量分别为 3.963 5 万辆、4.097 5 万辆,公路面积将分别为 0.988 0 万平方米、1.026 8 万平方米。请利用 BP 神经网络预测该地区 2010 年和 2011 年的公路客运量和货运量。

表 9－3　某地区的公路运量的相关数据

年　份	人口数量/万人	机动车数量/万辆	公路面积/万平方千米	公路客运量/万人	公路货运量/万吨
1990	20.55	0.6	0.09	5 126	1 237
1991	22.44	0.75	0.11	6 217	1 379
1992	25.37	0.85	0.11	7 730	1 385
1993	27.13	0.9	0.14	9 145	1 399
1994	29.45	1.05	0.2	10 460	1 663
1995	30.1	1.35	0.23	11 387	1 714
1996	30.96	1.45	0.23	12 353	1 834
1997	34.06	1.6	0.32	15 750	4 322
1998	36.42	1.7	0.32	18 304	8 132
1999	38.09	1.85	0.34	19 836	8 936
2000	39.13	2.15	0.36	21 024	11 099
2001	39.99	2.2	0.36	19 490	11 203
2002	41.93	2.25	0.38	20 433	10 524
2003	44.59	2.35	0.49	22 598	11 115
2004	47.3	2.5	0.56	25 107	13 320
2005	52.89	2.6	0.59	33 442	16 762
2006	55.73	2.7	0.59	36 836	18 673
2007	56.76	2.85	0.67	40 548	20 724
2008	59.17	2.95	0.69	42 927	20 803
2009	60.63	3.1	0.79	43 462	21 804
2010	73.39	3.963 5	0.988		
2011	75.55	4.097 5	1.026 8		

解:利用 MATLAB 编程来求解此问题,代码如下:

```
clc
clear
numpe=[20.55 22.44 25.37 27.13 29.45 30.1 30.96 34.06 36.42 38.09 39.13 39.99
41.93 44.59 47.3 52.89 55.73 56.76 59.17 60.63];%历年人口数
numcar=[0.6 0.75 0.85 0.9 1.05 1.35 1.45 1.6 1.7 1.85 2.15 2.2 2.25 2.35 2.5
```

```
2.6 2.7 2.85 2.95 3.1];%历年机动车数量
arearoad=[0.09 0.11 0.11 0.14 0.2 0.23 0.23 0.32 0.32 0.34 0.36 0.36 0.38 0.49
0.56 0.59 0.59 0.67 0.69 0.79];%历年公路面积
numtran=[5126 6217 7730 9145 10460 11387 12353 15750 18304 19836 21024 19490
20433 22598 25107 33442 36836 40548 42927 43462];%历年公路客运量
weitran=[1237 1379 1385 1399 1663 1714 1834 4322 8132 8936 11099 11203 10524
11115 13320 16762 18673 20724 20803 21804];%历年公路货运量
p=[numpe;numcar;arearoad];%输入数据
t=[numtran;weitran];%目标数据
[pn,minp,maxp,tn,mint,maxt]=premnmx(p,t);%对输入数据p和目标数据t
进行归一化处理
dx=[-1 1;-1 1;-1 1];
%BP网络训练
net=newff(dx,[3,2],{'tansig','tansig','purelin'},'traingdx');
net.trainParam.show=1000;
net.trainParam.Lr=0.05;
net.trainParam.goal=0.65*10^(-3);
net.trainParam.epochs=50000;
net=train(net,pn,tn);
%利用训练好的网络对原始数据进行仿真
an=sim(net,pn);
a=postmnmx(an,mint,maxt);
x=1990:2009;
newk=a(1,:);
newh=a(2,:);
figure(1)
plot(x,newk,'r-o',x,numtran,'b--+');
legend('网络输出客运量','实际客运量');
xlabel('年份');
ylabel('客运量/万人');
title('客运量对比图');
figure(2)
plot(x,newh,'r-o',x,weitran,'b--+');
legend('网络输出货运量','实际货运量');
xlabel('年份');
ylabel('货运量/万吨');
title('货运量对比图');
%利用训练好的网络对新数据进行预测
```

pnew＝[73.79 75.55；3.9635 4.0975；0.9880 1.0268]；

pnewn＝tramnmx(pnew，minp，maxp)；

anewn＝sim(net，pnewn)；

anew＝postmnmx(anewn，mint，maxt)

运行结果如图 9-19 所示。

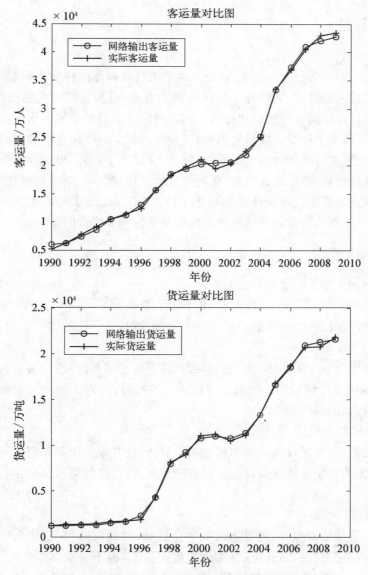

图 9-19　客运量和货运量网络输出和实际输出对比图

从实际样本与网络输出值之间的训练和测试的对比图 9-19 中，可以看出两者之间的误差很小，利用该网络进行预测

anew ＝

1.0e+004*

4.337 0	4.337 2
2.177 0	2.177 1

即 2010 年和 2011 年的公路客运量分别为 43 370 万人和 43 372 万人；货运量分别为 21 770 万吨和 21 771 万吨。

9.2 遗传算法

遗传算法(Genetic Algorithm，GA)是一种基于自然群体遗传演化机制的高度并行、随机、自适应的高效探索算法。它摒弃了传统的搜索方式，模拟自然界生物进化过程，采用人工进化的方式对目标空间进行随机化搜索。它将问题域中的可能解看作是群体中的一个个体或染色体，并将每个个体编码成符号串形式，模拟达尔文的遗传选择和自然淘汰的生物进化过程，对群体反复进行基于遗传学的操作(遗传、交叉和变异)。根据预定的目标适应度函数对每个个体进行评价，依据适者生存、优胜劣汰的进化规则，不断得到更优的群体，同时以全局并行搜索方式来搜索优化群体中的最优个体，求得满足要求的最优解。由于其具有健壮性，特别适合于处理传统搜索算法解决不好的复杂的和非线性问题。

9.2.1 遗传算法引例

先通过一个例子来了解遗传算法的原理。

例9.5 求函数 $f(x)=x^2$ 的极大值，其中 x 为自然数，$0 \leqslant x \leqslant 31$。现在，将每一个数视为一个生命体，通过进化，看谁能最后生存下来，谁就是所寻找的数。

解：(1) 编码

将每一个数作为一个生命体，那么必须给其赋予一定的基因，这个过程称为编码。我们可以把变量 x 编码成 5 位长的二进制无符号整数表示形式，如 $x=13$ 可表示为 01101 的形式，也就是说，数 13 的基因为 01101。

(2) 初始群体的生成

由于遗传的需要，必须设定一些初始的生物群体，让其作为生物繁殖的第一代。需要说明的是，初始群体的每个个体都是通过随机方法产生的，这样便可以保证生物的多样性和竞争的公平性。

(3) 适应度评估检测

生物的进化服从适者生存、优胜劣汰的进化规则，因此，必须规定什么样的基因是"优"的，什么样的基因是"劣"的，在这里，称为适应度。显然，由于要求 $f(x)=x^2$ 的最大值，因此，能使 $f(x)=x^2$ 较大的基因是优的，使 $f(x)=x^2$ 较小的基因是劣的。因此，可以将 $f(x)=x^2$ 定义为适应度函数，用来衡量某一生物体的适应程度。

(4) 选择

接下来便可以进行优胜劣汰的过程，这个过程在遗传算法里称为选择。注意，选择应该是一个随机的过程，基因差的生物体不一定会被淘汰，只是其被淘汰概率比较大罢了，这与自然界中的规律是相同的。

（5）交叉操作

接下来进行交叉繁殖，随机选出两个生物体，让其交换一部分基因，这样便形成了两个新的生物体，成为第二代。

（6）变异

生物界中不但存在着遗传，同时还存在着变异，在这里我们也引入变异，使生物体的基因中的某一位以一定的概率发生变化，这样引入适当的扰动，能避免局部极值的问题。

以上的算法便是最简单的遗传算法，通过以上步骤不断地进化，生物体的基因便逐渐趋向最优，最后便能得到我们想要的结果。

9.2.2 遗传算法求解

1）遗传算法的求解步骤

从例 9.5 中，能得到遗传算法的一般步骤：

第 1 步：编码。选择问题的一个编码，给出一个有 N 个染色体的初始群体 $pop(1)$，$t=1$；

第 2 步：对群体 $pop(t)$ 中的每个染色体 $pop_i(t)$，计算它的适应函数：

$$f(i) = fitness(pop_i(t))$$

第 3 步：若停止规则满足，则算法停止；否则，计算选择概率：

$$p_i = \frac{f(i)}{\sum\limits_{i=1}^{N} f(i)}, \quad i=1, \cdots, N \qquad (9.2)$$

并以概率式（9.2）从 $pop(t)$ 中随机选一些染色体构成一个种群：

$$newpop(t+1) = \{pop_j(t) \mid j=1, \cdots, N\}$$

第 4 步：通过交叉，交叉概率为 P_c，得到有 N 个染色体的 $crosspop(t+1)$

第 5 步：以一个较小的概率 P_m，使得一个染色体的基因发生变异，形成 $mutpop(t+1)$；$t=t+1$，一个新的群体 $pop(t)=mutpop(t)$，返回第 2 步。

种群的选取方式（9.2）称为轮盘赌。在实际应用中，交叉概率 P_c 一般取为 $0.50\sim0.80$，变异概率 P_m 取 $0.001\sim0.01$。一般流程如图 9-20 所示。

由此可以看出，与传统的搜索方法相比，遗传算法是采用概率的变迁规则来指导搜索方向，而不采用确定性搜索规则。对搜索空间没有任何特殊要求（如连通性、凸性等），只利用适应

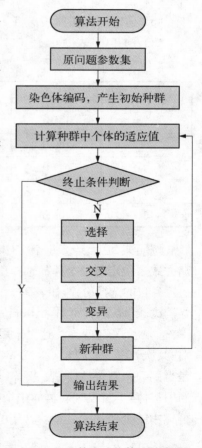

图 9-20 基本遗传算法的步骤

性信息,不需要导数等其他辅助信息,适应范围更广。搜索过程是从一组解迭代到另一组解,采用同时处理群体中多个个体的方法,降低了陷入局部最优解的可能性,并易于并行化。

下面具体介绍利用遗传算法求解例9.5,如何生成新一代群体。

(1) 编码。编码的方式有多种,如十进制、二进制、格雷编码等。这里采用间接二进制编码。先确定编码的位数,若所求问题中决策变量 $x \in [x_{\min}, x_{\max}]$,且问题的精度要求为 d,则满足

$$2^m \leqslant \frac{x_{\max} - x_{\min}}{d} < 2^{m+1}$$

的 m 即为编码所需的位数。本例中,$x_{\min} = 0$,$x_{\max} = 31$,$d = 1$,可求得 m 为 5。所以将变量 x 编码为 5 位长的二进制数字。

(2) 初始群体的生成。随机产生初始群体的每个个体,设群体大小为 5,如表 9-4 所示。

(3) 适应度评估检测。将 $f(x) = x^2$ 作为适应度函数,计算每个个体的适应度。

(4) 选择(见表 9-4)。

表 9-4 初始群体的适应度及选择概率

个体号	初始群体	x 的值	适应度	选择概率	选择次数
1	10101	21	441	0.336 9	2
2	10001	17	289	0.220 8	1
3	01101	13	169	0.129 1	1
4	00111	7	49	0.037 4	0
5	10011	19	361	0.275 8	1

按照式(9.2)计算每个个体的适应度所占比例,并以此作为相应的选择概率。采用轮盘赌方式来决定每个个体的选择份数,赌轮按每个个体适应度的比例分配,转动赌轮5次,就可决定各自的选择份数,如表9-4的第6列。结果反映出优秀的个体1选择了2次,最差个体4被淘汰。每次选择都对个体进行一次复制,由此得到的5份复制{1, 1, 2, 3, 5}送到配对库。

(5) 交叉与变异。这里采用简单交叉操作。首先从配对库中随机选择4个个体进行配对;其次,在配对个体{(2, 3), (2, 5)}中随机设定交叉处,配对个体彼此交换部分信息。于是得到5个新个体(见表9-5)。这里由于群体数量和位数较少,没有进行变异操作。比较新旧群体,不难发现新群体中个体适应度的平均值和最大值都有明显的提高。由此可见,新群体中的个体的确是朝着希望的方向进化了。

表 9-5 交叉与变异产生新一代群体

个体号	编码	x 的值	适应度	选择配对	交叉位置	新一代群体	x 的值	适应度
1	10101	21	441	2	4	10101	21	441
2	10101	21	441	3		11101	29	841

（续　表）

个体号	编码	x 的值	适应度	选择配对	交叉位置	新一代群体	x 的值	适应度
3	01101	17	289	4		00101	5	25
4	00111	13	169	5	3	00011	3	9
5	10011	19	361			10111	23	529

2）使用 MATLAB 遗传算法工具

在命令行使用遗传算法，可以用下列语法调用遗传算法函数 ga：

$$[x, fval] = ga(@fitnessfun, nvars, options)$$

式中，输入@fitnessfun 是适应度函数句柄；nvars 是适应度函数的独立变量的个数；options 是一个包含遗传算法选项参数的结构。如果不传递选项参数，则使用它本身的缺省值。返回参数 x 是最优值点；fval 是适应度函数的最优值。

例9.6　利用遗传算法求 Rastrigin 函数 $Ras(x) = 20 + x_1^2 + x_2^2 - 10(\cos 2\pi x_1 + \cos 2\pi x_2)$ 的最小值。

解： 首先建立 M 文件，定义函数：

```
function y=rasfn(x)
y=20+x(1)^2+x(2)^2-10*(cos(2*pi*x(1))+cos(2*pi*x(2)))
end
```

在命令行输入：

```
[x fval]=ga(@rasfn, 2)
```

运行得

```
x =
  -0.0040   -0.0010
fval =
  0.0034
```

由于遗传算法是随机性方法，所以每次运行遗传算法得到的结果都会略有不同。算法利用 MATLAB 随机数产生器函数 rand 和 randn，在每一次迭代中，产生随机概率。每一次函数 ga 调用 rand 和 randn，它们的状态都可能发生改变，以便下一次再被调用时，它们返回不同的随机数。这就是为什么每次运行后 ga 输出的结果会略有不同。

另外，遗传算法有一个图形用户界面 GUI，它可以使用遗传算法而不用工作在命令行方式。首先建立适应度函数的 M 文件，然后在命令行输入 optimtool 即可启动优化工具箱，如图 9-21 所示。

为了使用遗传算法工具，需要输入 Fitness function（适应度函数），即需求最小值的目标函数。输入适应度函数的形式为@fitnessfun，其中 fitnessfun. m 是计算适应度函数的 M 文件。另外还需输入 Number of variables（变量个数），然后单击"start"按钮，运行遗传算法，运行结果将在左下角显示。输入本例中的适应度函数和变量个数运行后，结果如图 9-22 所示。

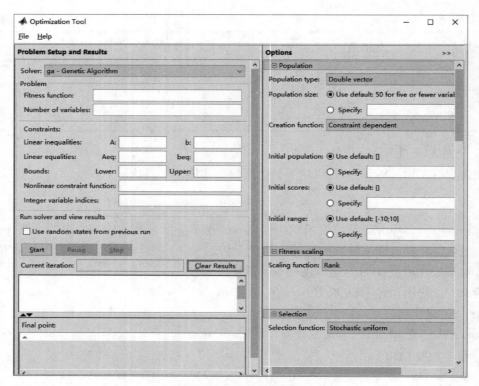

图 9-21　遗传算法工具

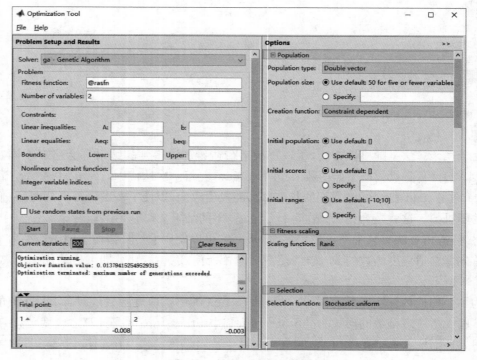

图 9-22　例 9.6 运行结果

9.2.3　遗 传 算 法 应 用

例 9.7(目标分配问题)　m 个地空导弹火力单元对 n 批空袭目标进行目标分配。假设进行目标分配之前,各批目标的威胁程度与各火力单元对各批目标的射击有利程度已经经过评估和排序。第 j 批目标的威胁程度评估值为 w_j,第 i 个火力单元对第 j 批目标射击有利程度估计值为 p_{ij},令各火力单元对各批目标进行拦击的效益值为 $c_{ij} = w_j \cdot p_{ij}$,其中 c_{ij} 表示对某批目标进行拦击我方获益大小程度。目标分配的目的是满足目标分配的基本原则,追求总体效益最佳,即求 $\max(\sum\limits_{j=1}^{n} c_{ij})$ 。

这里以 $m=8$,$n=15$ 及一组给定的评估矩阵 P 和 W 为例,说明如何利用遗传算法求解该目标分配问题。

解: 这里采用十进制编码,编码的长度为 15,由按目标批次编号顺序排列的火力单元分配编号组成,表示一种可能的分配方案,适应度函数 $\max(\sum\limits_{j=1}^{n} c_{ij})$ 。 首先编写适应度函数的 M 文件。

```
function eval=targetalloc (chrom)        %适应度函数
%输入 chrom 为一组编码,输出该组编码的适应度函数值
[m,n]=size (chrom);
p=[.87 .52 .11 .78 .72 .69 .94 .72 .36 .28 .27 .74 .24 .78 .45;…
    .24 .35 .89 .11 .56 .41 .23 .32 .92 .51 .49 .21 .62 .37 .26;…
    .31 .87 .28 .36 .49 .13 .29 .88 .65 .34 .17 .93 .10 .48 .72;…
    .48 .27 .39 .51 .92 .48 .37 .61 .77 .36 .19 .21 .68 .54 .33;…
    .11 .29 .67 .53 .22 .81 .29 .49 .86 .98 .59 .67 .18 .26 .49;…
    .18 .96 .25 .28 .37 .54 .57 .81 .18 .27 .49 .88 .76 .28 .34;…
    .62 .87 .70 .22 .80 .42 .43 .90 .13 .95 .18 .19 .12 .61 .35;…
    .48 .20 .42 .16 .43 .58 .69 .03 .34 .72 .15 .24 .29 .30 .75];  % 有利程度估计值
w=[.47 .97 .76 .62 .48 .77 .33 .74 .54 .65 .43 .35 .63 .66 .57];  %目标的威胁程度评估值
for i=1:m
  for j=1:n
    c(i,j)=p(chrom (i,j),j);
  end;
end
eval=c*w';
```

下面为用遗传算法求解目标分配最优问题的 MATLAB 代码,这里采用了英国谢菲尔德大学开发的遗传算法工具箱,用户只要安装了这个工具箱就可以调用这些函数命令,从而编写出强大的 MATLAB 遗传算法程序。

```
clear all;
NIND = 40;                          % 个体数目(Number of individuals)
MAXGEN =100;                        % 最大遗传代数(Maximum number of generations)
GGAP = 0.9;                         % 代沟(Generation gap)
trace=zeros (MAXGEN, 2);            % 遗传算法性能跟踪初始值
BaseV= crtbase (15, 8);
Chrom=crtbp (NIND, BaseV)+ones (NIND,15);       %初始种群
gen = 0;
ObjV = targetalloc (Chrom);             % 计算初始种群适应度值
while gen < MAXGEN,
FitnV = ranking (-ObjV);                % 分配适应度值(Assign fitness values)
SelCh = select ('sus', Chrom,FitnV, GGAP);      % 选择
SelCh = recombin ('xovsp', SelCh, 0.7);         % 重组
f=rep ([1; 8], [1, 15]);
SelCh = mutbga (SelCh, f); SelCh=fix (SelCh);    % 变异
ObjVSel = targetalloc (SelCh);                   % 计算子代种群适应度值
[Chrom ObjV]=reins (Chrom,SelCh, 1, 1, ObjV, ObjVSel);   % 重插入
gen = gen+1;
trace (gen,1)=max (ObjV);                % 遗传算法性能跟踪
trace (gen, 2)=sum (ObjV)/length (ObjV);
end
[Y, I]=max (ObjV); Chrom (I, :), Y           % 最优解及其目标函数值
plot (trace (:, 1), '-.'); hold on;
plot (trace (:, 2)); grid
legend ('种群最优值','种群均值')
```

遗传算法中，个体的数量 NIND 设置为 40，最大遗传代数 MAXGEN＝100。代沟 GGAP 指每一代群体中被替换掉的个体所占的百分比，这里取值为 0.9 表示种群中 90％的 个体都是新产生的。crtbase(15，8)描述染色体的表示和解释，染色体采用十进制编码，一 个初始种群被函数 crtbp 创建，随后产生一个矩阵 Chrom，它由 NIND 个长度为 15 的十进 制串构成。程序段 Chrom＝crtbp(NIND, BaseV)+ones(NIND，15)中有 ones(NIND，15) 的目的是保证矩阵处理中的行、列序号不为零。

经过 100 次遗传迭代后，目标分配方案如表 9-6 所示。

表 9-6　目标分配方案

目标编号	1	2	3	4	5	6	7	8	9	10	11	12	13	14	15
分配结果	1	6	2	1	7	5	1	7	2	5	5	3	6	1	8

与此方案对应的最优总收益值为 7.618 1。图 9-23 为经过 100 次迭代后的优化解的目

标函数值及性能跟踪。

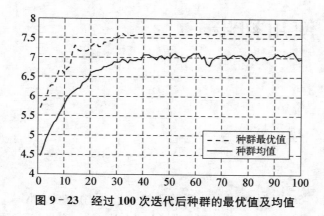

图 9 - 23　经过 100 次迭代后种群的最优值及均值

习　题　9

1. 已知输入向量 $x = (1, 2, \cdots, 20)$，目标矢量 y 的值如下：

-0.2939	-0.3799	0.9781	-0.4870	-0.0744	-0.2927	0.5834
0.1446	-0.8145	0.4249	-0.0002	0.4900	-0.8440	0.1340
0.5431	-0.2101	0.954	-0.5290	0.9865	-0.3564	

建立神经网络，当 $x = 18.5$ 时，预测 y 的值。

2. 利用遗传算法计算下面函数的最大值：

$$f(x) = x^5 - 34x^4 + 10x^3 - 13x^2 + 17x - 15, \quad 0 \leqslant x \leqslant 30.$$

附录
MATLAB 使用初步

以 MATLAB2016a 为例介绍 MATLAB 的一些使用方法。MATLAB 是 matrix 和 laboratory 两个词的组合,意为矩阵实验室。MATLAB 是一种交互式语言,所谓交互式语言,通俗地来说是指给出一条命令后即可在屏幕上看到对应的结果。MATLAB 摆脱了传统非交互式语言(Fortran、C)的编辑模式,目前已广泛应用于科学研究和工程设计之中。

1) MATLAB2016a 的启动和退出

启动 MATLAB2016a 比较简单的方法是双击桌面上的 MATLAB 图标。此时,就会出现 MATLAB 的命令窗口(Command Window)。

要退出 MATLAB2016a 可直接单击命令窗口右上角的"关闭"按钮或在窗口命令中输入 quit。

2) MATLAB 语言的基础知识

(1) 以百分号%开头的行为注释行。

(2) 一行写完想要换行,按 Enter 键。

(3) 一行没写完想要换行,要在最后使用续行符…,再按 Enter 键。

(4) 在命令窗口输入一行命令后按 Enter 键,屏幕上将出现计算结果。若不想输出结果,行末以分号;作为结束。

(5) 按键盘方向键的向上、向下箭头可以在命令窗口直接复制之前输入过的命令。

(6) Ctrl+C 可强行终止程序。

(7) MATLAB 的内部命令非常多,学习时一定要多使用 help 命令,其使用格式为

>>help 命令名

可获得命令的用法帮助。

3) 常量和变量

如 2.3、0.0023、3e8、pi、1+2i 都是 MATLAB 的合法常量,其中 3e8 表示 $3*10^8$,pi 表示圆周率,1+2i 是复数常量。

MATLAB 的变量无需事先定义,在遇到新的变量名时,MATLAB 会自动建立改变量并分配存储空间。当遇到已存在的变量时,MATLAB 将改变它的内容。如 a=2.5 定义了一个变量 a 并给它赋值 2.5,如果再输入 a=4,则变量 a 的值就变为 4。

变量名由字母、数字,或下划线构成,不能包含空格符合标点,并且必须以字母开头,最长为 31 个字符。MATLAB 可以区分大小写,如 MY_NAME、MY_name、my_name 分别表

示不同的变量。

另外,MATLAB还提供了一些用户不能清除的固定变量:

(1) ans:缺省变量,以操作中最近的应答作为它的值。

(2) eps:浮点相对精度。eps$=2^{-52}=2.2204e-16$。

(3) pi:即圆周率 π。

(4) Inf:表示正无穷大,当输入1/0时会产生Inf。

(5) NaN:Not a Number,代表不定值(或称非数),它由Inf/Inf或0/0运算而产生。

4) 矩阵的输入

MATLAB提供了多种方法输入和产生矩阵。

(1) 直接写出矩阵。直接输入矩阵时,整个矩阵须用[ ]括起来,用空格或逗号分隔各行,用分号或换行分隔各列。

例如:在MATLAB命令窗口中输入如下命令:

$>>$ A$=[1, 2, 3; 4\ 5\ 6; 7, 8\ 9]$

按回车键后MATLAB在工作空间(内存)中建立矩阵A同时显示输入矩阵:

A =

     1   2   3

     4   5   6

     7   8   9

若在上述命令后面添上分号,则表示只在内存中建立矩阵A,屏幕上将不再显示其结果。

又如,在MATLAB命令窗口中输入如下命令:

$>>$ x$=[1, 2, 3, 4, 5]$

x =

     1   2   3   4   5

x也可看作为一个行向量。

$>>$ y$=[1; 2; 3]$

y =

     1

     2

     3

y也可看作为一个列向量。

(2) 利用冒号产生矩阵。冒号是MATLAB中最常用的操作符之一。采用如下格式来产生向量

初值:步长:终值

这里步长可以为负值,步长为1时可以省略。终值不一定能取到。

下面是几个利用冒号产生矩阵的例子:

$>>$ x$=5:-1:1$

```
x =
     5     4     3     2     1
>> x=1:0.5:3.1
x =
     1    1.5    2    2.5    3
>> A=[1:3;4:6;7:9]
A =
     1     2     3
     4     5     6
     7     8     9
```

（3）利用函数命令创建矩阵。MATLAB 提供了许多生成和操作矩阵的函数，可以利用它们来创建一些特殊形式的矩阵。

（a）zeros：产生一个元素全为零的矩阵，用法如下：

zeros(n)：产生一个 n 阶元素全为零的矩阵。

zeros(m,n)：产生一个 m*n 阶元素全为零的矩阵。

例如：>> A=zeros(3,4)　％生成一个 3*4 的全零矩阵

```
A =
     0     0     0     0
     0     0     0     0
     0     0     0     0
```

（b）ones：产生一个元素全为 1 的矩阵，用法同上。

（c）eye：产生一个单位矩阵，用法同上。

例如：>> A=eye(3)　％生成一个 3 阶单位阵

```
A =
     1     0     0
     0     1     0
     0     0     1
```

（d）rand：产生一个元素在 0 和 1 之间均匀分布的随机矩阵，用法同上。

（e）randn：产生一个零均值，单位方差正态分布的随机矩阵，用法同上。

（f）diag：产生对角矩阵，用法如下：

diag(V)：其中 V 是一个 n 元向量（行向量或列向量），diag(V)是一个 n 阶方阵，主对角线上元素为 V，其他元素均为 0。

diag(V,k)：是一个 n+abs(k)阶方阵，其第 k 条对角线上元素为 V，k>0 时，在主对角线之上，k<0 时，在主对角线之下。

例如：>> V=[7, −5, 3];
　　　 >> A=diag(V)
```
A =
     7     0     0
```

$$
\begin{matrix}
0 & -5 & 0 \\
0 & 0 & 3
\end{matrix}
$$

>> A=diag(V, 1)

A =

$$
\begin{matrix}
0 & 7 & 0 & 0 \\
0 & 0 & -5 & 0 \\
0 & 0 & 0 & 3 \\
0 & 0 & 0 & 0
\end{matrix}
$$

（4）利用 M 文件来创建矩阵。在菜单栏选择"New Script"选项，或在命令窗口中输入"edit"，即可打开 MATLAB 的编辑窗口。在此窗口中输入如下内容：

$$A=[1, 2, 3; 4, 5, 6; 7, 8, 9];$$

然后保存到 MATLAB 的工作目录中，文件名为"My_matrix. m"，在 MATLAB 中运行这个文件，就在 MATLAB 的工作空间中建立了矩阵 A，以供用户使用。

5）矩阵的操作

（1）矩阵的下标。若要修改该矩阵中的个别元素，利用下标就很方便。

例如：已在 MATLAB 工作空间中建立了如下矩阵：

A =

$$
\begin{matrix}
1 & 2 & 3 \\
4 & 5 & 6 \\
7 & 8 & 9
\end{matrix}
$$

输入下列命令

>> A(2, 3)=15;

>> A(2, 1:2)=[5, 10];

此时，A 变成：

A =

$$
\begin{matrix}
1 & 2 & 3 \\
5 & 10 & 15 \\
7 & 8 & 9
\end{matrix}
$$

当访问不存在的矩阵元素时，会产生出错信息，如：

>> A(4, 2)

??? Index exceeds matrix dimensions.

另一方面，如果用户在矩阵下标以外的元素中存储了数值，那么矩阵的行数和列数会相应自动增加，如：

>> A(4, 2)=19

A =

$$
\begin{matrix}
1 & 2 & 3
\end{matrix}
$$

$$
\begin{array}{ccc}
5 & 10 & 15 \\
7 & 8 & 9 \\
0 & 19 & 0
\end{array}
$$

（2）矩阵的连接。通过连接操作符[ ]，可将矩阵连接成大矩阵，例如：

\>\> A=[1, 2, 3；4, 5, 6]；

\>\> B=[7, 8, 9；10, 11, 12]；

\>\> C=[A, B]

C =

$$
\begin{array}{cccccc}
1 & 2 & 3 & 7 & 8 & 9 \\
4 & 5 & 6 & 10 & 11 & 12
\end{array}
$$

\>\> D=[A；B]

D =

$$
\begin{array}{ccc}
1 & 2 & 3 \\
4 & 5 & 6 \\
7 & 8 & 9 \\
10 & 11 & 12
\end{array}
$$

（3）矩阵行列的删除。利用空矩阵可从矩阵中删除指定行或列，例如：

\>\> A(2,:)=[ ]；   %表示删除 A 的第二行

\>\> A(:,2)=[ ]；   %表示删除 A 的第二列

\>\> A(:,[1,2])=[ ]； %表示删除 A 的第一、二列

（4）抽取矩阵的对角线及形成对角阵。若 X 是一个矩阵，则 diag(X) 是一个列向量，其元素为 X 的主对角线元素。diag(X,k) 是一个列向量，其元素为 X 的第 k 条对角线元素，当 k>0 时，在主对角线之上，k<0 时，在主对角线之下。

若 X 是一个向量，则 diag(X) 是一个对角阵，对角线元素为向量 X 的元素。diag(X,k) 是一个矩阵，其第 k 条对角线的元素为 X 的元素。

（5）旋转矩阵。rot90(X)可将矩阵 X 按逆时针方向旋转 90 度，rot90(X, k)可将矩阵 A 按逆时针方向旋转 k * 90 度（k 为整数）。

（6）矩阵的左右翻转可利用 fliplr() 函数。

（7）矩阵的上下翻转可利用 flipud() 函数。

（8）抽取矩阵的下三角部分

若 X 为矩阵，tril(X)产生下三角阵，阶数同 X，非零元素与 X 的下三角部分相同。tril(X, k)抽取 X 的第 k 条对角线及其下部的三角部分（k 的正负含义同上）。

（9）抽取矩阵的上三角部分。可利用 triu() 函数抽取上三角矩阵，用法和 tril()类似。

例如：输入下列命令：

\>\> A=[1, 2, 3；4, 5, 6；7, 8, 9]；

\>\> B1=diag(A)

B1 =

　　1

```
            5
            9
>> B2=diag(A, 1)
B2 =
            2
            6
>> B3=rot90(A)
B3 =
    3      6      9
    2      5      8
    1      4      7
>> B4=fliplr(A)
B4 =
    3      2      1
    6      5      4
    9      8      7
>> B5=flipud(A)
B5 =
    7      8      9
    4      5      6
    1      2      3
>> B3=tril(A)
B3 =
    1      0      0
    4      5      0
    7      8      9
```

利用冒号从大矩阵中抽取小矩阵。

例如：设 A 是一个 8 阶方阵,则

>> B=A(2:4, 3:7);　　%产生一个 3 * 5 矩阵,元素是 A 的第 2 行到第 4 行,第 3 列
　　　　　　　　　　　　到第 7 列的元素。

>> B=A(2:4, :);　　%产生一个 3 * 8 矩阵,元素是 A 的第 2 行到第 4 行的元素。

>> B=A(:);　　　　%表示将 A 的元素按列排列,形成一个列向量(A 的本身保
　　　　　　　　　　　持不变)。

6) 操作符

(1) MATLAB 的算术运算符。

加法　+　　　除法　/　　　元素对元素乘法　.*

减法　——　　左除　\　　　元素对元素除法　./

乘法　*　　　乘方　^　　　元素对元素左除　.\

元素对元素乘方　．^

其中元素对元素的运算符是对矩阵或向量中的每个元素进行操作. 例如：

```
>> A=[1, 2, 3; 4, 5, 6; 7, 8, 9]
A =
       1       2       3
       4       5       6
       7       8       9
>> A.^2
ans =
       1       4       9
      16      25      36
      49      64      81
>> B=[1, 2, 3];
>> C=[2, 4, 6];
>> D=B./C
D =
    0.5000    0.5000    0.5000
>> E=B.\C
E =
       2       2       2
```

(2) MATLAB 的关系运算符。

小于	$<$	小于等于	$<=$
大于	$>$	大于等于	$>=$
等于	$==$	不等于	$\sim=$

对大小相同的两个矩阵运行关系运算符时,是对相应的每一个元素进行比较。如果能满足指定关系,则返回 1,否则返回 0。若其中一个是标量,则关系运算符将标量与另一个矩阵中的每个元素一一比较。例如：

```
>> A=[1, 2; 3, 4];
>> B=[1, 0; 3, 5];
>> A<=B
ans =
       1       0
       1       1
>> A==B
ans =
       1       0
       1       0
>> B>2
```

```
ans =
     0    0
     1    1
```

（3）MATLAB 的逻辑运算符。

与　&　　　　非　　～

或　|　　　　异或　XOR

同关系运算符一样,当逻辑表达式的值为真时,返回 1,否则返回 0。例如:

```
>> A=[1 0; 2 3];
>> B=[1 1; 2 2];
>> A & B
ans =
     1    0
     1    1
>> A | B
ans =
     1    1
     1    1
>> ~ A
ans =
     0    1
     0    0
>> XOR(A,B)
ans =
     0    1
     0    0
>> A & 3
ans =
     1    0
     1    1
```

7) 基本数学函数

（1）三角函数与反三角函数。三角函数的指令表达式和书写记号是一致的,六个三角函数命令罗列如下:

sin(X)（正弦）,　cos(X)（余弦）,　tan(X)（正切）,

cot(X)（余切）,　sec(X)（正割）,　csc(X)（余割）。

要注意输入的变量 X 使用弧度制,若输入变量是角度制,只要在三角函数命令后添加字母 d 即可形成新的命令,例如 sind(30)即计算 30 度角的正弦值。

计算反三角函数只要在三角函数命令前添加字母 a 即能构成新的命令,例如 asin(X)即是反正弦。虽然数学书上没有反正割函数和反余割函数,但是 MATLAB 内部有相应的命令 asec 和 acsc。

（2）双曲函数与反双曲函数。

sinh(X)（双曲正弦）， cosh(X)（双曲余弦）， tanh(X)（双曲正切），

asinh(X)（反双曲正弦）， acosh(X)（反双曲余弦）， atanh(X)（反双曲正切）。

（3）指数函数和对数函数。

exp(X)（指数函数）， log(X)（自然对数），

log10(X)（以 10 为底的对数）， log2(X)（以 2 为底的对数）。

（4）取整函数。

fix(X)（靠近原点方向取整）， floor(X)（朝负无穷大方向取整），

ceil(X)（朝正无穷大方向取整）， round(X)（找与 X 最接近的整数，即四舍五入）。

（5）求余函数。

rem(X，Y)（求 X 除以 Y 的余数）， mod(X，Y)（模数，即有符号数的除后余数）。

（6）其他常用函数。

abs(X)（取绝对值或复数模）， sqrt(X)（求 X 的平方根）， sign(X)（符号函数）。

上述函数中的 X 可以是标量，也可以是一个矩阵。例如：

$>>$ sin(pi/3)

ans $=$

   0.8660

$>>$ A$=$[0,1;3,$-$2];

$>>$ exp(A)

ans $=$

   1.0000   2.7183

  20.0855   0.1353

$>>$ sign(A)

ans $=$

   0   1

   1   $-$1

（7）表达式。将变量、数值、函数用操作符连接起来就构成了表达式。例如：

$>>$ a$=$(1$+$sqrt(10))/2;

$>>$ b$=$sin(exp($-$2.3))$+$eps;

$>>$ c$=$pi $*$ b;

行末的分号表示不显示结果。因此，上述表达式将计算后的结果赋给左边相应的变量，但并不在屏幕上显示结果。如果要察看变量的值，只需键入相应的变量名后按 Enter 键。

8）MATLAB 的符号计算

在数学，物理和工程应用中常常会遇到符号计算的问题。此时的操作对象不是数值而是数学符号和符号表达式。例如：

$$\begin{vmatrix} a & b \\ c & d \end{vmatrix} = ad - bc$$

符号计算就是将符号表达式按照微积分、线性代数等课程中的规则进行运算，且尽可能地给出解析表达式结果。

1993年，Math Works公司从加拿大的Waterloo Maple公司购买了Maple软件的使用权。随后，Math Works公司以Maple的内核作为MATLAB符号计算的引擎，依赖Maple已有的数据库，开发了实现符号计算的工具箱。下面，我们简述如何创建一个符号对象。

在MATLAB中，我们可以采用sym函数来创建符号变量、符号表达式和符号矩阵等符号对象。例如：

```
>> a＝sqrt(2)                    % a是一个数值变量
a ＝
    1.4142
>> b＝sym(a)                     % 将a转换成一个符号变量
b ＝
sqrt(2)
>> c＝sym('sin(t)＋log(t)')      % 创建一个符号表达式
c ＝
sin(t)＋log(t)
>> A＝sym('[a, b; c, d]')        % 创建一个符号矩阵
A ＝
[a, b]
[c, d]
```

可以用syms命令来定义一些符号变量，例如：

```
>>syms a b c d
>>A＝[a b; c d]
```

同样创建了一个符号矩阵A。

尝试计算2^100，若在命令窗口中直接输入：

```
>>2^100
```

得到的结果是$1.2677e＋30$，这是一个近似值。如果使用如下命令

```
>>sym('2^100')
```

看看得到什么结果？

9) MATLAB的绘图功能

(1) 二维图形的绘制。

函数plot是最基本，最重要的二维图形命令。

plot(x, y, S)绘制二元数组的曲线图形

其中x为横坐标数据，y为纵坐标数据，若x, y是同规模的向量，则绘制一条曲线。若x是向量而y是矩阵，则绘制多条曲线，它们具有相同的横坐标数据。S可以缺省，它的作用是定制曲线，可以改变曲线的颜色、线的形状和数据点的形状。例如：

```
>> x=0:pi/100:2*pi;          %确定自变量 x 的变化范围
>> y=sin(x);
>> plot(x,y);                %绘制 y=sin(x)的图形,如图 1 所示
>> z=cos(x);
>> w=0.2*x-0.3;
>> plot(x,[y;z;w]);          %在同一坐标轴里,绘制三个函数的图形,如图 2 所示
```

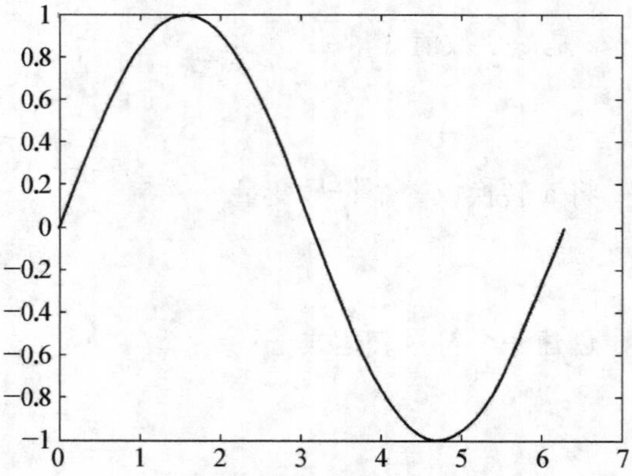

图 1   y=sin(x)的图形 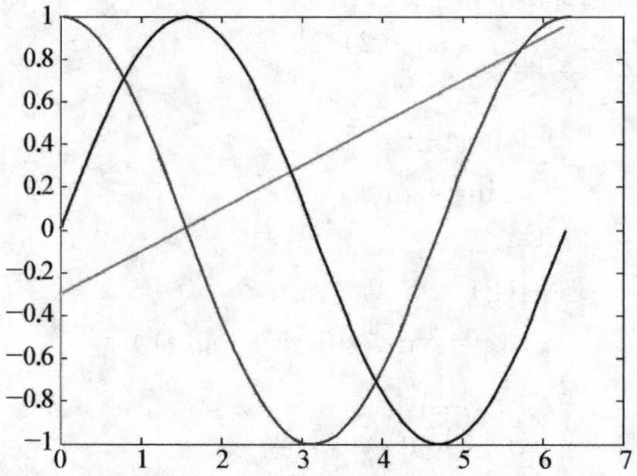   图 2   y=sin(x), z=cos(x), w=0.2*x−0.3 的图形

但是 plot 只能画出显函数的图像,若要画出隐函数图像需要使用命令 ezplot。ez＝easy,基本上所有绘图命令都有一个 ez 版本。ezplot 的使用无需数据准备,只要函数表达式即可。例如:

>>ezplot('x^2+y^2−1') % 这里出现的 x,y 无须事先定义

Ezplot 也可以画显函数图像,例如:

>>ezplot('sin(x)')

或

>>ezplot('sin')

(2) 三维图形的绘制。绘制三维曲线最常用的函数是 plot3,它的一般格式为 plot3(x, y, z)。

例如:要绘制 x=sin(t), y=cos(t), z=1.5*t, t∈(0, 5π)的三维曲线图可输入下列命令:

```
>> t=0:pi/50:5*pi;
>> plot3(sin(t), cos(t), 1.5*t);
>> grid on
```

其效果如图 3 所示。

也可以使用 ezplot3 命令。

>>ezplot3('sin(t)', 'cos(t)', '1.5*t', [0, 5*pi])

MATLAB除了能够绘制曲线图形外,还能够绘制网格图形和曲面图。

例如:可以利用mesh(x, y, z)函数绘制三维网格图形,可以利用surf(x, y, z)函数绘制曲面图。

下面利用mesh函数来绘制曲面$z = \sin\sqrt{x^2 + y^2} / \sqrt{x^2 + y^2}$的三维网格图:

```
>> x=-8:0.5:8;
>> y=x;
>> [X, Y]=meshgrid(x, y);
>> r=sqrt(X.^2+Y.^2)+eps;  %加上eps,防止除数为零。
>> Z=sin(r)./r;
>> mesh(X, Y, Z);
```

其效果如图4所示。

也可以使用ezmesh命令

```
>> ezmesh('sin(sqrt(x^2+y^2))/sqrt(x^2+y^2)')
```

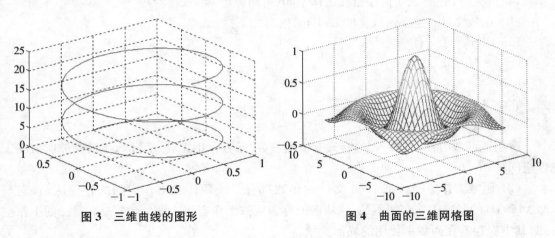

图3 三维曲线的图形   图4 曲面的三维网格图

10) MATLAB程序设计

MATLAB作为一种高级计算机语言,不仅可以采用人机交互式的命令行方式进行工作,还可以像其他高级语言一样进行控制流的程序设计。下面我们将讨论MATLAB下进行程序设计的有关问题。我们将讨论脚本文件和函数文件的编写、全局和局部变量的使用、流程控制结构、字符串计算、数值输入、程序调试等问题。

(1) 文件式文件和函数文件的定义。MATLAB的M文件有两类,文件式文件和函数文件。

将原本在MATLAB环境下直接输入的语句,放在一个以.m为后缀的文件中,这一文件就称为文件式文件。有了文件式文件,可直接在MATLAB中输入文件名(不含后缀),这时MATLAB会打开这一文件式文件,并依次执行文件中的每一条语句,这与在MATLAB中直接输入语句的结果完全一致。

另一类M文件是函数文件,它的标志为文件内容的第一行为function语句。函数文件能够接受输入参数并返回输出参数。函数文件的第一行必须为:

$$\text{function [输出变量]=函数名(输入变量)}$$

函数文件可通过菜单栏"New"—>"function"来建立。函数名和文件名可以不同，但为了防止混淆，还是 建议函数名和文件名保持一致。

例：分别用命令文件和函数文件将华氏温度转化为摄氏温度。

$$c = \frac{5}{9}(f - 32)$$

（a）文件式文件：输入以下内容并以文件名 f2cs. m 存盘

clear；%清除当前工作空间中的变量

f=input(' Please input Fahrenheit temperature：')；

c=5 * (f—32)/9；

fprintf(' The Centigrade Temperature is %g\\n', c)；

在 MATLAB 命令窗口中输入 f2cs，即可执行该命令文件。不用输入参数，也没有输出参数，执行完后，变量 c、f 仍保留在工作空间（可用命令 whos 查看）。

（b）函数文件：建立函数文件 f2cf. m，内容如下：

function c=f2cf(f)

c=5 * (f—32)/9；

end

在 MATLAB 命令窗口中输入：

>> f2cf(100)

调用该函数时，既有输入参数，又有输出参数；函数调用完后，变量 c、f 没有被保留在工作空间。

（2）函数工作空间。每个 M 文件的函数都有一块用作为工作空间的存储区域，它与 MATLAB 的基本工作空间不通，这块区域称为函数工作空间。每个函数都有自己的工作空间，其中保存着在函数中使用的局部变量。

在调用函数时，只有输入变量传递给函数的变量值，才能在函数中使用，它们来自被调用函数所在的基本工作空间或函数空间。同样，函数返回的结果传递给被调用函数所在的基本空间或函数工作空间。

（3）子函数。在函数文件中可以包含多个函数，其中第一个函数称为主函数，其函数名与文件名相同，它可由其他 M 文件或基本工作空间引用。在 M 函数文件中的其他函数称为子函数，它只能有这一个 M 函数文件中得主函数或其他子函数引用。

每个子函数也由函数定义行开始，紧跟其后的语句为函数体。各种子函数的次序任意，但主函数必须是第一个函数。

例 1 我们编写一个求均值和中值的函数 mmval. m，它包含了两个子函数。

function [avg, med]=mmval(u)

% Find mean and median with internal functions

n=length(u)；

avg=mean(u, n)；

```
med=median(u，n)；

function a=mean(v，n)
% Calculate average
a=sum(v)/n；

function m=median(v，n)
% Calculate median
w=sort(v)；
if rem(n,2)==1
    m=w((n+1)/2)；
else
    m=(w(n/2)+w(n/2+1))/2；
end
```

（4）程序控制结构。程序控制结构有三种：顺序结构、选择结构和循环结构，任何复杂的程序都可以由这三种基本结构构成。

（a）顺序结构。按排列顺序依次执行，直到程序的最后一个语句。这是最简单的一种程序结构，一般涉及数据的输入、数据的计算或处理、数据的输出等。

数据输入的 MATLAB 语句为：

$$A=input(提示信息)$$

其中提示信息为字符串

$$A=input(提示信息,'s')$$

允许用户输入字符串

$$name=input('What''s\ your\ name?\ ','s')$$

数据输出的 MATLAB 语句为：

$$disp(X)$$

其中 X 是字符串或矩阵

程序的暂停的 MATLAB 语句为：

$$pause(n)$$

其中 n 是延迟时间，以秒为单位；也可以直接使用 pause，则将暂停程序，直到用户按任一键后继续。若想强行中止程序的运行，可以使用 Ctrl+C（当程序疑似进入死循环时可采用此命令）。

（b）选择结构

（i）条件语句

单分支

```
if 条件
    语句组
end
```

双分支

if 条件

  语句组 1

else

  语句组 2

end

多分支

if 条件 1

  语句组 1

elseif 条件 2

  语句组 2

  … …

elseif 条件 m

  语句组 m

else

  语句组

end

注：在同一个 if 块中,可含有多个 elseif 语句但 else 只能有一个。if 语句还可嵌套使用,多层嵌套可完成复杂的设计任务。

例 2 输入一个字符,若为大写字母,则输出其对应的小写字母;若为小写字母,则输出其对应的大写字母;若为数字字符则输出其对应的数值,若为其他字符则原样输出。

程序如下：

```
c=input('请输入一个字符',' s');
if c>='A' & c<='Z'
    disp(char(abs(c)+abs('a')-abs('A')));
elseif c>='a' & c<='z'
    disp(char(abs(c)- abs('a')+abs('A')));
elseif c>='0' & c<='9'
    disp(abs(c)-abs('0'));
else
    disp(c);
end
```

(ii) 情况切换语句

switch 语句可根据表达式的不同取值执行不同的语句,这相当于多条 if 语句的嵌套使用。

switch 表达式

  case 表达式 1

    语句组 1

```
        case 表达式 2
            语句组 2
            … …
        case 表达式 m
            语句组 m
        otherwise
            语句组
end
```

其中 switch 子句后面的表达式可以是一个标量或字符串。当任意一个分支的语句执行完后，直接执行 switch 语句后面的语句。

例 3　某商场对顾客所购买的商品实行打折销售，标准如下（商品价格用 price 来表示）：

price<200　　　　　　　　没有折扣
200≤price<500　　　　　3％折扣
500≤price<1000　　　　　5％折扣
1000≤price　　　　　　　10％折扣

输入所售商品的价格，求其实际销售价格。

程序如下：

```
price=input('请输入商品价格')；
switch fix(price/100)
    case {0,1}            %价格小于 200
        rate=0；
    case{2，3，4}          %价格大于等于 200 但小于 500
        rate=3/100；
    case{5，6，7，8，9}     %价格大于等于 500 但小于 1000
        rate=5/100；
    otherwise            %价格大于等于 1000
        rate=10/100；
end
price=price * (1－rate)   %输出商品实际销售价格
```

（c）循环结构

（i）指定次重复循环语句

for 语句可完成指定次重复的循环，这是广泛应用的语句。

```
for 循环变量 ＝ 初值：步长：终值
    循环体
end
```

步长为 1 时可省略步长，步长可为负值。

for 语句可以嵌套使用，构成多重循环。for 循环中可利用 break 语句来终止 for 循环。

例 4　求[100，200]之间第一个能被 21 整除的整数。

程序如下：

```
for n=100:200
    if rem(n, 21)~=0
        continue
    end
    break
end
n
```

(ii) 不定次重复循环语句

while 语句可完成不定次重复的循环，它与 for 语句不同，每次循环前要判别其条件，如果条件为真或非零值，则循环，否则结束循环。而条件是一表达式，其值必定会受到循环语句的影响。

```
while 条件
    循环体
end
```

例 5 求出一个值 n，使其 n! 最大但小于 10^{50}。

程序如下：

```
r=1; k=1;
while r<1e50
    r=r*k; k=k+1;
end
k=k-1; r=r./k; k=k-1;
disp(['The', num2str(k), '! ', num2str(r)])
```

参考文献

［1］ 赵静,但琦,等. 数学建模与数学实验[M]. 北京：高等教育出版社,2001.

［2］ 姜启源. 数学模型[M]. 3 版. 北京：高等教育出版社,2003.

［3］ 杨启帆,边馥萍. 数学模型[M]. 杭州：浙江大学出版社,1990.

［4］ 丁晓东,孙晓君. 数学实验使用 MATLAB[M]. 上海：上海科学技术出版社,2003.

［5］ 谢金星,薛毅. 优化建模与 LINDO/LINGO 软件[M]. 北京：清华大学出版社,2005.

［6］ 谭永基,蔡志杰,俞文鱼. 数学模型[M]. 上海：复旦大学出版社,2006.

［7］ 刘承平. 数学建模方法[M]. 北京：高等教育出版社,2004.

［8］ 袁新生,邵大宏,郁时炼. LINGO 和 EXCEL 在数学建模中的应用[M]. 北京：科学出版社,2007.

［9］ 韩中庚. 数学建模方法及其应用[M]. 北京：高等教育出版社,2005.

［10］ 李志林,欧宜贵. 数学建模及典型案例分析[M]. 北京：化学工业出版社,2007.

［11］ 王岩,隋思莲,王爱青. 数理统计与 MATLAB 工程数据分析[M]. 北京：清华大学出版社,2007.

［12］ 赵东方. 数学模型与计算[M]. 北京：科学出版社,2007.

［13］ 刘峰. 数学建模[M]. 南京：南京大学出版社,2005.

［14］ 朱道元. 数学建模案例精选[M]. 北京：科学出版社,2003.

［15］ 乐经良. 数学实验[M]. 北京：高等教育出版社,1999.

［16］ 姜启源,邢文训,谢金星,杨顶辉. 大学数学实验[M]. 北京：清华大学出版社,2008.

［17］ 袁震东,洪渊,林武忠,等. 数学建模[M]. 上海：华东师范大学出版社,1997.

［18］ 沈世云. 数学建模理论与方法[M]. 北京：清华大学出版社,2016.

［19］ 王庚,王敏生. 现代数学建模方法[M]. 北京：科学出版社,2008.